高职高专国家示范性院校课改教材

过程控制系统应用与维护

主　　编　王银锁
副主编　张　多
参　　编　周育人　马　莉　陈　琛
主　　审　李红萍

西安电子科技大学出版社

内 容 简 介

　　本书由七个模块组成，主要内容为过程控制系统基础知识、控制系统的数学模型、常规控制规律、简单控制系统、复杂控制系统、其他控制系统、典型操作单元控制案例等。本书充分体现了职业教育的特点，突出实践性、实用性和先进性，着重职业技能的培养。

　　本书可作为高等职业教育、继续教育等院校的生产过程自动化技术专业的教材，也可作为化工、石油化工、轻工、炼油、冶金、电力、纺织、食品等企业的职业技能培训教材，还可作为高职、中职院校师生和工程技术人员的参考书。

图书在版编目(CIP)数据

过程控制系统应用与维护/王银锁主编. —西安：西安电子科技大学出版社，2015.4(2019.8 重印)
高职高专国家示范性院校课改教材
ISBN 978 - 7 - 5606 - 3623 - 8

Ⅰ. ① 过…　　Ⅱ. ① 王…　　Ⅲ. ① 过程控制－自动控制系统－高等职业教育－教材　　Ⅳ. ① TP273

中国版本图书馆 CIP 数据核字(2015)第 072128 号

策　　划　秦志峰
责任编辑　秦志峰　曹　锦
出版发行　西安电子科技大学出版社(西安市太白南路 2 号)
电　　话　(029)88242885　88201467　　邮　　编　710071
网　　址　www.xduph.com　　　　电子邮箱　xdupfxb001@163.com
经　　销　新华书店
印刷单位　陕西日报社
版　　次　2015 年 4 月第 1 版　2019 年 8 月第 2 次印刷
开　　本　787 毫米×1092 毫米　1/16　印　张　15.5
字　　数　368 千字
印　　数　3001～5000 册
定　　价　35.00 元

ISBN 978 - 7 - 5606 - 3623 - 8/TP

XDUP 3915001 - 2

前　言

本书采用"理实一体化"教学方式，通过模块项目教学法，将过程控制系统的理论教学与实践教学有机地结合在一起，从感性认识入手，加大直观教学的力度，将理论教学过程融入技能训练中，在技能训练中加深对理论知识的理解和掌握，有助于激发学生的学习兴趣和积极性，提高学生的动脑和动手能力，使学生真正掌握过程控制系统的组成、工作原理和调试方法，实现了学校所学的知识与工厂实际的有机结合，为学生在走上工作岗位后能够迅速掌握工厂的控制系统奠定基础。

全书共分为七个模块，模块一主要介绍了过程控制系统的组成、分类、过渡过程和品质指标；模块二主要介绍了过程控制系统及环节的数学模型、方框图和被控对象特性测试；模块三主要介绍了常规控制规律及控制器参数对系统过渡过程的影响；模块四主要介绍了简单控制系统的结构，包括被控变量和操纵变量的选择、控制阀的选择、控制器的选择、简单控制系统的集成、简单控制系统投运和控制器参数整定；模块五主要介绍了串级控制系统、均匀控制系统、比值控制系统和前馈-反馈控制系统的结构、特点和使用；模块六主要介绍了分程控制系统和阀位控制系统、选择性控制系统、先进型控制系统和安全仪表系统；模块七主要给出了石油化工生产过程中典型的操作单元控制案例。

本书依据国家职业标准《化工仪表维修工》中的知识及技能内容要求，紧紧围绕高职高专职业教育高技能应用型人才培养目标，内容上突出实践性、实用性和先进性，理论知识以够用为宜，突出实践能力培养。

本书由兰州石化职业技术学院王银锁担任主编，李红萍担任主审。其中，模块二、模块四和附录1、2由王银锁编写；模块一由兰州石化职业技术学院陈琛编写；模块三由兰州石化职业技术学院马莉编写；模块五和模块七由青海制药厂有限公司张多编写；模块六由兰州石化职业技术学院周育人编写。王银锁负责拟订大纲并统稿。

本书的编写得到了兰州石化职业技术学院和中国石油兰州石化公司等单位朋友们的大力支持和帮助。本书内容参考了大量相关书籍和文献资料。在此，编者特向为本书的编写提供帮助的人们和相关书籍与资料的作者致以诚挚的谢意！

由于编者水平有限，书中难免存在不妥之处，恳请读者批评指正。

编　者

目　　录

模块一 过程控制系统基础知识

过程控制是指化工、石油化工、轻工、炼油、冶金、电力、纺织、食品等类型的生产过程自动化控制的简称。过程控制(Process Control)技术是自动化技术的重要组成部分,为工业生产中连续或按一定周期程序进行的生产服务。

在化工、石油化工和炼油等生产过程设备、装置及管道上,配置一些自动化装置,以替代操作工人的部分直接劳动,使某些过程变量能准确地按照预期需要的规律变化,使生产在不同程度上自动地进行,这种部分或全部通过自动化装置来管理生产过程的办法,就称为生产过程自动化,亦即过程控制。

项目一 过程控制系统的基本概念

一、学习目标

1. 知识目标

(1)初步掌握过程控制技术的发展过程。

(2)掌握过程控制系统的内容。

(3)初步掌握过程控制技术的发展趋势。

2. 能力目标

(1)初步具备识别过程控制系统类型的能力。

(2)初步具备判断具体过程控制系统作用的能力。

(3)初步具备判断工业生产过程控制中仪表作用的能力。

二、必备知识与技能

1. 必备知识

(1)石油化工原理相关知识。

(2)过程检测仪表相关知识。

(3)电工基础相关知识。

(4)电子技术相关知识。

2. 必备技能

(1)计算机操作基本技能。

(2)电路系统相关技能。

(3)电子技术相关技能。

三、理实一体化教学任务

理实一体化(理论实训一体化的简称)教学任务参见表 1-1-1。

表 1-1-1　理实一体化教学任务

任　　务	内　　容
任务一	电子技术的发展如何促进过程控制技术的发展
任务二	计算机的发展如何促进过程控制技术的发展
任务三	自动检测系统的特点及作用
任务四	自动信号报警和联锁保护系统的特点及作用
任务五	自动操纵与自动开停车系统的特点及作用
任务六	自动控制系统的特点及作用
任务七	现场总线控制的发展、特点及作用

四、理实一体化步骤

1. 过程控制技术的发展过程

过程控制技术的发展首先从工业生产领域开始,并与工业生产过程本身的发展有着密切的联系。随着生产从简单到复杂、从局部到全局、从低级到智能的发展,过程控制技术也经历了一个不断发展的过程。

在 20 世纪 40 年代以前,化工、石油化工等生产过程处于手工操作阶段,过程控制仅体现为根据一些仪表反映的主要变量,进行人工干预。

20 世纪 50 年代到 60 年代,控制理论称为经典控制理论,它包括奈奎斯特和伯德的频域法、欧文斯的根轨迹法等。当时的控制系统以电子和电工为对象,从随动控制系统的实践中提高并移植到定值控制系统为主的生产过程控制系统中,解决定值控制系统的分析和综合等问题。所采用的仪表以基地式仪表为主,气动单元组合仪表也开始大量应用于工业生产过程的控制中。在实际生产中应用的自动控制系统主要是压力(Pressure,P)、流量(Flow,F)、液位(Level,L)和温度(Temperature,T)四大变量的简单控制系统。同时,串级、比值、多冲量等复杂控制系统也得到了一定程度的发展。

20 世纪 70 年代开始,由于工业生产的发展,生产过程向着大型化、连续性方向发展,而控制对象的要求也日趋复杂,原有简单控制系统已不能满足要求。为适应工业生产控制的要求,一些复杂的控制系统得到开发,并在实践中获得了良好的控制效果。而在这个阶段,人们研究出了现代控制理论,这为新的控制技术提供了理论基础,从而使过程控制技术得到较快发展。为适应工业生产过程控制的要求,不仅一些复杂控制系统得到开发,而且在过程控制技术工具方面,气动Ⅱ型和电动Ⅱ型单元组合式仪表刚投入生产不久,气动Ⅲ型和电动Ⅲ型单元组合式仪表就相继问世,并进一步发展到具有多功能的组装仪表、智能式仪表，为实现各种特殊控制规律提供了条件。

20世纪70年代，现代控制理论在航天、航空和制导等领域取得了辉煌的成果，而自动控制的工具也产生了直接数字控制（Direct Digital Control，DDC）和监督计算机控制（Supervisory Computer Control，SCC）。特别是集散控制系统（Distributed Control System，DCS）的硬件可靠性大大提高，控制回路和危险的分散、数据显示和实时监督等功能的集中等特点，使得DCS在工业生产过程的控制中得到广泛应用，现代控制理论也因计算机的应用而在实践中得以实现。

20世纪80年代以后的十几年里，出现了两级优化与控制，在DCS的基础上实现了先进控制和优化控制。在硬件上采用上位机和DCS或电动单元组合仪表相结合，构成两级计算机优化与控制。随着计算机及网络技术的发展，DCS出现了开放式系统，可实现多层次计算机网络构成的计算机集成过程系统（Computer Integrated Process System，CIPS），而自动化的实现工具也由DCS发展到了现场总线控制系统（Fieldbus Control System，FCS）。

随着计算机技术、显示技术、控制技术、通信技术的发展，现场总线和现场总线仪表得到了迅速的发展。现场总线是顺应智能现场仪表而发展起来的一种开放式的数字通信技术，它是综合运用微处理器技术、网络技术、通信技术和自动控制技术的产物。现场控制系统和现场总线仪表的诞生和应用开辟了过程控制技术的新纪元。

2. 过程控制系统的内容

生产过程控制系统的内容比较广泛，根据其功能不同，可以分为自动检测系统、自动信号报警和联锁保护系统、自动操纵和自动开停车系统、自动控制系统四种类型。

1）自动检测系统

为了控制生产过程，首先要了解生产过程进行的情况，因此要对反映生产状况的一些工艺变量如温度、压力、流量、液位和成分分析（Analytical）等进行测量。利用各种仪表对生产过程中主要工艺变量进行测量、指示或记录的系统称为自动检测系统。它代替了操作人员对工艺变量的不断观察与记录，起到对生产过程信息的获取与记录作用，在生产过程控制中是最基本也是十分重要的内容。

自动检测系统中主要的自动化装置为敏感元件、传感器与显示仪表。敏感元件亦称检测元件，它的作用是对被测的变量作出响应，将被测的变量转换为适合测量的物理量。

传感器可以对检测元件输出的物理量信号作进一步信号转换，当转换后的信号为标准的统一信号时，此时的传感器一般称为变送器，例如流量变送器和压差变送器。

显示仪表的作用是将检测结果以指针位移、数字、图像等形式，准确地指示、记录或储存，使操作人员能正确了解工艺操作情况和状态。

2）自动信号报警和联锁保护系统

在生产过程中，有时由于一些偶然因素的影响，导致工艺变量超出允许的变化范围而出现不正常的情况，这就有可能引起事故，如爆炸、燃烧以及损坏设备等。为及时发现问题并采取措施，常对某些关键性变量设有自动信号报警和联锁保护系统。若工艺变量超过了工艺允许的范围，在事故即将发生以前，自动信号报警系统就自动地发出声、光信号警报，告诫操作人员注意，并督促操作人员及时采取措施。自动信号报警系统发出的声警报提醒操作人员有工艺变量异常，自动信号报警系统发出的光警报提醒操作人员是什么工艺变量异常。如果工况已达到危险状态，联锁系统立即自动采取紧急措施，打开安全阀或切断某些通路，必要时还可紧急停车，以防止事故的发生和扩大。

自动信号报警和联锁保护系统是生产过程中的一种安全装置。例如，某化学反应器的反应温度超过了允许极限值，自动信号报警系统就会发出声、光报警信号，督促工艺操作人员及时处理生产事故。

由于生产过程的强化，往往靠操作人员处理事故已成为不可能，因为在一个强化的生产过程中，事故常常会在几秒钟内发生，由操作人员直接处理是根本来不及的。而自动联锁保护系统可以圆满地解决这类问题。当反应器的温度或压力接近危险极限时，自动联锁保护系统可立即采取应急措施，加大冷却剂量或关闭进料阀门，减缓或停止反应，从而可避免引起爆炸等生产事故。

20世纪60年代，自动信号报警和联锁保护系统是由气动、继电器系统组成的，随着时间的推移，由气动、继电器组成的自动信号报警和联锁保护系统暴露的问题越来越多，很难达到实时、安全、可靠的要求。到了20世纪70年代，本质安全技术诞生，增加了安全性、整体性的需要。20世纪90年代，双重化诊断系统、三重化冗余可编程控制器PLC技术在生产过程中得到了应用。

3）自动操纵和自动开停车系统

自动操纵系统可以根据预先规定的步骤自动地对生产设备进行某种周期性操作。例如，合成氨造气车间的煤气发生炉，要求按照吹风、上吹、下吹、制气、吹净等步骤周期性地接通空气和水蒸气，利用自动操纵系统可以代替人工，自动地按照一定的时间程序开启空气和水蒸气的阀门，使它们交替地接通煤气发生炉，从而极大地减轻操作人员的重复性体力劳动。

4）自动控制系统

生产过程中的各种工艺条件不可能是恒定不变的，特别是石油化工生产，大多数是连续生产，各设备相互关联着，当其中某一设备的工艺条件发生变化时，都可能引起其他设备中某些变量或多或少的波动，偏离正常的工艺条件。为此，就需要用一些自动控制装置，对生产中某些关键性变量进行自动控制，使它们在受到外界干扰的影响而偏离正常状态时，能自动地回到规定的数值上或在规定的数值范围内，这就是自动控制系统。

3. 过程控制技术的发展趋势

（1）控制技术向先进过程控制技术方向发展。

由于受经典控制理论和常规仪表的制约，简单控制系统很难解决生产过程中的系统耦合、非线性和时变性等问题。随着企业对生产过程质量和效益要求的提高，人们越来越重视先进过程控制技术（Advanced Process Control，APC）。它是指在动态环境中，基于模型，充分借助计算能力，为工厂获得最大利润而实施的一类运行和技术策略。这种新的控制策略实施后，可使系统运行在最佳工况，实现所谓"卡边生产"。

先进过程控制技术包括双重控制和阀位控制、时滞补偿控制、解耦控制、自适应控制、差拍控制、状态反馈控制、多变量预测控制、推断控制及软测量技术、智能控制（专家控制、模糊控制、神经网络控制）等，尤其以智能控制作为开发、研究和应用的重点。

（2）生产过程向优化方向发展。

在连续的工业生产过程中，上一级装置的部分出料是下一级装置的进料，整个生产过程存在装置间的物流分配、物料平衡、能量平衡等一系列问题。过程优化主要用于寻找最佳工艺操作变量的给定值，使生产过程获得最大经济效益，这也称为稳态优化。稳态优化采用静态模型，进行离线或在线的优化计算。离线优化是在约束条件下采用各种建模优化的方法寻求最优工艺操作变量，提供操作指导。在线优化是周期性进行模型计算、模型修正和变量寻优，并将变量值直接送给控制器作为给定值。为获得稳态最优，要求系统工作在一种较小的特定工况下，一旦偏离该工况，各项指标会明显变差，操作难度增加，并导致生产不安全。为保证安全生产，一定要考虑约束条件。过程优化可使整个生产过程获得较大的经济和社会效益。

（3）控制系统向现场总线方向发展。

现场总线（FCS）控制系统是为适应综合自动化发展需要而诞生的，适应了工业控制系统向分散化、网络化、智能化方向发展的需要，沟通了生产过程现场控制设备之间及其与更高控制管理层网络之间的联系，为彻底打破自动化系统的信息孤岛创造了条件。

现场总线控制系统既是一个开放通信网络，又是一种全分布控制系统。它作为智能设备的联系纽带，把挂接在总线上且作为网络节点的智能设备连接为网络系统，并进一步构成自动化系统，实现基本控制、补偿计算、参数修改、报警、显示、监控、优化及管控一体综合自动化功能。

（4）控制网络将向有线和无线相结合的方向发展。无线局域网（Wireless LAN）技术可以非常便捷地以无线方式连接网络设备，人们可随时、随地、随意地访问网络资源，是现代数据通信系统发展的重要方向。无线局域网可以在不采用网络电缆线的情况下，提供以太网互联功能。

计算机网络技术、无线技术以及智能传感器技术的结合，产生了"基于无线技术的网络化智能传感器"的全新概念。这种基于无线技术的网络化智能传感器，使得工业现场的数据能够通过无线链路直接在网络上传输、发布和共享。无线局域网技术能够在工厂环境下，为各种智能现场设备、移动机器人以及各种自动化设备之间的通信提供高带宽的无线数据链路和灵活的网络拓扑结构，在一些特殊环境下有效地弥补了有线网络的不足，进一步完善了工业控制网络的通信性能。

（5）控制软件正向先进控制方向发展。

作为工控软件的一个重要组成部分，近几年国内人机界面组态软件研制取得了较大进展，软件和硬件相结合，为企业测、控、管一体化提供了比较完整的解决方案。在此基础上，工业控制软件将从人机界面和基本策略组态向先进控制方向发展。

过程控制技术是自动化的一门分支学科。它的任务是对过程控制系统进行分析、设计和应用。例如，对工业生产过程中已有的控制方案进行分析，总结各种控制方案的特点；在工业生产过程的工艺流程确定后，设计出满足工艺控制要求的控制方案；确定控制方案，使控制系统能够正常运行，并发挥其功能。

五、项目考核

项目考核采用步进式考核方式，考核内容如表 1 - 1 - 2 所示。

表 1 - 1 - 2　项 目 考 核 表

学号		1	2	3	4	5	6	7	8	9	10	11
姓名												
考核内容进程分组	过程控制技术的发展过程(20分)											
	自动检测系统的特点及作用(15分)											
	自动信号报警和联锁保护系统的特点及作用(15分)											
	自动操纵和自动开停车系统的特点及作用(15分)											
	自动控制系统的特点及作用(15分)											
	过程控制技术发展的趋势(20分)											
扣分	安全文明											
	纪律卫生											
总　评												

六、思考题

(1) 简述过程控制技术的发展过程。

(2) 简述自动检测系统的特点及作用。

(3) 简述自动信号报警和联锁保护系统的特点及作用。

(4) 简述自动操纵和自动开停车系统的特点及作用。

(5) 举一个生活或生产过程中自动化的例子,并简要说明其工作过程。

(6) 简述过程控制发展的趋势。

(7) 简述传感器与变送器的区别。

项目二　过程控制系统的组成及分类

一、学习目标

1. 知识目标

(1) 掌握过程控制系统的组成和自动化装置的作用。

(2) 掌握过程控制系统的有关专业术语。

(3) 掌握过程控制系统方框图的画法。

（4）掌握过程控制系统的分类。

2．能力目标

（1）具备区别自动化装置的能力。

（2）具备识别被控变量、操作变量和被控对象的能力。

（3）认知手动控制和自动控制。

（4）具备工艺流程的认知能力。

二、必备知识与技能

1．必备知识

（1）过程控制系统的作用。

（2）测量仪表的有关知识。

（3）计算机通信的基本知识。

2．必备技能

（1）熟练操作计算机的技能。

（2）变送器使用和接线的技能。

（3）判断变送器是否正常的技能。

三、理实一体化教学任务

理实一体化教学任务参见表 1-2-1。

表 1-2-1　理实一体化教学任务

任　　务	内　　容
任务一	人工控制的环节组成
任务二	过程控制系统的构成
任务三	过程控制系统的信号回路
任务四	过程控制系统的方框图
任务五	过程控制系统的分类

四、理实一体化步骤

1．过程控制系统的组成

1）人工控制

人工过程控制可用液位的人工控制过程加以说明。

液体储槽是生产上常用的设备，通常用来作为中间容器或成品储罐。从前一个工序来的物料（液体）连续不断地流入储罐，而罐中的液体又送至下一工序进行加工或包装。物料流入量或流出量的波动都会引起罐内液位的波动，储罐液位过高，液体有可能溢出罐外造成浪费或者影响前一个工序出料；液位过低，储罐可能被抽空，有被抽瘪而报废的危险。因此，维持液位在给定的标准值上是保证储罐正常运行的重要条件。可以采用以储罐液位为操作指标、以改变流出量为控制手段来达到维持液位稳定的目的。

储罐液位人工控制原理如图1-2-1所示。操作人员用眼睛观察玻璃液位计的液位高度，并通过神经系统告诉大脑；大脑根据眼睛看到的液位高度加以思考，并与生产上要求的液位标准值进行比较，得出偏差大小和方向；然后根据经验发出操作命令。按照大脑发出的命令，操作人员用双手去改变阀门开度，以调整物料的流出量，使流出量等于流入量，最终使液位保持在给定的标准值上。储罐液位人工控制逻辑如图1-2-2所示，人的眼、脑、手三个器官分别承担了检测、运算和执行三个任务，通过眼看、脑想和手动等一系列行为来共同完成测量、求偏差、再控制以纠正偏差的全过程，保持了储槽液位的恒定。

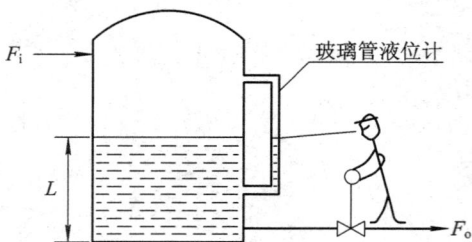

图1-2-1 液位人工控制示意图

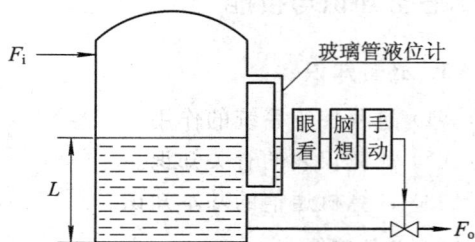

图1-2-2 液位人工控制逻辑图

2）自动控制

随着工业生产装置的大型化和对生产过程的强化，生产流程变得更为复杂，人工控制由于受生理的限制，无论在速度上或是在精度上都是有限的。为提高控制精度，减轻操作人员的劳动强度，改善操作人员的工作环境，用一些自动控制设备，如测量仪表、控制仪表、执行机构等自动控制装置来代替人工操作过程，那么人工控制就变成自动控制了。液位自动控制示意图如图1-2-3所示；液位自动控制流程图如图1-2-4所示。

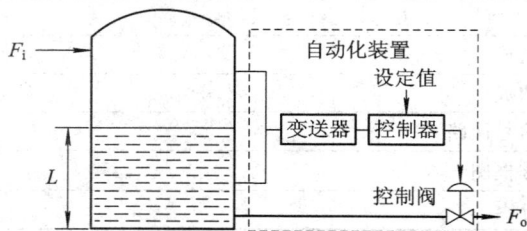

图1-2-3 液位自动控制示意图

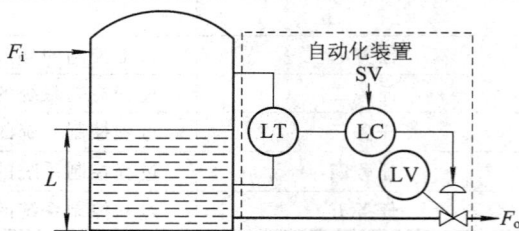

图1-2-4 液位自动控制流程图

自动控制的过程简述如下：

液位测量变送器（图1-2-4中LT表示液位变送器，其中L表示液位（Level），T表示传送（Transmittal）检测储罐液位的变化，并将储罐液位高低这一物理量转换成仪表间的标准统一信号。

控制器（图1-2-4中LC表示液位控制器，其中L表示液位（Level），C表示控制（Control）接收液位测量变送器输出的标准统一信号，与工艺控制要求的目标液位信号相比较，得出偏差信号的大小和方向，并按一定的规律运算后输送一个对应的标准统一信号。

执行器（图1-2-4中LV表示液位执行器，其中L表示液位（Level），V表示控制阀（Valve）接收控制器的输出信号后，根据信号的大小和方向控制阀门的开度，从而改变液体流量，经过反复测量和控制使储槽液位达到工艺控制要求。

由上述储罐液位控制系统分析可知，一般过程控制系统由被控对象、测量变送器、控制器和控制阀四个基本环节组成。其中测量变送器、控制器和控制阀是自动控制仪器设备，故可以将过程控制系统看成由被控对象和自动控制装置两部分组成。

（1）被控对象。它是控制系统的主体，在过程控制系统中，将需要控制其工艺变量的生产设备或机器叫做被控对象。

（2）测量变送器。它通常包括检测元件和变送器两部分。其作用是将被控制的变量检测出来并转换成工业仪表间的标准统一信号。例如，电Ⅲ压力变送器是将压力的大小转换成 $4 \sim 20$ mA DC 电信号。

（3）控制器。其作用是将测量值与目标值比较得出偏差，按一定的规律运算后对控制阀（执行机构）发出相应的控制信号或指令。

（4）执行器。可将其通称为执行机构。其作用是依据控制器发出的控制信号或指令改变控制量，对被控对象产生直接的控制作用。执行器可以是控制阀，也可以是变频器等。

2. 过程控制系统的方框图

为了便于对过程控制系统进行分析，常采用方框图的形式来表示控制系统的结构、环节之间的相互关系和信号间的联系。过程控制系统的方框图如图 1-2-5 所示。

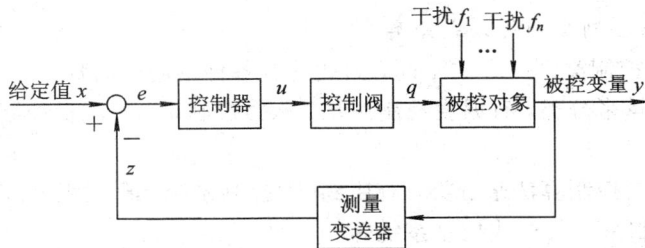

图 1-2-5 过程控制系统的方框图

在方框图中，每个方框代表系统中的一个环节，环节之间的带有箭头的直线只表示信号的关系和传递的方向， 表示比较点， 表示分支点。

几点说明：

（1）箭头具有单向性，即方框的输入只能影响输出，而输出不能影响输入。

（2）方框图中各线段所表示的是信号关系，而不是指具体的物料或能量。

（3）方框图中的比较机构实际上是控制器的一个部分，不是独立的元件，只是为了更醒目地表示其比较作用，才把它单独画出。比较机构的作用是比较给定值与测量值并得到其差值。

控制系统中一些常用的名词术语的解释如下：

（1）被控变量 y。被控变量是表征生产设备或过程运行状况并需要加以控制的变量。它也是过程控制系统的输出量。如图 1-2-4 中储槽液位自动控制系统中的液位就是被控变量。通常，在石油化工生产过程控制系统中的被控变量有温度、压力、液位、流量、成分等。

（2）给定值（设定值）x。它是工艺要求被控变量的值，也是过程控制系统的输入量。如图 1-2-4 中储槽液位自动控制系统中的要求液位保持在储槽高度的 50%，储槽高度的

50%或所对应的标准信号值就是给定值。

（3）干扰 $f_i(i=1, 2, \cdots, n)$。在生产过程中，凡是影响被控变量的各种外来因素都叫干扰作用。它也是过程控制系统的输入量。如图1-2-4中储罐液位自动控制系统中进口流量的变化和控制阀后压力的变化等都是干扰。

（4）操纵变量 q。用以克服干扰变量的影响，具体实现控制作用的变量叫做操纵变量。用来实现控制作用的物料一般称为操纵介质或操纵剂。如图1-2-4中储罐液位自动控制系统中的流出量就是操纵变量，流出管道内的介质就是操纵介质。

（5）测量值 z。测量值是检测元件与变送器的输出信号值。在图1-2-4中，储槽液位变送器的输出信号值就是测量值。

（6）偏差 e。在过程控制系统（方框图和有关系统分析）中，规定偏差是给定值与测量值之差，即 $e=x-z$。

（7）控制器的输出 u。在控制器内，给定值与测量值进行比较得出偏差，按一定的控制规律发出相应的输出信号 u 去驱动执行机构。

（8）反馈。把系统的输出信号通过检测元件与变送器又引回到系统输入端的作法称为反馈。当系统输出端送回的信号（即反馈信号）取负值与给定值相加时，属于负反馈；当反馈信号取正值与给定值相加时，属于正反馈。自动控制系统一般采用负反馈。

3. 过程控制系统的分类

1）按划分过程控制类别的方式分类

由于划分过程控制类别的方式不同，因此它有各种不同的名称。

（1）按被控变量来分类，有温度控制系统、压力控制系统、流量控制系统、液位控制系统等。

（2）按控制器的控制算法来分类，有比例（P）控制系统、比例积分（PI）控制系统、比例积分微分（PID）控制系统及位式控制系统等。

（3）按控制器信号来分类，有模拟控制系统与数字控制系统。

（4）按是否采用计算机来分类，有常规的仪表控制系统、计算机控制系统、集散控制系统和现场总线控制系统等。

（5）按控制系统组成回路的情况来分类，有单回路控制系统与多回路控制系统、开环控制系统与闭环控制系统等。

以上是人们视具体情况所采用的不同的分类方法，其中并没有严格的规定。而作为过程控制系统而言，主要是分析反馈控制的特性，这就和给定值有密切关系，因此按给定值来分类则更有意义。

2）按给定值的形式分类

过程控制主要是研究反馈控制系统的特性，按给定值的形式不同，可将过程控制系统分为以下三类：

（1）定值控制系统。在生产过程中，如果要求控制系统使被控变量保持在一个生产指标上不变，或者说要求工艺变量的给定值不变，这类控制系统称为定值控制系统。如图1-2-4所示储罐液位控制系统就是定值控制系统。这个控制系统的目的是使储罐液位保持在给定值不变。在石油化工生产中，绝大部分过程控制系统是定值控制系统。因此，我们后面讨论的过程控制系统，如果没有特殊说明，都是指定值控制系统。

（2）随动控制系统。对于有的生产过程，其被控变量是变化的，即控制系统的给定值不是定值，而是无规律变化的，自动控制的目的是要使被控变量相当准确而及时地跟随给定值的变化，这类控制系统称为随动控制系统，又称为跟踪系统。

（3）程序控制系统。程序控制系统被控变量的设定值是按预定的时间程序变化的，控制的目的是使被控变量按规定的程序自动变化。程序控制系统的给定值有规律地变化，是已知的时间函数。

3）按开、闭环的形式分类

控制系统按有无闭合（简称闭环）来分类，可分为闭环控制系统和开环控制系统。

凡是系统的输出信号对控制作用有直接影响的控制系统，就称为闭环控制系统。例如，图 1-2-4 所示的储罐液位控制系统便是闭环控制系统。在图 1-2-5 所示的方框图中，任何一个信号沿着箭头方向前进，最后又会回到原来的起点，从信号的传递角度来看，它构成了一个闭合回路。所以，闭环控制系统必然是一个反馈控制系统。

若系统的输出信号不能影响控制作用，则称此系统为开环控制系统。这种系统的输出信号不反馈到输入端，不能形成信号传递的闭合回路。蒸汽加热器开环控制系统如图 1-2-6 所示。在蒸汽加热器中，如果负荷是主要干扰，则开环控制系统能使蒸汽流量与冷流体流量之间保持一定的函数关系。当冷流体流量变化时，通过控制蒸汽流量以保持热量平衡，图 1-2-7 是蒸汽加热器开环控制系统方框图，显然，开环控制系统不是反馈控制系统。

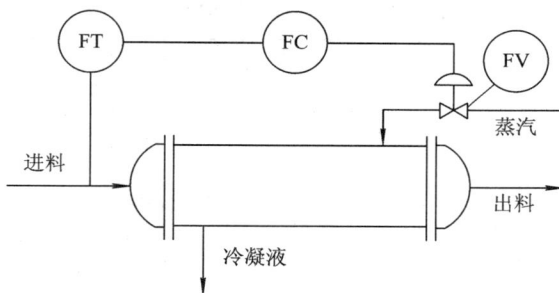

图 1-2-6　蒸汽加热器开环控制系统

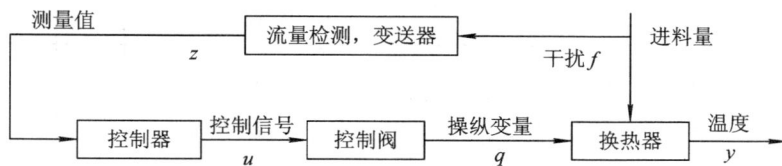

图 1-2-7　蒸汽加热器开环控制系统方框图

由于闭环控制系统采用了负反馈，因而使系统的被控变量受外来干扰和内部参数影响变化小，具有一定的抑制干扰、提高控制精度的特点；开环控制系统则不能做到这一点，但开环控制系统结构简单、使用便捷。

方框图是研究自动控制系统的常用工具和重要概念，有了它可以方便地讨论各个环节之间的相互影响。如果只需要研究系统输入与输出的关系，有时把图 1-2-5 所示方框图简化为图 1-2-8 所示的形式，即将检测元件与变送器、控制阀、控制对象合为一个整体，称之为广义对象。

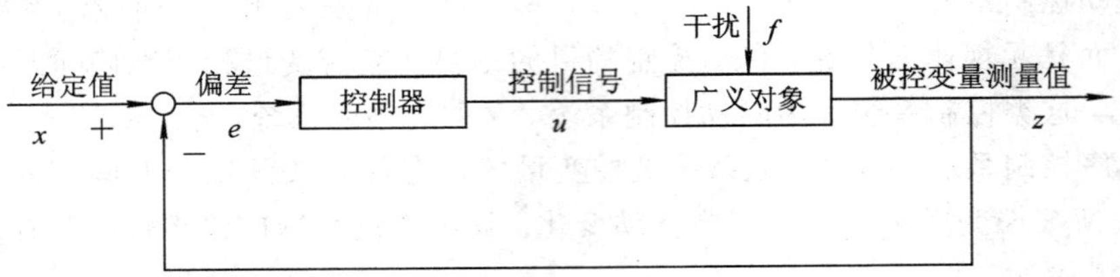

图 1-2-8 过程控制系统简化方框图

在上述各种系统中，各环节的传递信号都是时间的函数，因而统称为连续控制系统。若系统中有一个以上环节的传递信号是断续的，则这类系统称离散控制系统，计算机控制系统就属于此类系统。当各环节的输入和输出特性是线性时，则称这种系统为线性控制系统；反之称为非线性控制系统。根据系统的输入和输出信号的数量可分为单输入/单输出系统和多输入/多输出系统等。

以上这些分类只反映了不同控制系统某一方面的特点，人们视具体情况可以采用不同的分类方法，其中并无原则的规定。

五、项目考核

项目考核采用步进式考核方式，考核内容如表 1-2-2 所示。

表 1-2-2 项 目 考 核 表

学号		1	2	3	4	5	6	7	8	9	10	11
姓名												
人工控制系统的组成（10分）												
考核内容进程分组	自动控制系统的组成（20分）											
	自动控制系统物料回路（15分）											
	自动控制系统信号回路（15分）											
	自动控制系统方框图（20分）											
	自动控制系统的分类（20分）											
扣分	安全文明											
	纪律卫生											
总评												

六、思考题

（1）什么是负反馈？为什么自动控制系统通常采用负反馈？

（2）按设定值形式不同，自动控制系统可分为哪几类？

（3）在自动控制系统中，检测与变送器、控制器、执行器分别起什么作用？

（4）什么是干扰作用？什么是控制作用？两者有何关系？

（5）管式加热炉是炼油、化工生产中的重要设备，燃料在炉膛中燃烧以产生大量的热量，原料油在很长的炉管中经过炉膛时吸收热量，通过调整进入炉膛的燃料流量来保持炉出口原料温度稳定。无论是原油的加热还是重油的裂解，对炉出口原料温度的控制十分重要。某加热炉温度控制系统如图1-2-9所示，试画出该控制系统的方框图，并指出该系统中的被控对象、被控变量、给

图 1-2-9　加热炉温度控制系统

定值、操纵变量、操纵介质及可能影响被控变量的干扰分别是什么，结合本题说明该温度控制系统是一个具有负反馈的闭环系统。

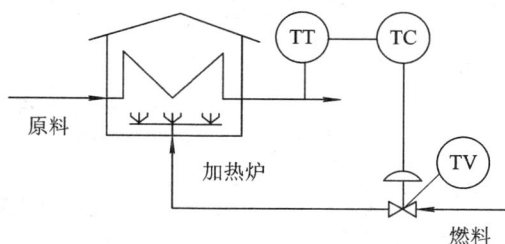

项目三　自动控制系统的过渡过程及品质指标

一、学习目标

1. 知识目标

（1）掌握过程控制系统的过渡过程形式。

（2）掌握过程控制系统的品质指标。

（3）了解影响系统过渡过程品质的因素。

（4）掌握控制系统输入的典型信号。

2. 能力目标

（1）具备区分系统动态静态的能力。

（2）具备识别阶跃信号的能力。

（3）具备识别开环和闭环的能力。

（4）具备控制器的操作能力。

二、必备知识与技能

1. 必备知识

（1）过程控制系统的组成。

（2）测量仪表的有关知识。

（3）控制仪表的基本知识。

2. 必备技能

（1）判断系统所处的状态。

（2）变送器的使用和接线的技能。

（3）判断变送器是否正常的技能。

（4）判断控制系统是否正常。

三、理实一体化教学任务

理实一体化教学任务参见表1-3-1。

表1-3-1　理实一体化教学任务

任　　务	内　　容
任务一	过程控制系统的静态及动态
任务二	过程控制系统的阶跃干扰
任务三	系统过渡过程的五种形式及相应曲线
任务四	系统过渡过程的品质指标
任务五	影响系统过渡过程品质指标的因素

四、理实一体化步骤

1. 过程控制系统的静态与动态

当图1-2-4所示储罐液位过程控制系统处于平衡状态时，系统的输入（给定值或干扰量）及输出（被控变量）都保持不变，过程控制系统内各组成环节都不改变其原来的状态，其输入、输出信号的变化率为零。而此时生产仍在进行，物料和能量仍然有进有出。将这种被控变量不随时间而变化的平衡状态称为静态。

假设图1-2-4所示储罐液位自动控制系统中原来处于平衡状态，当进料流量变化时，储槽液位就会发生变化，其平衡状态受到破坏，被控变量偏离给定值，此时控制器会改变原来的状态，输出信号产生相应的控制作用，改变操纵变量去克服干扰的影响，使系统达到新的平衡状态，被控变量将会重新达到新给定值或在其附近。将被控变量随时间而变化的不平衡状态称为动态。

2. 过程控制系统的过渡过程

在给定值发生变化或系统受到干扰作用后，系统将从原来的平衡状态经历一个过程进入另一个新的平衡状态。过程控制系统从一个平衡状态过渡到另一个平衡状态的过程称为过程控制系统的过渡过程。由于被控对象常常受到各种外来干扰的影响，设置控制系统的目的也正是为了克服干扰对被控变量的影响，因此系统经常处于动态过程。显然，要评价一个过程控制系统的质量，只看稳态是不够的，还应该考核它在动态过程中被控变量随时间变化的情况。因此，我们对系统研究的重点应放在控制系统的动态过程。

在生产中，出现的干扰是没有固定形式的，多半属于随机性质。在分析和设计控制系统时，为了安全和方便，常选择一些典型的输入形式，其中最常用的是阶跃输入，其形式如图 1-3-1 所示。

　　由图 1-3-1 可见,所谓阶跃输入就是在某一时刻,输入突然阶跃式变化,并继续保持在这个幅度上。阶跃输入容易产生而且形式简单,同时阶跃输入是一种很剧烈的干扰,如果一个控制系统能够有效地克服阶跃干扰,那么对于其他比较缓和的干扰,控制系统一般也能满足性能指标要求。

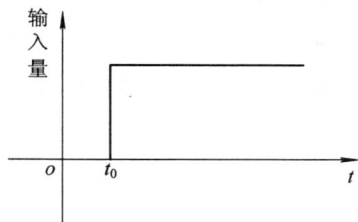

图 1-3-1　阶跃输入

　　一般地说,自动控制系统在阶跃干扰作用下的过渡过程有以下几种基本形式:

　　1) 非周期衰减过程

　　当系统受到阶跃干扰后,在控制作用下,被控变量的变化先是单调地增大,到达一定程度后又逐渐减小,其变化速度愈来愈慢,最终趋近设定值而稳定下来,这种过渡过程形式称为非周期衰减过程,如图 1-3-2 所示。

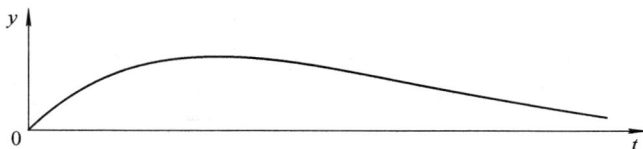

图 1-3-2　非周期衰减过程

　　2) 衰减振荡过程

　　当系统受到阶跃干扰后,被控变量在设定值附近上下波动,但幅度愈来愈小,最后稳定在某一数值上,这种过渡过程形式称为衰减振荡过程,如图 1-3-3 所示。

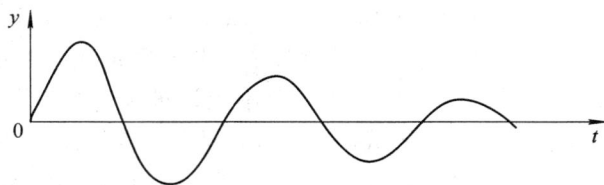

图 1-3-3　衰减振荡过程

　　3) 等幅振荡过程

　　当系统受到阶跃干扰后,被控变量在设定值附近来回波动,而且波动幅度保持相等,这种过渡过程形式称为等幅振荡过程,如图 1-3-4 所示。

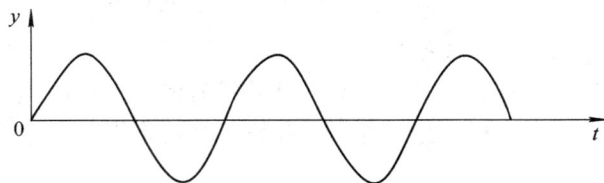

图 1-3-4　等幅振荡过程

4）发散振荡过程

当系统受到阶跃干扰后，被控变量来回波动，而且波动幅度逐渐变大，即偏离设定值越来越远，这种过渡过程形式称为发散振荡过程，如图 1-3-5 所示。

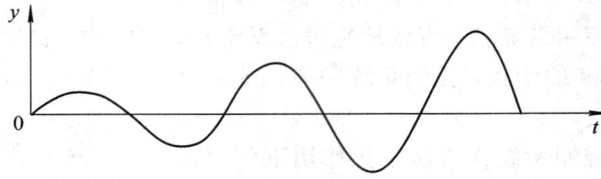

图 1-3-5　发散振荡过程

5）非周期发散过程

当系统受到阶跃干扰后，被控变量单调地增大或减小，偏离原来的平衡点越来越远，这种过渡过程形式称为非周期发散过程，如图 1-3-6 所示。

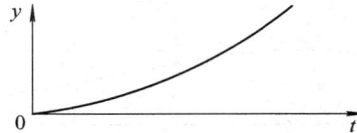

图 1-3-6　非周期发散过程

从以上分析可知，发散振荡、等幅振荡及非周期发散都属于不稳定过程，在控制过程中，被控变量不能达到平衡状态，甚至将导致被控变量超越工艺允许范围，严重时会引起事故，这是生产上所不允许和不希望的，应竭力避免。非周期衰减与衰减振荡是属于稳定过程的，被控变量经过一段时间后，逐渐趋向原来或新的平衡状态。对于非周期衰减过程，由于这种过渡过程变化较慢，被控变量在控制过程中长时间地偏离给定值，而不能很快恢复平衡状态，所以一般不会采用，只有在生产上不允许被控变量有波动的情况下才会采用。对生产操作者来说，更希望得到衰减振荡过程，因为他容易看出被控变量的变化趋势，能够较快地使系统稳定下来，便于及时操作、调整。所以，在研究过渡过程时，一般都以在阶跃干扰（包括给定值的变化）作用下的衰减振荡过程为依据。

3. 过程控制系统的品质指标

一个控制过程的优劣在于系统受到干扰作用或给定值发生变化后，能否在控制器的作用下稳定下来以及克服干扰造成的偏差而回到给定值的准确性、平稳性和快速性。在比较不同控制方案时，应首先规定评价控制系统的优劣程度的性能指标，一般情况下，主要采用以阶跃响应曲线形式表示的品质指标。

控制系统最理想的过渡过程应具有什么形状是没有绝对标准的，主要依据工艺要求而定，除少数情况不希望过渡过程有振荡外，大多数情况则希望过渡过程是略带振荡的衰减过程。

图 1-3-7、图 1-3-8 所示分别是系统在阶跃干扰和给定作用下的过渡过程曲线。

通常以下面几个特征参数作为过程控制系统的品质指标。

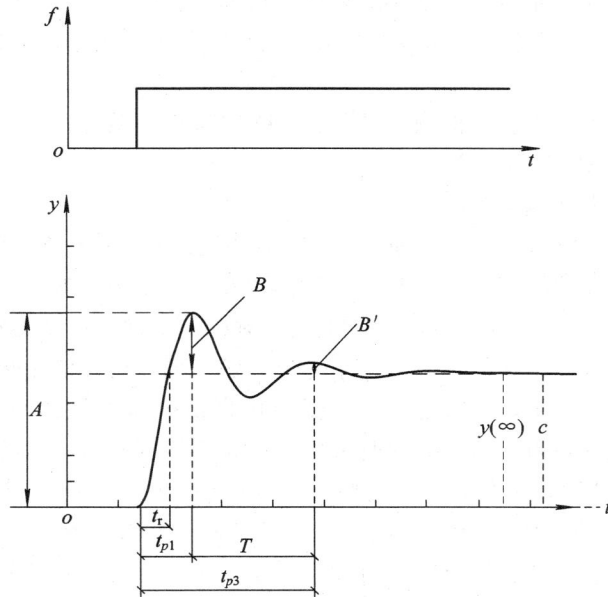

图 1-3-7　阶跃干扰作用下过渡过程

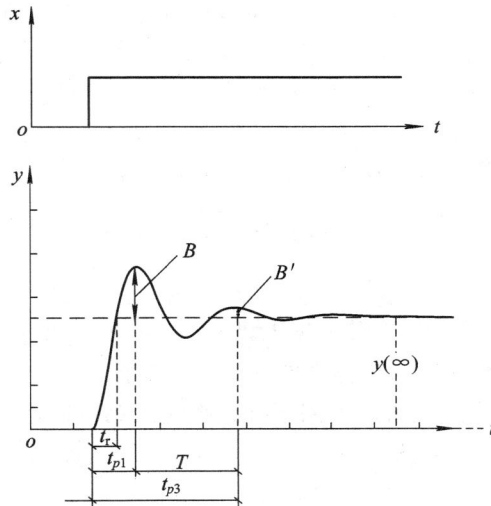

图 1-3-8　阶跃给定作用下过渡过程

1）余差（C）

余差是控制系统过渡过程终了时，被控变量新的稳态值 $y(\infty)$ 与给定值 x 之差。或者说余差就是过渡过程终了时存在的残余偏差。在图 1-3-7、图 1-3-8 中，余差用 C 表示。

$$C = y(\infty) - x \tag{1-3-1}$$

因为余差是衡量控制系统准确性的一个质量指标，所以希望余差越小越好。但在实际生产中，也并非要求任何系统的余差都要很小，例如，一般储罐的液位控制要求不高，这种系统往往允许液位在一定范围的波动，余差就可以大一些；例如精馏塔的温度控制一般要求比较高，应当尽量消除余差。所以，对余差大小的要求必须结合具体系统作具体分析，不能一概而论。

有余差的控制过程称为有差控制，相应的系统称为有差系统；没有余差的控制过程称为无差控制，相应的系统称为无差系统。

2）最大偏差（A）或超调量（B）

最大偏差是指在过渡过程中，被控变量偏离给定值的最大数值。在衰减振荡过程中，最大偏差就是第一个波的峰值，在图 1-3-7 中用 A 表示。最大偏差表示系统瞬间偏离给定值的最大程度。若偏离越大，偏离的时间越长，对稳定正常生产越不利，因此，最大偏差可以作为衡量控制系统稳定性的一个质量指标。一般来说，最大偏差小一些为好，特别是对于一些有约束条件的系统，例如化学反应器的化合物爆炸极限、触媒烧结温度极限等，都会对最大偏差的允许值有所限制。同时考虑到干扰会不断出现，当第一个干扰的影响还未消除时，第二个干扰可能又出现了，偏差有可能是叠加的，这就更需要限制最大偏差的允许值。所以，在决定最大偏差允许值时，应根据工艺情况慎重考虑。

被控变量偏离给定值的程度有时也可用超调量来表示，在图 1-3-7、图 1-3-8 中用 B 表示。超调量是指过渡过程曲线超出新稳态值的最大值，反映了系统过调程度，也是衡量控制系统稳定性的一个质量指标。从图 1-3-7 中可以看出，超调量是第一峰值与新稳态值之差，即 $B=A-y(\infty)$。如果系统的新稳态值等于给定值，那么最大偏差也就与超调量相等。

对于定值控制系统，$B=A-y(\infty)=A-C$。

对于无差控制系统，$B=A$。

对于有差控制系统，超调量习惯上用百分数 σ 来表示，即

$$\sigma = \frac{y(t_{\mathrm{p}}) - y(\infty)}{y(\infty)} \times 100\% \qquad (1-3-2)$$

3）峰值时间（t_{p}）和上升时间（t_{r}）

峰值时间（t_{p} 或 t_{p1}）是指过渡过程曲线达到第一个峰值所需要的时间。t_{p} 愈小，表明控制系统反应愈灵敏。这是反映系统快速性的一个动态指标。

上升时间是表示被控变量在阶跃作用下开始变化到第一次达到稳态值所用时间。这也是反映系统快速性的一个动态指标。

4）衰减比（n）

衰减比是指过渡过程曲线同方向的前、后相邻两个峰值之比，用 n 表示。

$$n = \frac{B}{B'} \quad \text{或} \quad n = \frac{B}{B'} = \frac{y(t_{\mathrm{p1}}) - y(\infty)}{y(t_{\mathrm{p3}}) - y(\infty)}$$

习惯上衰减比用 $n:1$ 表示。衰减比表示衰减振荡过渡过程的衰减程度，是衡量控制系统稳定性的质量指标。

若 $n<1$，则过渡过程是发散振荡过程；若 $n=1$，则过渡过程是等幅振荡过程；若 $n>1$，则过渡过程是衰减振荡过程。

如果尽管 $n>1$，但 n 只比 1 稍大一点，则过渡过程接近于等幅振荡过程，由于这种过程不易稳定，振荡过于频繁，不够安全，因此，一般不采用。如果 n 值过大，则又太接近于

非周期衰减过程，过渡过程过于缓慢，通常这也是不希望的。通常取 $n:1=4:1\sim10:1$ 之间为宜。因为当 $n:1=4:1\sim10:1$ 之间时，过渡过程开始阶段的变化速度比较快，被控变量在同时受到干扰作用和控制作用的影响后，能比较快地达到一个高峰值，然后马上下降，又较快地达到一个低峰值，而且第二个峰值远远低于第一个峰值。当操作人员看到这种现象后，心里就比较踏实，因为操作人员知道被控变量再振荡数次后就会很快稳定下来，并且最终的稳态值显然在两峰值之间，决不会出现发散的现象，更不会远离给定值以致造成事故。在反应比较缓慢的情况下，衰减振荡过程的这一特点尤为重要。对于这种系统，如果过渡过程接近于非振荡的衰减过程，操作人员很可能在较长时间内，都只看到被控变量一直上升（或下降），就会怀疑被控变量会不会继续上升（或下降）不止，由于这种焦急的心情，操作员很可能会对过渡过程进行人工干预，这就等于给系统施加了人为的干扰，有可能使被控变量离给定值更远，使系统处于难以控制的状态。所以，选择衰减振荡过程并规定衰减比在 $4:1\sim10:1$ 之间，完全是人们多年操作经验的总结。

5）过渡时间 t_s

过渡时间是从干扰作用开始，到系统重新建立平衡为止，过渡过程所经历的时间。从理论上讲，要使系统完全达到新的平衡状态需要无限长的时间。实际上，由于仪表灵敏度（或分辨率）的限制，当被控变量靠近新稳态值时，显示值就不再改变了。所以有必要在可以测量的区域内，在新稳态值上下规定一个适当小的范围，当显示值进入这一范围而不再越出时，就认为被控变量已经达到稳态值。这个范围一般定为新稳态值的 $\pm5\%$（有的为 $\pm2\%$）。按照这个规定，过渡时间就是从干扰开始作用之时起，直至被控变量的增量进入最终稳态值的 $\pm5\%$（或 $\pm2\%$）的范围之内且不再越出时为止所经历的时间，通常用 t_s 表示。

注意：这里所讲的最终稳态值是指被控变量的动态变化量即增量，而不是被控变量的最终实际值。因为在过程控制系统的过渡过程中，各个变量的值是相对于稳态的增量值。过渡时间是衡量系统快速性的质量指标。过渡时间短，表示过渡过程进行得比较迅速，这时即使干扰频繁出现，系统也能及时适应，系统控制质量就高。反之，过渡时间太长，前一个干扰引起的过渡过程尚未结束，后一个干扰就已经出现，这样几个干扰的影响叠加起来，就可能使系统难以满足生产的要求。

6）振荡周期 T 或频率 f

过渡过程同向相邻两个波峰（或波谷）之间的间隔时间称为振荡周期或工作周期，用 T 表示；其倒数称为振荡频率，一般用 f 表示。它们是衡量系统快速性的质量指标。在衰减比相同的情况下，振荡周期与过渡时间成正比，因此希望振荡周期短一些为好。

除上述品质指标外，还有一些次要的品质指标。其中振荡次数是指在过渡过程内被控变量振荡的次数。所谓"理想过渡过程两个波"，就是指过渡过程振荡两次就能稳定下来，此时的衰减比约为 $4:1$，它将被认为是良好的过程。另外，峰值时间也是一个品质指标，它是指从干扰开始作用起至第一个波峰所经过的时间。显然，峰值时间短一些为好。

综上所述，过渡过程的品质指标主要有最大偏差、衰减比、余差、过渡时间和振荡周期等。这些指标在不同的系统中各有其重要性，且相互之间既有矛盾又有联系。因此，应根据具体情况分清主次、区别轻重，对生产过程有决定性意义的主要品质指标应优先予以保证。另外，对一个系统提出的品质要求和评价一个控制系统的质量，都应该从实际需要出发，不应过分偏高、偏严，否则就会造成人力、物力的巨大浪费，有时甚至无法实现。

例 1-3-1 某石油裂解炉工艺要求的操作温度为 890℃±10℃，为了保证设备的安全，在过程控制中，辐射管出口温度偏离给定值最高不得超过 20℃。温度控制系统在单位阶跃干扰作用下的过渡过程曲线如图 1-3-9 所示。试分别求出最大偏差、余差、衰减比、振荡周期和过渡时间等过渡过程质量指标。

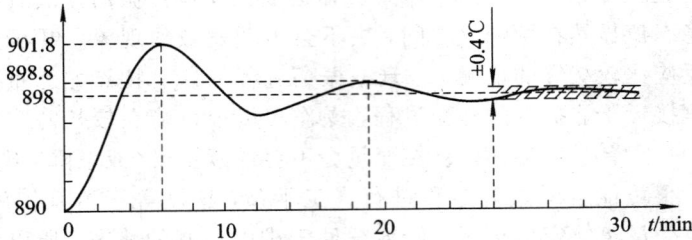

图 1-3-9 裂解炉温度控制系统过渡过程曲线

解 (1) 最大偏差：$A=901.8-890=11.8℃$；

(2) 余差：$C=898-890=8℃$；

(3) 第一个波峰值：$B=901.8-898=3.8℃$；第二个波峰值：$B'=898.8-898=0.8℃$；衰减比：$n=3.8:0.8=4.75:1$。

(4) 振荡周期：$T=19-6=13$ min。

(5) 过渡时间与规定的被控变量限制范围大小有关。假定被控变量进入额定值的 $±5\%$，就可以认为过渡过程已经结束，那么限制范围为 $(898-890)×(±5\%)=±0.4℃$，这时，可在新稳态值 898℃两侧以宽度为 ±0.4℃画一区域，即图 1-3-9 中以画有斜线的区域表示，只要被控变量进入这一区域且不再越出，就可以认为过渡过程已经结束。因此，从图上可以看出，过渡时间大约为 $t_s=27$ min。

4. 影响过程控制系统过渡过程品质的主要因素

一个过程控制系统包括两大部分，即工艺过程部分(被控对象)和自动化装置。自动化装置指的是为实现过程控制所必需的自动化仪表设备，通常包括测量变送器、控制器和执行器等三部分。对于一个过程控制系统，过渡过程品质的好坏，很大程度上取决于被控对象的性质。下面通过蒸汽加热器温度控制系统来说明影响被控对象性质的主要因素，如图 1-3-10 所示。

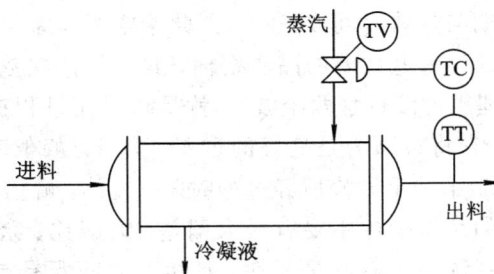

图 1-3-10 蒸汽加热器温度控制系统

从结构上分析可知，影响过程控制系统过渡过程品质的主要因素有换热器的负荷的波动，换热器设备结构、尺寸和材料，换热器内的换热情况、散热情况及结垢程度等。对于已有的生产装置，被控对象特性一般基本确定。自动化装置应根据被控对象性质加以选择和调整。自动化装置的选择和调整不当，也直接影响控制质量。此外，在控制系统运行过程中，自动化装置的性能一旦发生变化，如阀门失灵、测量失真等，也会影响控制质量。

总之，影响过程控制系统过渡过程品质的因素很多，在系统设计和运行中都应加以注意。只有在充分了解这些环节的作用和特性后，才能进一步研究和分析、设计过程控制系统，提高系统的控制质量。

五、项目考核

项目考核采用步进式考核方式，考核内容如表 1 - 3 - 2 所示。

表 1 - 3 - 2 项 目 考 核 表

学号		1	2	3	4	5	6	7	8	9	10	11
姓名												
考核内容进程分组	过程控制系统的静态及动态(20分)											
	过程控制系统的阶跃干扰(20分)											
	系统过渡过程的五种形式及相应曲线(20分)											
	系统过渡过程品质指标(20分)											
	影响系统过渡过程品质指标的因素(20分)											
扣分	安全文明											
	纪律卫生											
总 评												

六、思考题

(1) 什么是过程控制系统的静态和动态？为什么说研究过程控制系统的动态比研究其静态更为重要？

(2) 阶跃干扰作用是怎样的？为什么经常采用阶跃干扰作用作为系统的输入作用形式？

(3) 什么是过程控制系统的过渡过程？系统在阶跃干扰作用下的过渡过程有哪几种基本形式？

(4) 为什么生产上通常希望得到控制系统的过渡过程具有衰减振荡形式？

（5）过程控制系统衰减振荡过渡过程的品质指标有哪些？

（6）图 1-3-11 所示是直接蒸汽加热器的温度控制原理图。该加热器的目的是用蒸汽直接加热流入的冷物料，使加热器出口的热流体达到某一规定的温度，然后送至下一工序进入下一步的工艺过程。试画出该系统的方框图，并指出被控对象、被控变量、操纵变量和可能存在的干扰是什么。现因生产需要，要求出口物料温度从 80℃提高到 81℃，当控制器的给定值阶跃变化后，被控变量的响应曲线如图 1-3-12 所示。试求该系统的过渡过程质量指标：超调量 σ、衰减比 n、振荡周期 T 和余差 C。（提示：该系统为随动控制系统，新的给定值为 81℃）。

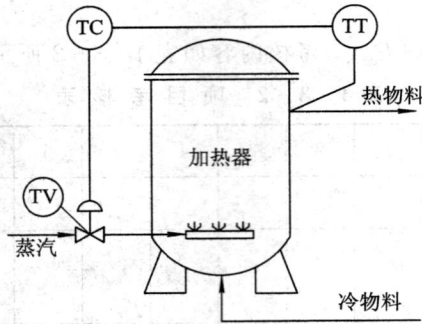

图 1-3-11　直接蒸汽加热器的温度控制系统

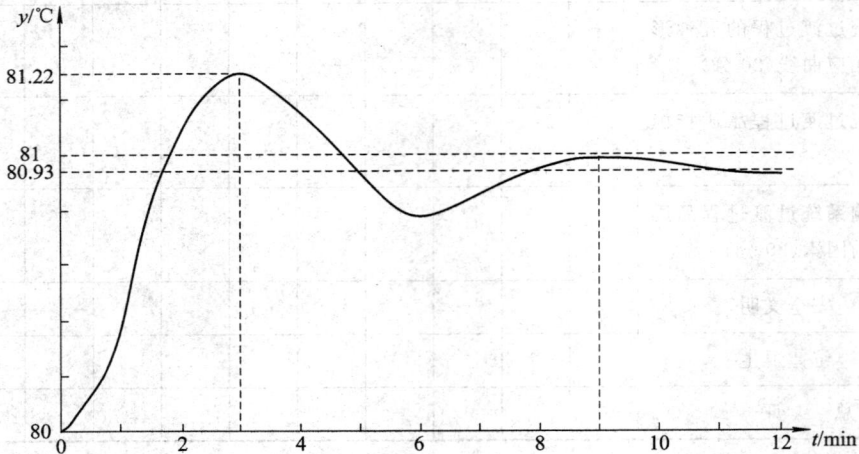

图 1-3-12　温度控制系统过渡过程曲线

模块二　控制系统的数学模型

　　设计能满足工业生产过程要求的过程控制系统，或对现有的过程控制系统分析，提出改进的方案等，都需要掌握控制系统的数学模型。过程控制系统的过渡过程也取决于控制系统的数学模型。控制系统的数学模型与组成系统各个环节（控制器、控制阀、测量变送器和被控对象等）的数学模型有关，其中被控对象（简称对象）的特性影响最大。

项目一　过程动态特性与建模

一、学习目标

1. 知识目标

（1）初步掌握被控对象基本类型。

（2）熟悉被控对象建模目的和方法。

（3）初步掌握典型环节的数学模型。

（4）掌握描述对象特性参数的含义。

2. 能力目标

（1）初步具备判断被控对象类型的能力。

（2）初步具备推导简单对象特性的能力。

（3）初步具备分析对象特性参数的能力。

二、必备知识与技能

1. 必备知识

（1）高等数学微分方法建立与化简数学模型的知识。

（2）石油化工原理的知识。

（3）一阶、二阶微分方法求解的知识。

2. 必备技能

（1）物料动态平衡分析的技能。

（2）能量动态平衡分析的技能。

三、理实一体化教学任务

　　理实一体化教学任务参见表 2-1-1。

表 2 - 1 - 1　理实一体化教学任务

任　　务	内　　容
任务一	被控对象(或环节)特性的基本类型
任务二	被控对象(或环节)建模目的和要求
任务三	典型环节的数学模型
任务四	对象的特性分析

四、理实一体化步骤

1. 被控对象(或环节)特性的基本类型

被控对象(或环节)的特性是指被控对象(或环节)的输出变量和输入变量之间的函数关系。它是由被控对象(或环节)自身的结构和内部机理决定的。描述这个关系的数学表达式称为被控对象(或环节)的数学模型。

被控对象动态特性的重要性是不难理解的,例如,人们知道有些被控对象很容易控制而有些又很难控制,为什么会有此差别? 为什么有些控制过程进行得很快而有些又进行得非常慢? 归根结底,这些问题存在的关键都在于被控对象本身,在于它们的动态特性。只有全面了解和掌握被控对象动态特性,才能合理地设计控制方案,选择合适的自动化仪表,进行控制器参数整定。特别是对于设计高质量、新型、复杂的控制方案,更需要深入研究被控对象的动态特性。

多数工业过程的被控对象特性分属以下四种类型:

1) 自衡的非振荡被控对象

在工业生产过程控制中,自衡的非振荡被控对象是最常遇到的。在阶跃作用下,被控变量 $y(t)$ 不振荡,逐步地向新的稳态值 $y(\infty)$ 靠近,像这样无须外加任何控制作用,过程能够自发地趋于新的平衡状态的性质称为自衡性。图 2 - 1 - 1 所示是典型自衡的非振荡被控对象响应曲线。

2) 无自衡的非振荡被控对象

如果不依靠外加的控制作用,被控对象不能重新达到新的平衡状态,这种特性称为无自衡。

无自衡被控对象在阶跃作用下,输出 $y(t)$ 会一直上升或下降。其响应曲线一般如图 2 - 1 - 2 所示。

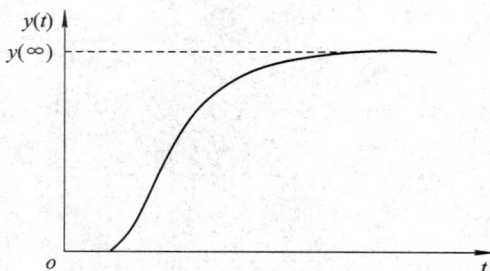

图 2 - 1 - 1　自衡的非振荡过程　　　　　　图 2 - 1 - 2　无自衡的非振荡过程

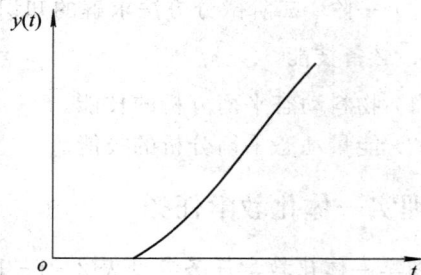

3）有自衡的振荡被控对象

在阶跃作用下，$y(t)$会上下振荡。多数情况下该振荡是衰减振荡，最后趋于新的稳态值，称为有自衡的振荡过程。其响应曲线如图 2-1-3 所示。

在过程控制中，有自衡的振荡被控对象很少见，它们的控制比有自衡特性的困难一些。

4）具有反向特性的被控对象

在阶跃作用下，$y(t)$先降后升或先升后降，过程响应曲线在开始的一段时间内变化方向与以后的变化方向相反。

锅炉汽包液位是经常遇到的具有反向特性的被控对象。如果供给的冷水按阶跃增加，汽包内水的沸腾突然减弱，水中气泡迅速减少，汽包内沸腾水的总体积乃至液位会呈如图 2-1-4 所示的变化。冷水的增加引起汽包内水的沸腾突然减弱，水中气泡迅速减少，导致水位下降。设由此导致的液位响应为图 2-1-4 中曲线 1；在燃料供热恒定的情况下，假定蒸汽量也基本恒定，液位随进水量的增加而增加，导致的液位响应为图 2-1-4 中曲线 2。可见，两种相反作用的结果是，总特性为反向特性。

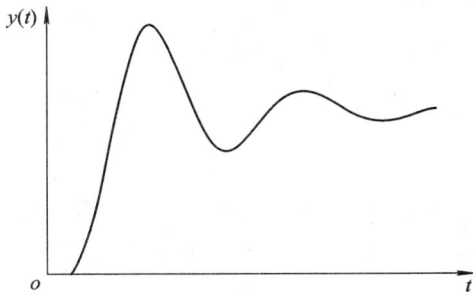

图 2-1-3 有自衡的振荡过程   图 2-1-4 具有反向响应的过程

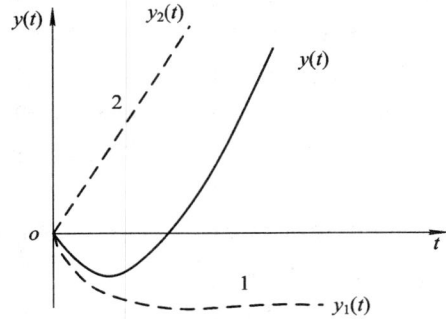

被控对象除按上述类型分类外，还有些被控对象具有严重的非线性特性，例如，中和反应器和生化反应器；在化学反应器中还可能有不稳定过程，它们的存在给控制带来了严重的问题，要控制好这些过程，必须掌握对象动态特性。

2. 被控对象建模目的和方法

被控对象的数学模型分为动态数学模型和静态（稳态）数学模型。动态数学模型是表示输出变量与输入变量之间随时间而变化的动态关系的数学描述。从控制的角度看，输入变量就是操纵变量和干扰变量，输出变量是被控变量。静态数学模型是输入变量和输出变量之间不随时间变化情况下的数学关系。

被控对象的静态数学模型用于工艺设计和最优化等，同时也是考虑控制方案的基础。

1）被控对象建模目的

被控对象的动态数学模型用于各类自动控制系统的设计和分析，用于工艺设计和操作条件的分析和确定。动态数学模型的表达方式很多，对它们的要求也各不相同，主要取决于建立数学模型的目的。在工业过程控制中，建立被控对象的数学模型的目的主要有以下几种：

（1）进行工业过程优化操作。

（2）控制系统方案的设计和仿真研究。

（3）控制系统的调试和控制器参数的整定。

（4）作为模型预测控制等先进控制方法的数学模型。

（5）工业过程的故障检测与诊断。

（6）设备启动与停车的操作方案。

（7）操作人员的培训系统。

对工业过程数学模型的要求随其用途不同而不同，总的说，是要简单且准确、可靠。但这并不意味着越准确越好，应根据实际应用情况提出适当的要求。在线性运用的数学模型还有对实时性的要求，它与准确性要求往往是矛盾的。

一般来说，用于控制的数学模型由于控制回路具有一定的稳定性，因此不要求非常准确。因为模型的误差可以视为干扰，而闭环控制在某种程度上具有自动消除干扰影响的能力。

2）被控对象建模的方法

在实际生产过程中，被控对象的动态特性是非常复杂的。在建立其数学模型时，不得不突出主要因素，忽略次要因素，否则就得不到可用的模型。为此往往需要作很多近似处理，例如线性化、分布参数系统集总化和模型降阶处理等。

建立过程数学模型的基本方法有两个：机理法和测试法。

用机理法建模就是根据工业生产过程的机理，写出各种有关的平衡方程，如物质平衡方程，能量平衡方程，动量平衡方程，相平衡方程以及反映流体流动、传热、传质、化学反应等基本规律的运动方程，物性参数方程和某些设备的特性方程等，然后从中获得所需的数学模型。

用机理法建模物理概念清楚、准确，不但给出系统输入/输出变量之间的关系，也给出了系统状态和输入/输出之间的关系。机理法建模在工艺过程尚未建立时（如在设计阶段）也可进行，对尺寸不同的设备也可类推。

用机理法建模的首要条件是生产过程的机理必须已经为人们充分掌握，并且可以比较确切地加以数学描述。用机理法建模时，有时也会出现模型中的某些参数难以确定的情况，这时可以用实验数据或实测工业数据来确定这些参数。

机理法建模的一般步骤如下：

（1）根据建模对象和模型使用目的作出合理假设。任何一个数学模型都是有假设条件的，不可能完全精确地用数学公式把客观实际描述出来。即使可能的话，其结果也往往无法实际应用。在满足模型应用要求的前提下，结合对建模对象的了解，把次要因素忽略掉。对同一个建模对象，由于模型的使用场合不同，对模型的要求不同，假设条件可以不同，最终所得的模型也不相同。

（2）根据过程内在机理建立数学模型。建模的主要依据是物料、能量和动量平衡关系式及化学反应动力学。它的一般形式是：系统内物料（或能量）蓄存量的变化率＝单位时间内进入系统的物料量（或能量）－单位时间内系统流出的物料量（或能量）＋单位时间内系统产生的物料量（或能量）。

蓄存量的变化率是变量对时间的导数，当系统处于稳态时，该变化率为零。

（3）简化。从应用上讲，动态模型在满足控制工程要求、充分反映被控对象动态特性的情况下，应尽可能简单，这是十分必要的。

在建立过程动态数学模型时，输出变量、状态变量和输入变量可用三种不同形式表示,即用绝对值、增量和量纲的形式。在控制理论中,增量形式得到广泛的应用,它不仅便于把原来非线性的系统线性化,而且通过坐标的移动,把稳态工作点定为原点,使输出/输入关系更加简单、清晰,便于运算。在控制理论中广泛应用的传递函数,就是在初始条件为零的情况下定义的。

对于线性系统,增量方程式的列写很方便,只要将原始方程中的变量用它的增量代替即可。对于原来非线性的系统,则需进行线性化,在系统输入/输出的工作范围内,把非线性关系近似为线性关系。最常用的线性化方法是切线法,它是在静态特性上用经过工作点的切线代替原来的曲线。

测试法建模通常只用于建立输入/输出模型,它是根据工业过程的输入/输出的测试数据进行某种数学处理后得到的模型。过程的动态特性只有当它处于动态即不平衡状态时才会表现出来。下面介绍在工业生产上广泛应用的阶跃响应法。

通过手动操作(控制器处于手动状态)条件下(工作点的确定),稳定运行一段时间后,快速改变过程的输入量(控制阀的开度),并用记录仪或数据采集系统同时记录过程输入/输出的变化曲线。经过一段时间后,过程进入新的稳态,本次实验结束,得到的记录曲线就是过程的阶跃响应。

利用阶跃响应的原理测取对象模型过程介绍很简单,但在实际工业过程中进行这种测试会遇到许多实际问题,例如不能因测试使正常生产受到严重干扰,还要尽量设法减少其他随机干的影响以及系统中非线性因素的考虑等。为了得到可靠的测试结果,应注意以下事项。

(1)合理选择阶跃干扰信号的幅度。过小的阶跃干扰幅度不能保证测试结果的可靠性,而过大的阶跃干扰幅度则会严重影响生产的正常运行甚至关系到安全问题,一般取正常输入值的 $5\%\sim15\%$ 。

(2)试验开始前确保被控对象处于某一选定的稳定工况。试验期间应设法避免发生偶然性的其他干扰。

(3)考虑到实际被控对象的非线性,应进行多次测试,要在正向和反向干扰下重复测试,以求全面掌握对象的动态特性。

(4)实验结束,获得测试数据后,应进行数据处理,剔除明显不合理部分。

3. 典型环节的数学模型

例 2-1-1 单容储槽的动态特性推导。

分析　图 2-1-5 所示是一个储槽,介质经过阀门 1 不断流入储槽,储槽内的介质通过阀门 2 不断流出,储槽的截面积为 A 。工艺上要求储槽内的液位 L 保持一定数值。如果阀门 2 的开度不变,阀门 1 的开度变化就会引起液位的波动。这时,我们研究的对象特性,就是当阀门 1 的开度变化,流入对象的介质流量 F_1 变化以后,液位 L 是如何变化的。对象的输入变量是 F_1 ,输出

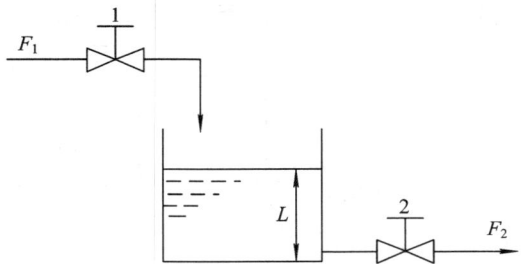

图 2-1-5　单容储槽

变量是液位 L 。下面我们推导 L 与 F_1 之间关系的数学模型。

解 我们知道,在生产过程中,被控对象最基本的内在机理是遵守物料平衡和能量平衡,储槽是物料传递的一个中间环节,它遵守物料平衡。因此,列写动态微分方程式的依据可表示为:对象物料储存量的变化率＝单位时间流入对象的物料变化量－单位时间流出对象的物料变化量,即

$$\frac{\mathrm{d}\Delta LA}{\mathrm{d}t} = \Delta F_1 - \Delta F_2 \tag{2-1-1}$$

因为储槽出口阀门 2 的开度不变,对象的流出物料变化量 ΔF_2 随液位变化量 ΔL 而变化。由于 ΔF_2 与 ΔL 的关系是非线性,为了简便起见,必须作线性化处理。考虑到 ΔF_2 和 ΔL 变化量都很微小(在自动控制系统中,各个变量都在它们的额定值附近作微小的波动,因此这样处理是允许的),可以近似认为 ΔF_2 与 ΔL 成正比,与出口阀的阻力系数 R 成反比(在出口阀的开度不变时,R 可视为常数),可表示为

$$\Delta F_2 = \frac{\Delta L}{R} \tag{2-1-2}$$

将式(2-1-2)式代入式(2-1-1),得到

$$\frac{\mathrm{d}\Delta LA}{\mathrm{d}t} = \Delta F_1 - \frac{\Delta L}{R} \tag{2-1-3}$$

移项并整理可得

$$AR\frac{\mathrm{d}\Delta L}{\mathrm{d}t} + \Delta L = \Delta F_1 \tag{2-1-4}$$

令 $T=AR$,$K=R$,代入式(2-1-4),得到

$$T\frac{\mathrm{d}\Delta L}{\mathrm{d}t} + \Delta L = K\Delta F_1 \tag{2-1-5}$$

这就是用来描述储槽对象特性的微分方程式。它是一阶常系数微分方程式,因此对象可称为一阶储槽对象。式中的 T 为时间常数,K 为放大倍数。

当对象的动态特性可以用一阶微分方程来描述时,一般称为一阶对象。

例 2-1-2 温度对象的动态特性推导。

分析 图 2-1-6 所示为直接蒸汽加热器的示意图,冷物料与蒸汽混合并加热成热物料。在这一传热过程中,工艺要求热物料的出口温度一定,热物料的温度为被控变量,加热蒸汽量作为操纵变量,干扰是冷物料的进口温度、流量、成分的变化和蒸汽压力的波动

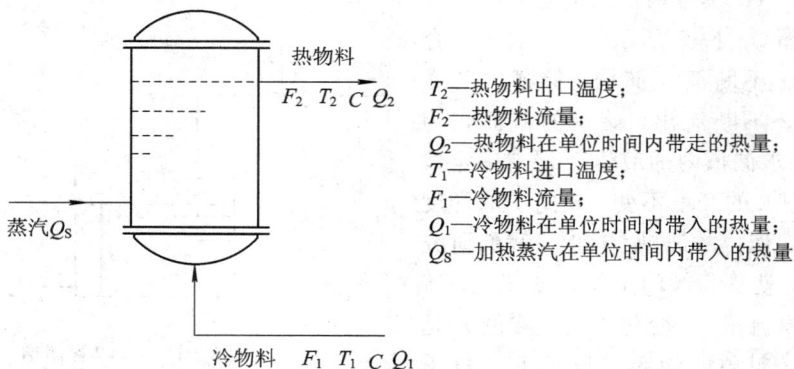

图 2-1-6 传热过程示意图

等，这里暂且假定为冷物料温度的变化。推导对象的输入变量是蒸汽能量 Q_s 和冷物料入口温度 T_1，输出变量是热物料的出口温度 T_2 的数学模型。

解　由于蒸汽相对于冷物料的耗用量较少，当过程处于原有稳定状态时，可近似认为 $F_{10} = F_{20} = F_0$。若物料的比热容为 C，近似作常数处理，且忽略热损，单位时间内带入对象的热量必等于单位时间内带出对象的热量，即

$$Q_{S0} + CF_0 T_{10} = CF_0 T_{20} \tag{2-1-6}$$

式中，Q_{S0} 为平衡状态下，加热蒸汽在单位时间内带入的热量；T_{10} 为平衡状态下，冷物料进口温度；T_{20} 为平衡状态下，热物料出口温度。

当加热蒸汽带入的热量和冷物料温度按阶跃增加时，必将导致过程蓄热量的变化，其热量平衡方程为

$$\frac{\mathrm{d}Q}{\mathrm{d}t} = Q_S + Q_1 - Q_2 \tag{2-1-7}$$

式中，$\mathrm{d}Q/\mathrm{d}t$ 为蒸汽加热器内蓄热量的变化率；

$$\frac{\mathrm{d}Q}{\mathrm{d}t} = Q_{S0} + \Delta Q_S + CF(T_{10} + \Delta T_1) - CF(T_{20} + \Delta T_2) \tag{2-1-8}$$

式中，ΔQ_S 为加热蒸汽热量的增量；ΔT_2 为热物料出口温度的增量；ΔT_1 为冷物料进口温度的增量。

式(2-1-6)与式(2-1-8)联立得

$$\frac{\mathrm{d}Q}{\mathrm{d}t} = \Delta Q_S + CF \Delta T_1 - CF \Delta T_2 \tag{2-1-9}$$

若对象的总的热容量用 M_c 表示，则对象的蓄热量 Q 为

$$Q = M_c T_2 = M_c(T_{20} + \Delta T_2) \tag{2-1-10}$$

于是

$$M_c \frac{\mathrm{d}\Delta T_2}{\mathrm{d}t} + CF \Delta T_2 = \Delta Q_S + CF \Delta T_1 \tag{2-1-11}$$

将上式两边除以 CF，得

$$\frac{M_c}{CF} \frac{\mathrm{d}\Delta T_2}{\mathrm{d}t} + \Delta T_2 = \frac{1}{CF} \Delta Q_S + \Delta T_1 \tag{2-1-12}$$

令 $\frac{1}{CF} = R$，$M_c R = T$，则有

$$T \frac{\mathrm{d}\Delta T_2}{\mathrm{d}t} + \Delta T_2 = R \Delta Q_S + \Delta T_1 \tag{2-1-13}$$

若 $\Delta T_1 = 0$，则得对象控制通道的动态方程为

$$T \frac{\mathrm{d}\Delta T_2}{\mathrm{d}t} + \Delta T_2 = R \Delta Q_S \tag{2-1-14}$$

若 $\Delta Q_S = 0$，则得对象干扰通道的动态方程为

$$T \frac{\mathrm{d}\Delta T_2}{\mathrm{d}t} + \Delta T_2 = \Delta T_1 \tag{2-1-15}$$

在式(2-1-14)或式(2-1-15)中，T 为传热过程对象控制通道或干扰通道的时间常数，R 为传热对象控制通道的放大系数。通过上面两个示例分析可以发现，虽然两个对象的内在机理不同，但是它们却具有相同的数学模型，即一阶微分方程式。因此可将一阶对象的微

分方程式表示为一般形式：

$$T\frac{\mathrm{d}\Delta y}{\mathrm{d}t} + \Delta y = K\Delta x \qquad (2-1-16)$$

式中，T 为时间常数；K 为放大倍数。

在式(2-1-16)中，Δy、Δx 是对象的输出变量的增量和输入变量的增量。为了书写的方便，可以将变量前的"Δ"省略，但其意义不变。这样，一阶对象的数学模型可写为

$$T\frac{\mathrm{d}y}{\mathrm{d}t} + y = Kx \qquad (2-1-17)$$

其中，$T=RC$，T 为时间常数；R 为阻力系数，$R=M/F$，M 是推动力（为液位差、压差或温差），F 是介质流量或热流流量；C 为容量系数，$C=Q/y$，Q 为对象中储存的物料或能量的变化，y 为输出变量的变化。

对象在输入变化后，输出不是随之立即变化，而是需要间隔一段时间才发生变化，这种现象称为纯滞后（时滞）现象。

输送物料的皮带运输机可作为典型的纯滞后对象实例，如图 2-1-7 所示。当加料斗出料量变化时，需要经过纯滞后时间 $\tau_0 = L/v$ 才进入反应器，其中，L 表示皮带长度，v 表示皮带移动的线速度。L 越长，v 越小，则纯滞后 τ_0 越大。

可见，纯滞后 τ_0 是由于传输信息需要时间引起的，它可能起因于被控变量 y 至测量值 z 的检测通道，也可能起因于控制信号 u 至操纵变量 q 的一侧。在图 2-1-8 中坐标原点至点 D 所相应的时间即为纯滞后时间 τ_0。

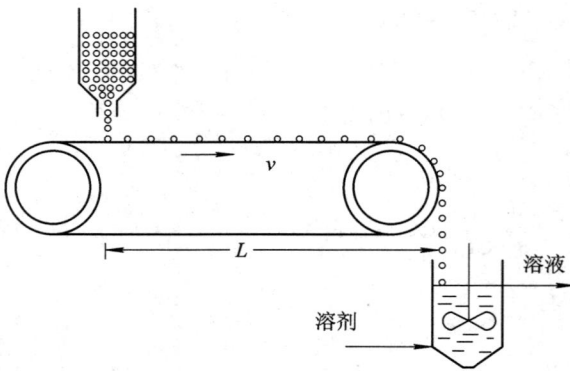

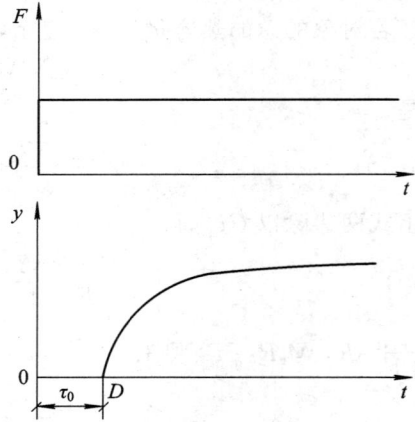

图 2-1-7　纯滞后实例　　　　　图 2-1-8　具有纯滞后时间的阶跃响应曲线

二阶环节数学模型的建立与一阶类似。由于二阶被控对象比较复杂，下面仅以简单的实例介绍。

例 2-1-3　两个串联的储槽如图 2-1-9 所示。为了分析方便，设储槽 1 和储槽 2 近似为线性对象，求输出变量为 L_2、输入变量为 F_i 的对象数学模型。

解　列写原始动态增量方程：

储槽 1：

$$C_1\frac{\mathrm{d}L_1}{\mathrm{d}t} = F_i - F_1$$

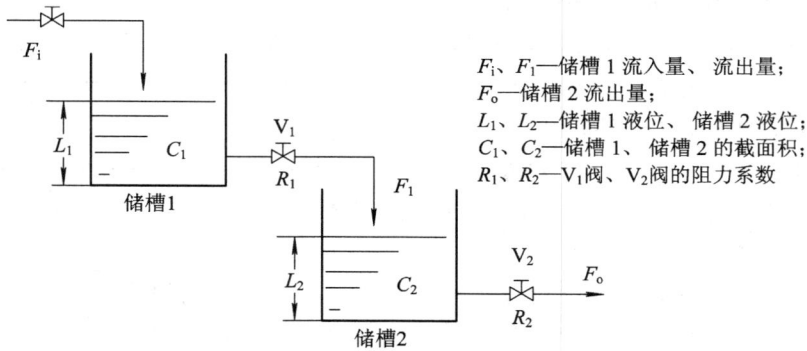

F_i、F_1—储槽 1 流入量、 流出量；
F_o—储槽 2 流出量；
L_1、L_2—储槽 1 液位、 储槽 2 液位；
C_1、C_2—储槽 1、 储槽 2 的截面积；
R_1、R_2—V_1阀、V_2阀的阻力系数

图 2 - 1 - 9　两个串联储槽

$$F_1 = \frac{1}{R_1}L_1$$

储槽 2：

$$C_2 \frac{dL_2}{dt} = F_1 - F_o$$

$$F_o = \frac{1}{R_2}L_2$$

消去中间变量得

$$R_1C_1R_2C_2 \frac{d^2L_2}{dt^2} + (R_1C_1 + R_2C_2) \frac{dL_2}{dt} + L_2 = R_2F_i$$

或

$$T_1T_2 \frac{d^2L_2}{dt^2} + (T_1 + T_2) \frac{dL_2}{dt} + L_2 = R_2F_i \qquad (2-1-18)$$

式中，$T_1 = R_1C_1$，$T_2 = R_2C_2$，T_1、T_2 分别是储槽 1、储槽 2 的时间常数。

式（2-1-18）就是两个储槽串联输出变量为 L_2、输入变量为 F_i 的对象数学模型。可以看出，储槽串联对象是二阶环节。

当输入流量 F_i 突然增加时，储槽 2 的液位 L_2 的变化曲线如图 2-1-10 所示，该曲线说明，输入量在作阶跃变化的瞬间，输出量变化的速度等于零；以后随着 t 的增加，变化速度慢慢增大；但当 t 大于某一个 t_1 值后，变化速度又慢慢减小；直至 $t \to \infty$ 时，变化速度减少为零。t_1 对应的点 O 为拐点。对于这种对象，可作近似处理，即用一阶对象的特性（是有滞后）来近似上述二阶对象。

近似处理的方法如下：在二阶对象阶跃反应曲线上，过反应曲线的拐点 O 作切线，与时

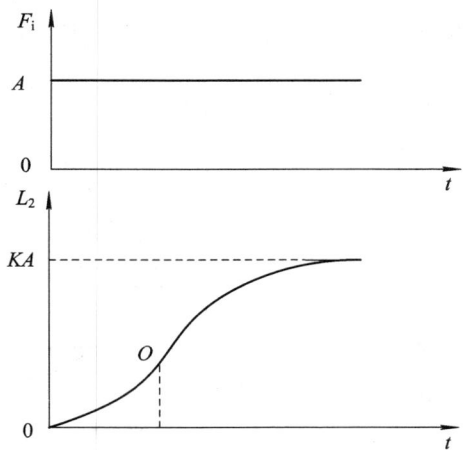

图 2 - 1 - 10　二阶对象阶跃响应曲线

间轴相交，交点与被控变量开始变化的起点之间的时间间隔 τ_h 就为容量滞后时间。由切线与时间轴的交点到切线与稳定值 KA 线的交点之间的时间间隔为 T。如图 2-1-11 所示，这样，二阶对象就被近似为是有滞后时间（容量滞后）$\tau = \tau_h$、时间常数为 T 的一阶对象。

容量滞后，它是多容量过程的固有属性，一般是因为物料或能量的传递需要通过一定的阻力而引起的。多数过程都具有容量滞后。例如，在列管式换热器中，管外、管内及管子本身就是三个容量；在精馏塔中，每一块塔板就是一个容量。容量数目越多，容量滞后越显著。

在实际工业过程中，纯滞后时间往往是纯滞后与容量滞后时间之和，即 $\tau = \tau_0 + \tau_h$。

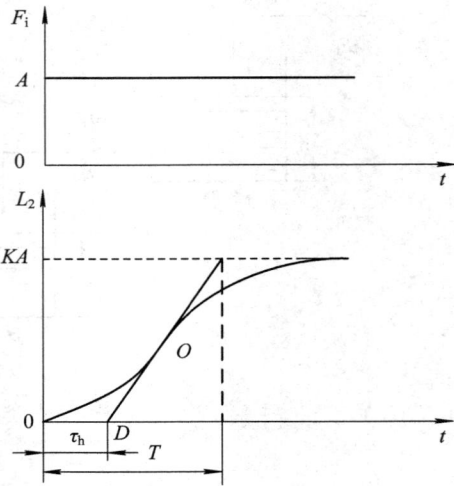

图 2-1-11　二阶对象阶跃响应曲线的处理

4. 对象的特性分析

对象的特性可以通过数学模型来描述，为了研究问题方便，在实际工作中常用下面三个物理量来表示对象的特性。这些物理量称为对象特性参数，它们是放大系数 K、时间常数 T 和纯滞后 τ_0。下面结合一些实例分别介绍 K、T、τ_0 的意义。

1）放大系数 K

以直接蒸汽加热器为例，冷物料从加热器底部流入，经蒸汽直接加热至一定温度后，由加热器上部流出送到下道工序。这里，热物料出口温度即为被控变量 y 或被控变量的测量值 z，加热蒸汽流量即为操纵变量 q，而冷物料入口温度或冷物料流量的变化量即为干扰 f，参见见图 2-1-12。当考虑控制作用时，图中 x 即为 q；而考虑干扰作用时，图中 x 为 f。

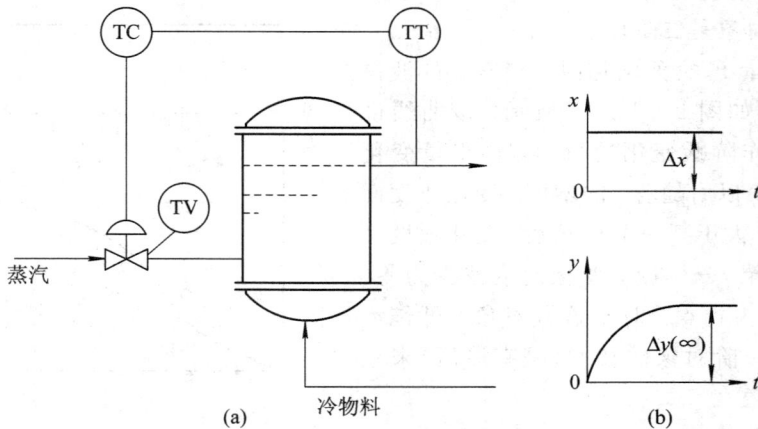

图 2-1-12　直接蒸汽加热器及其阶跃响应曲线

（a）直接蒸汽加热器示意图；（b）阶跃响应曲线

由于被控变量 y 受到控制作用（控制通道）和干扰作用（干扰通道）的影响，因而对象的放大系数乃至其他特性参数也将从这两个方面来分析介绍。

（1）控制通道放大系数 K_0。假设对象处于原有稳定状态时，被控变量为 0，操纵变量为 0。当操纵变量（本例中的蒸汽流量）作幅度为 Δq 的阶跃变化时，必将导致被控变量的变化（如图 2-1-12 所示），且有 Δy（其中 Δy 为被控变量的变化量），则对象控制通道的放大系数 K_0 即为被控变量的变化量 Δy 与操纵变量的变化量 Δq 在时间趋于无穷大时之比，即

$$K_0 = \frac{\Delta y(\infty)}{\Delta q} \qquad (2-1-19)$$

式中，$\Delta y(\infty)$ 为对象达到新的稳定状态时被控变量的变化量。

式（2-1-19）表明，对象控制通道的放大系数 K_0 反映了对象以初始工作点为基准的被控变量与操纵变量在对象达到新的稳定状态时变化量之间的关系，是一个稳态特性参数。所谓初始工作点，即对象原有的稳定状态。若把对象的生产能力或处理量称为负荷，则初始工作点将取决于对象的负荷以及操纵变量的大小。例如，对蒸汽加热器而言，在某一处理量下，蒸汽量不同，达到平衡的出口温度也不同；反之，在蒸汽量相同，处理量不同的情况下，出口温度也不一样，其间的关系参见图 2-1-13。实际生产中线性过程并不多见，如在不同的负荷或工作点下，对象的放大系数 K_0 并不相同。由图 2-1-13 可见，在相同的负荷下，K_0 将随工作点的增大而减少，例如 A、B、C 三点（对随动控制系统而言）；在相同的工作点下，K_0 也将随负荷的增大而减小，例如 D、A、E 三点（对定值控制系统而言）。

从自动控制系统的角度看，必须着重了解 K_0 的数值和变化情况。操纵变量 q 对应的放大系数 K_0 的数值大，说明控制作用显著。

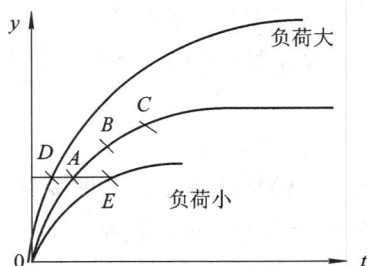

图 2-1-13　蒸汽加热器的稳态特性

（2）干扰通道放大系数 K_f。在操纵变量 q 不变的情况下，对象受到幅度为 Δf 的阶跃干扰作用，从原有稳定状态达到新的稳定状态时被控变量的变化量 $\Delta y(\infty)$ 与干扰幅度 Δf 之比称为干扰通道的放大系数 K_f，即

$$K_f = \frac{\Delta y(\infty)}{\Delta f} \qquad (2-1-20)$$

K_f 的大小对控制过程所产生的影响比较容易理解。设想如果没有控制作用，对象在受到干扰 Δf 作用后，被控变量的最大偏差值就是 $K_f \Delta f$。因此在相同的 Δf 作用下，K_f 越大，被控变量偏离设定值的程度也越大。

2）时间常数 T

控制过程是一个动态过程，用放大系数只能分析稳态特性，即分析变化的最终结果。然而，只有在同时了解动态特性参数之后，才能知道其具体的变化过程。

时间常数 T 是表征被控变量变化快慢的动态参数。在电工学中，阻容环节的充电过程快慢取决于电阻 R、电容 C 的大小，RC 的乘积就是时间常数 T。时间常数定义为：在阶跃输入作用下，一个阻容环节的输出变化量完成全部变化量的 63.2% 所需要的时间；或者另外定义为：在阶跃输入作用下，一个阻容环节的输出变化量保持初始变化速度达到新的稳态值所需要的时间。这两种定义是一致的。

现将电工学中的时间常数概念应用到过程控制中。由于任何过程都具有储存物料或能量的能力，因此可以像用电容 C 来描述电容器储存电量的能力一样，用容量系数 C 来描述储存物料或能量的能力。

对象的容量有热容、液容、气容等。

任何对象在物料或能量的传递过程中，总是存在着一定的阻力，如热阻、液阻、气阻等。因而可以用对象的容量系数 C 与阻力系数 R 之积来表征过程的时间常数 T。如液位控制过程中，若以改变进液量控制液位高度时，将液位储槽截面积与出口阀阻力的乘积看成时间常数 T。显然，R 或 C 越大，则 T 越大。

下面讨论控制通道的时间常数 T_0 对系统过渡过程的影响。在 K_0 和 τ_0/T_0 保持恒定的条件下，T_0 的变化主要影响控制过程的快慢，T_0 越大，则过渡过程越慢。而在 K_0 和 f 保持不变的条件下，T_0 的变化将同时影响系统的稳定性。T_0 越大，系统越易稳定，过渡过程就越平稳。一般地说，T_0 太大则变化过慢，T_0 太小则变化过于急剧。

在干扰通道方面，与其取 T_f 值来比较，不如用 T_f/T_0 作为尺度。从动态上分析，如 $T_f > T_0$，则 $G_f(s)/G_0(s)$ 等效于一个滤波器，能使干扰经过过滤过程的波形趋于平坦；如 $T_f < T_0$，则 $G_f(s)/G_0(s)$ 成为一个微分器，将使干扰波形更为陡峭。因此，T_f/T_0 的比值越大，过滤过程的品质越好。

3）纯滞后 τ_0

对象的纯滞后是指输入变化后，输出不是随之立即变化，而是需要间隔一段时间才发生变化。当对象的控制通道存在纯滞后时，对控制系统是不利的。当被控变量有偏差时，控制作用不能及时克服干扰作用对被控变量的影响，偏差增大，影响系统的稳定性和质量指标。对控制通道来说，常取 τ_0/T_0 作为衡量时滞影响的尺度更为合适。它反映了纯滞后的相对影响。这就是说，在 T_0 大的时候，τ_0 的值稍大一些也不要紧，过渡过程尽管慢一些，但很易稳定；反之，在 T_0 小的时候，即使 τ_0 的绝对数值不大，影响却可能很大，系统容易振荡。

对象干扰通道的纯滞后，对系统控制质量无影响，相当于干扰对系统影响推后纯滞后 τ_0 时间。

五、项目考核

项目考核采用步进式考核方式，考核内容如表 2-1-2 所示。

表 2 - 1 - 2 项 目 考 核 表

	学号	1	2	3	4	5	6	7	8	9	10	11
	姓名											
考核内容进程分组	被控对象(或环节)特性的基本类型(20分)											
	一阶对象建模(20分)											
	二阶对象建模(20分)											
	高级对象特性处理(20分)											
	对象特性分析(20分)											
扣分	安全文明											
	纪律卫生											
	总　评											

六、思考题

(1) 什么是对象的动态特性？为什么要研究对象的动态特性？

(2) 如图 2 - 1 - 14 所示液位对象，R_2、R_3 均为线性液阻。试推导 F_1 为输入、L 为输出的数学模型。

(3) 已知两只水箱串联工作，如图 2 - 1 - 15 所示，其输入量为 F_1，流出量为 F_2，L_1、L_2 分别为两只水箱的水位，L_2 为被控变量，C_1、C_2 为其容量系数，假设 R_1、R_2、R_3 为线性液阻。要求：列写被控对象的微分方程(输入变量为 F_1，输出变量为 L_2)。

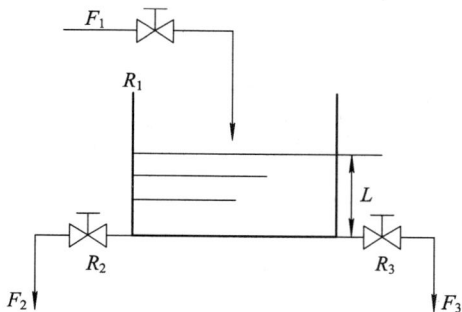

图 2 - 1 - 14 单容水箱

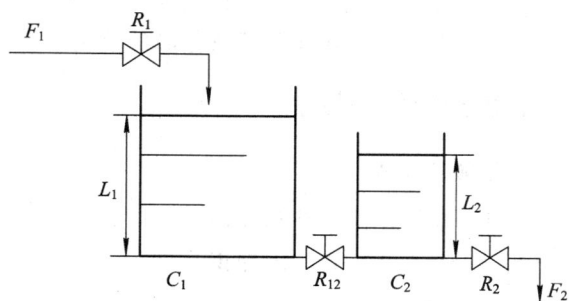

图 2 - 1 - 15 两只水箱串联工作图

(4) 什么是线性化？为什么在过程控制中经常采用近似线性化模型？

(5) 有一水槽，其截面积 A 为 0.5 m²。流出侧阀门阻力实验结果为：当水位 L 变化 15 cm 时，流出量变化为 800 m³/h。试求流出侧阀门阻力 R，并计算该水槽的时间常数 T。

(6) 如图 2 - 1 - 16 所示液位对象，出水用泵排送。水的静压变化相对于泵的压头可以近似忽略,因此泵转速不变时,出水量恒定。要求:列写被控对象的微分方程(输入变量为 F_1,输出变量为 L)。

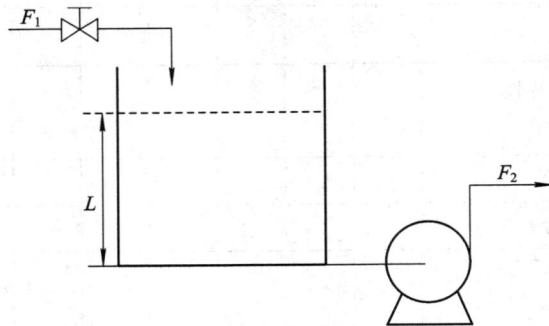

图 2-1-16 液位对象

项目二 传递函数及方框图的等效变换

一、学习目标

1. 知识目标

(1)掌握传递函数的含义。

(2)掌握典型环节传递函数的求取方法。

(3)掌握方框图的变化和化简方法。

2. 能力目标

(1)初步具备根据传递函数分析、化简特性的能力。

(2)初步具备微分方程转换为传递函数的能力。

(3)初步具备传递函数转换为微分分程的能力。

(4)初步具备方框图等效化简的能力。

二、必备知识与技能

1. 必备知识

(1)微分分程的基础知识。

(2)传递函数的基础知识。

2. 必备技能

(1)方程联立消除中间变量化简的能力。

(2)传递函数中系数与对象结构联系的能力。

三、理实一体化教学任务

理实一体化教学任务参见表 2-2-1。

表 2 - 2 - 1 理实一体化教学任务

任 务	内 容
任务一	传递函数
任务二	典型环节传递函数
任务三	基本组合环节方框图的等效变换
任务四	方框图的等效变换规则
任务五	复杂结构方框图的等效变换

四、理实一体化步骤

控制系统的数学模型是分析和设计过程控制系统的基础资料或基本依据。要对现代日益复杂和庞大的被控过程进行研究、分析、实施控制，尤其是在进行最优控制等设计时，必须首先建立其数学模型。因此，数学模型对过程控制系统的分析、设计以及实现生产过程的优化控制具有极为重要的意义。

控制系统可能既受控制作用的影响，也受干扰作用的影响。控制作用总是力图使被控变量按照某种期望的规律变化，而干扰作用将使被控变量偏离给定值。但从系统的角度来看，无论是控制作用还是干扰作用，它们都属于输入量，而被控变量是输出量。

1. 传递函数

微分方程式是表达系统(或环节)动态特性的基本方法，系统越复杂，微分方程的阶次就越高，求解高阶微分方程的工作量就越大。

在过程控制系统中，描述简单环节动态特性采用微分方程书写还是比较方便的，复杂环节动态特性则是采用其他的表达方式。传递函数(Transfer Function)就是最常用的一种，传递函数能直观、形象地表示出一个系统的结构和各参数变量之间的相互关系，并使运算和分析简化。

传递函数定义为：线性定常系统在零初始条件下，系统(或环节)输出信号的拉普拉斯变换与输入信号的拉普拉斯变换之比。

设线性定常系统(或环节)的微分方程为

$$a_n \frac{d^n y(t)}{dt^n} + a_{n-1} \frac{d^{n-1} y(t)}{dt^{n-1}} + \cdots + a_1 \frac{dy(t)}{dt} + a_0 y(t)$$
$$= b_m \frac{d^m x(t)}{dt^m} + b_{m-1} \frac{d^{m-1} x(t)}{dt^{m-1}} + \cdots + b_1 \frac{dx(t)}{dt} + b_0 x(t)$$
$$(n \geqslant m) \quad (2-2-1)$$

式中，$y(t)$ 为系统(或环节)的输出信号；$x(t)$ 为系统(或环节)的输入信号。

在初始条件为零的情况下，对式(2-2-1)进行拉普拉斯变换(简称拉氏变换)，得

$$a_n s^n Y(s) + a_{n-1} s^{n-1} Y(s) + \cdots + a_1 s Y(s) + a_0 Y(s)$$
$$= b_m s^m X(s) + b_{m-1} s^{m-1} X(s) + \cdots + b_1 s X(s) + b_0 X(s)$$

所以，该系统(或环节)的传递函数为

$$G(s) = \frac{Y(s)}{X(s)} = \frac{L[y(t)]}{L[x(t)]} = \frac{b_m s^m + b_{m-1} s^{m-1} + \cdots + b_1 s + b_0}{a_n s^n + a_{n-1} s^{n-1} + \cdots + a_1 s + a_0} \quad (2-2-2)$$

传递函数的各项系数值完全取决于系统（或环节）的本身特性，而与输入信号的大小、形式无关。如果传递函数分母中 s 的最高阶数等于 n，这种系统（或环节）就称为 n 阶系统（或环节）。

初始条件为零的含义是指输入量 $x(t)$ 在 $t=0$ 时开始作用于系统，系统处于平衡状态 $y(t)=0$（被控变量稳定）。实际的过程控制系统多属此类情况。

式（2-2-2）为在初始条件为零时拉氏变换，传递函数 $G(s)$ 与输入变量 $X(s)$ 和输出变量 $Y(s)$ 的关系可用图 2-2-1 表示。

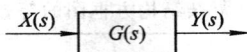

$$X(s) \rightarrow \boxed{G(s)} \rightarrow Y(s)$$

图 2-2-1　传递函数表示信号的传递关系

图 2-2-1 所示的方框图表示输入和输出之间的关系，可以形象地理解，输出 $Y(s)$ 是由输入 $X(s)$ 经 $G(s)$ 的传递函数。

$$Y(s) = G(s)X(s) \tag{2-2-3}$$

在式（2-2-3）中，$G(s)$ 是完全由系统或环节结构和参数决定的，与输入和输出变量的大小无关。

传递函数具有以下性质：

（1）传递函数是复变量 s 的有理真分式函数，其分子多项式次数 m 低于或等于分母多项式次数 n，且所有系数均为实数。

（2）传递函数是描述动态特性的数学模型，它表征系统（或环节）的固有特性，和输入信号的具体形式、大小无关，且不能具体表达系统（或环节）的物理结构。

（3）传递函数只能表示一个输入对一个输出的关系。

（4）系统传递函数的分母是系统的特征方程，根据该特征方程可以方便地判断动态过程的基本特性。

2. 环节传递函数

过程控制系统是由多种基本环节组成的，这些基本环节就是通常所说的典型环节。典型环节有比例环节、积分环节、微分环节、一阶滞后环节、二阶滞后环节、纯滞后环节等。

1）比例环节

比例环节又称放大环节或无惯性环节。

数学表达式为

$$y(t) = Kx(t) \tag{2-2-4}$$

传递函数为

$$G(s) = \frac{Y(s)}{X(s)} = K \tag{2-2-5}$$

式中，K 为放大系数。

2）积分环节

数学表达式为

$$y(t) = \frac{1}{T_\mathrm{I}} \int_0^t x(t)\,\mathrm{d}t \tag{2-2-6}$$

传递函数为

$$G(s) = \frac{Y(s)}{X(s)} = \frac{1}{T_I s} \tag{2-2-7}$$

式中，T_I 为积分时间。

3）微分环节

数学表达式为

$$y(t) = T_D \frac{\mathrm{d}x(t)}{\mathrm{d}t} \tag{2-2-8}$$

传递函数为

$$G(s) = \frac{Y(s)}{X(s)} = T_D s \tag{2-2-9}$$

式中，T_D 为微分时间。

4）一阶滞后环节

一阶滞后环节又称惯性环节。

数学表达式为

$$T \frac{\mathrm{d}y(t)}{\mathrm{d}t} + y(t) = Kx(t) \tag{2-2-10}$$

传递函数为

$$G(s) = \frac{Y(s)}{X(s)} = \frac{K}{Ts+1} \tag{2-2-11}$$

式中，T 为时间常数；K 为环节放大系数。

5）二阶滞后环节

数学表达式为

$$a \frac{\mathrm{d}^2 y(t)}{\mathrm{d}t^2} + b \frac{\mathrm{d}y(t)}{\mathrm{d}t} + cy(t) = Kx(t) \tag{2-2-12}$$

传递函数为

$$G(s) = \frac{y(s)}{x(s)} = \frac{K}{as^2 + bs + c} \tag{2-2-13}$$

式中，a、b、c、K 为常数。

6）纯滞后环节

纯滞后环节又称延迟环节。

数学表达式为

$$y(t) = x(t - \tau_0) \tag{2-2-14}$$

传递函数为

$$G(s) = \frac{Y(s)}{X(s)} = \mathrm{e}^{-\tau_0 s} \tag{2-2-15}$$

式中，τ_0 为纯滞后时间，常数。

3. 方框图的等效变换

1）环节基本组合及传递函数

过程控制系统中包含若干环节，不同系统是由不同的典型环节按不同的关系组合起来的。常见的组合形式有三种：

（1）环节的串联。这是一种最为常见的一种组合方式，图 2-2-2 所示是三个环节串联组合，中间环节的输出是另一个环节的输入。图中的方框称传递环节，一个方框表示一个环节。在方框中填入传递函数表示其自身的特性；带箭头的线表示信号的传递方向，信号只能沿箭头单向传递，在信号线上标明变量的符号。传入方框的变量为输入变量，传出方框的变量为输出变量。

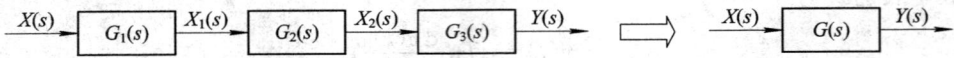

图 2-2-2 环节串联

由图 2-2-2 可得

$$Y(s) = G_3(s) \cdot X_2(s)$$
$$X_2(s) = G_2(s) \cdot X_1(s)$$
$$X_1(s) = G_1(s) \cdot X(s)$$

联立后得

$$Y(s) = G_1(s) \cdot G_2(s) \cdot G_3(s) \cdot X(s)$$
$$G(s) = \frac{Y(s)}{X(s)} = G_1(s) \cdot G_2(s) \cdot G_3(s)$$

结论：环节串联后的等效传递函数等于各个环节传递函数的乘积。

（2）环节的并联。几个环节有相同的输入，而它们的代数和是环节的总输出，如图 2-2-3 所示，图中 a 称为分支点（又称引出点），表示信号分多组传递下去，传递多分支的信号仍是原来信号。图中 b 称为比较点（也称综合点），相当于加法器，在此处信号进行代数和运算。

由图 2-2-3 中各信号间的关系得

$$Y(s) = [\, G_1(s) + G_2(s) - G_3(s)\,] \cdot X(s)$$
$$G(s) = \frac{Y(s)}{X(s)} = G_1(s) + G_2(s) - G_3(s)$$

结论：环节并联后的等效传递函数等于各个环节传递函数的代数和。

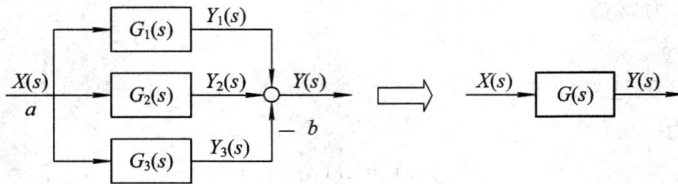

图 2-2-3 环节并联

（3）环节的反馈。如图 2-2-4 所示，其中 $G_1(s)$ 为正向通道的传递函数，$H(s)$ 为反馈通道的传递函数，这里 $G_1(s)$、$H(s)$ 可以是几个环节组合后的传递函数。

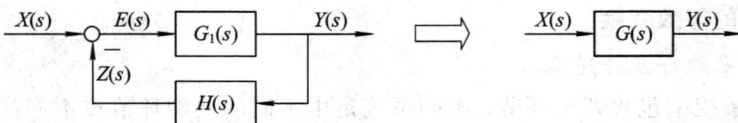

图 2-2-4 环节的反馈

由图 2-2-4 可知：

$$Y(s) = G_1(s) \cdot E(s)$$
$$E(s) = X(s) - Z(s)$$
$$Z(s) = H(s) \cdot Y(s)$$

联立后得

$$G(s) = \frac{Y(s)}{X(s)} = \frac{G_1(s)}{1 + G_1(s)H(s)}$$

结论：负反馈环节的等效传递函数等于正向通道的传递函数除以 1＋正向通道的传递函数再乘以反馈通道的传递函数。

2）方框图的等效变换规则

以上讨论了系统环节方框图三种基本组合的运算，但许多情况下，系统或环节的方框图并不一定是这三种基本组合的形式，可能有更复杂的组合形式。这就需要对复杂的方框图通过等效变换，求出系统或环节的传递函数。

这里所说的等效变换，就是经过对方框图变换或简化后，不改变其传递函数的表达式，不改变输入和输出的关系的变换。

下面介绍方框图等效变换的几条基本规则。

(1) 连续的比较点(综合点)可以任意交换次序。

(2) 连续的分支点可以任意交换次序。

(3) 线路上的负号可以在线路前、后自由移动，并可以越过某环节方框，但不能越过比较点和分支点。

(4) 分支点在环节方框前、后(箭头指向为前，离去为后)可以移动，其移动的规则是：

① 将分支点前移，必须在移动的支路中除以越过环节传递函数。

② 将分支点后移，必须在移动的支路中乘以越过环节传递函数。

(5) 比较点在环节方框前、后(箭头指向为前，离去为后)可以移动，其移动的规则是：

① 将比较点前移，必须在移动的支路中乘以越过环节传递函数。

② 将比较点后移，必须在移动的支路中除以越过环节传递函数。

方块图的变换规则参见表 2-2-2

表 2-2-2 方框图的变换规则

变换方式	原方框图	等效原方框图
比较点交换		
分支点交换		

变换方式	原方框图	等效原方框图
比较点后移		
比较点前移		
分支点(引出点)后移		
分支点(引出点)前移		
"—"号的增添		

在进行方框图的等效变换时,需要注意以下几点:

(1)方框图的等效变换的目的是简化方框图,考虑问题时要从一个复杂的方框图通过等效变换,化简成基本的串联、并联和反馈的组合形式。

(2)反馈连接和并联连接要分清,特别是在复杂的系统中易搞错。反馈是信号从环节的输出端取出引回到系统的输入端;并联是信号从系统的输入端取出引向输出端。

(3)比较点前、后移动时不能越过分支点,分支点前、后移动时不能越过比较点。

例 2 - 2 - 1 用方框图的等效法则,求图 2 - 2 - 5 所示系统的传递函数 $X(s)/Y(s)$

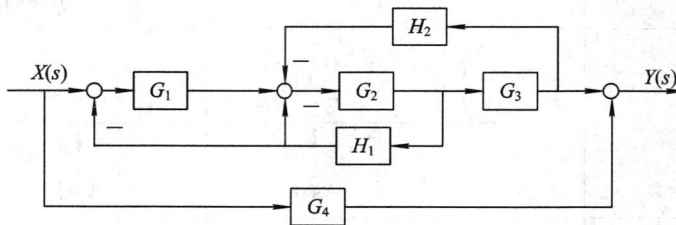

图 2 - 2 - 5 系统的方框图

解 这是一个具有交叉反馈的多回路系统,如果不对它作适当的变换,就难以应用串联、并联和反馈连接的等效变换公式进行化简。其简化过程如图 2 - 2 - 6 所示。

所求传递函数为

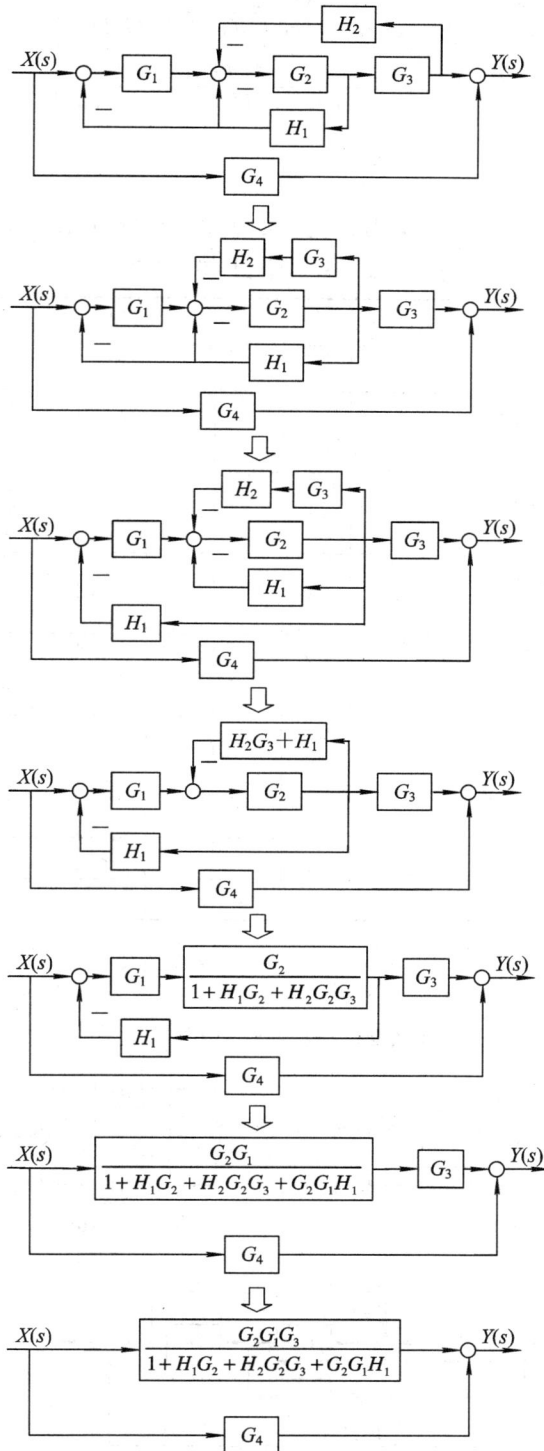

图 2 - 2 - 6　简化过程

$$\frac{Y(s)}{X(s)} = \frac{G_2 G_1 G_3}{1 + H_1 G_2 + H_2 G_2 G_3 + G_2 G_1 H_1} + G_4$$

$$G(s) = \frac{Y(s)}{X(s)} = \frac{G_2 G_1 G_3}{1 + H_1 G_2 + H_2 G_2 G_3 + G_2 G_1 H_1} + G_4$$

五、项目考核

项目考核采用步进式考核方式，考核内容如表 2-2-3 所示。

表 2-2-3 项 目 考 核 表

学号		1	2	3	4	5	6	7	8	9	10	11
姓名												
考核内容及得分	传递函数定义与微分方程（10分）											
	典型环节传递函数与特性分析（20分）											
	基本组合环节方框图的等效变换（20分）											
	方框图等效变换规则（20分）											
	方框图等效变换规则的应用（30分）											
扣分	安全文明											
	纪律卫生											
总 评												

六、思考题

（1）求图 2-2-7 所示环节等效传递函数 $Y(s)/X(s)$。

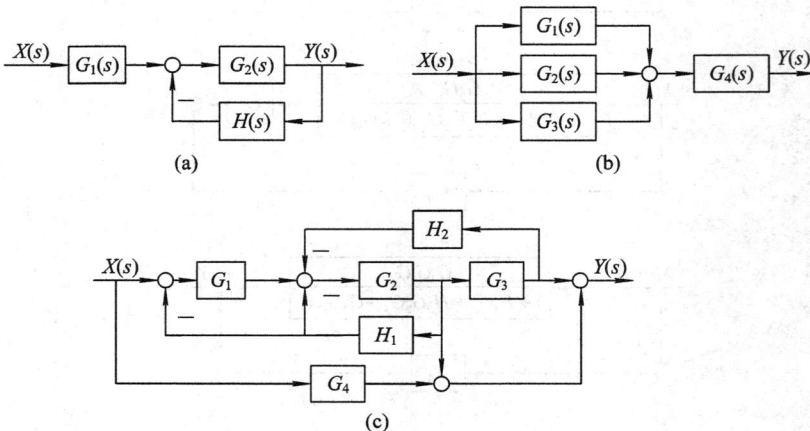

图 2-2-7 环节的方框图

（2）简述传递函数的定义及传递函数的性质。

（3）被控对象的传递函数与哪些因素有关？与对象的输入、输出的物料量是否有关？

项目三　过程控制系统的数学模型

一、学习目标

1. 知识目标

（1）掌握开环系统传递函数的规定。

（2）掌握开环传递函数与系统开环的区别。

（3）掌握闭环系统传递函数的求取。

2. 能力目标

（1）初步具备确定系统输入与输出变量的能力。

（2）初步具备方框图等效变换的能力。

（3）初步具备定值和随动控制系统方框图化简的能力。

二、必备知识与技能

1. 必备知识

（1）开环控制系统的有关知识。

（2）定值控制系统的有关知识。

（3）随动控制系统的有关知识。

2. 必备技能

（1）判断控制系统开环和闭环的能力。

（2）判断定值控制系统的能力。

（3）判断随动控制系统的能力。

三、理实一体化教学任务

理实一体化教学任务参见表2-3-1。

表2-3-1　理实一体化教学任务

任　　务	内　　容
任务一	系统的开环传递函数
任务二	随动控制系统的传递函数
任务三	定值控制系统的传递函数

四、理实一体化步骤

过程控制系统的典型方框图如图2-3-1所示。假设已推导出系统各环节的传递函数，通过方框图的等效变换和运算，可以求出系统的开环传递函数、闭环传递函数和偏差传递函数。

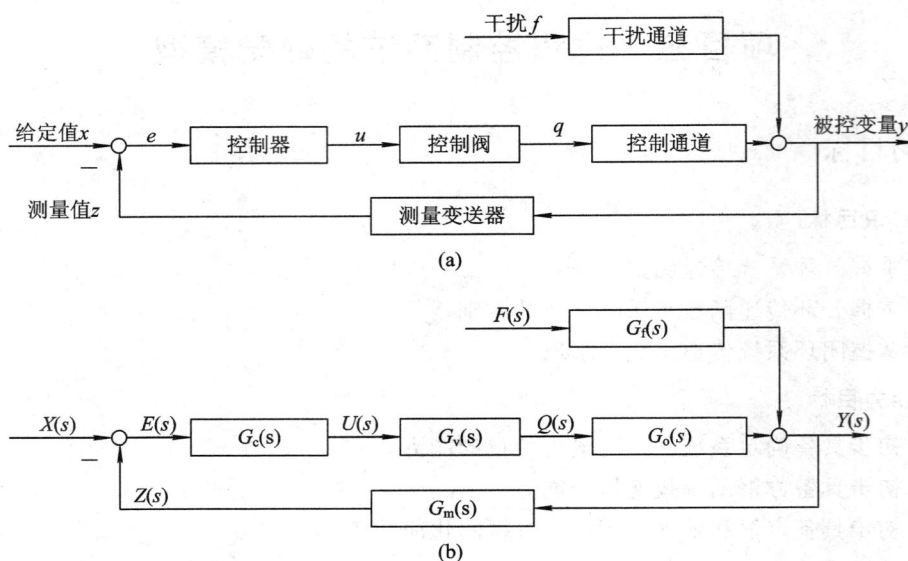

图 2-3-1 过程控制系统典型方框图

(a) 过程控制系统示意图；(b) 方框图

1. 系统的开环传递函数

如果系统的负反馈断开，控制系统即处于开环状态，开环系统的输出信号为反馈 $Z(s)$，输入信号为偏差 $E(s)$，所以系统的开环方框图如图 2-3-2 所示。

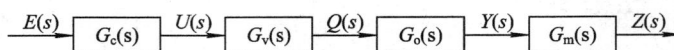

图 2-3-2 过程控制系统开环方框图

系统的开环传递函数为

$$G(s) = G_c(s) \, G_v(s) \, G_o(s) G_m(s)$$

2. 随动控制系统的传递函数

随动控制系统的设定值不是定值，而是无规律变化的，过程控制的目的是要使被控变量相当准确而及时地跟随设定值的变化，系统的输入为设定值 $X(s)$，输出为 $Y(s)$。因此可将图 2-3-1(b) 等效变换为图 2-3-3。

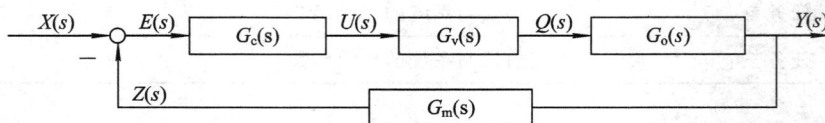

图 2-3-3 随动控制系统的方框图

其传递函数为

$$\frac{Y(s)}{X(s)} = \frac{G_c(s)G_v(s)G_o(s)}{1 + G_c(s)G_v(s)G_o(s)G_m(s)}$$

在生产过程中，工作人员观察或记录的不是被控变量的真实值，而是被控变量的测量值，所以分析过程控制系统测量值为输出是比较有实际意义的。设定值为输入、测量值为输出的系统方框图如图 2-3-4 所示。

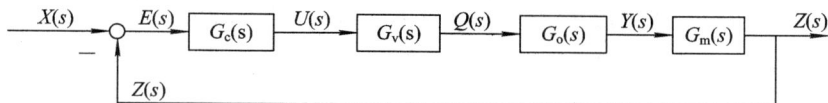

图 2-3-4 测量值为输出随动控制系统的方框图

其传递函数为

$$\frac{Z(s)}{X(s)} = \frac{G_c(s)G_v(s)G_o(s)G_m(s)}{1 + G_c(s)G_v(s)G_o(s)G_m(s)}$$

3. 定值控制系统的传递函数

在定值控制系统中，设定值固定不变，引起系统变化的只是干扰信号。所以定值控制系统的输入为设定值 $F(s)$，输出为 $Y(s)$。因此可将图 2-3-1(b) 等效变换为图 2-3-5。

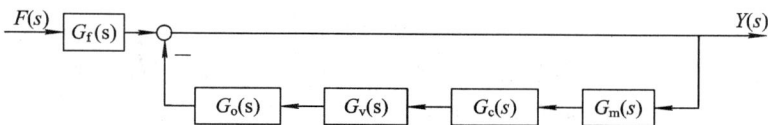

图 2-3-5 定值控制系统的方框图

其传递函数为

$$\frac{y(s)}{F(s)} = \frac{G_f(s)}{1 + G_c(s)G_v(s)G_o(s)G_m(s)}$$

同样，在生产过程中，工作人员观察或记录的不是被控变量的真实值，而是被控变量的测量值，所以分析过程控制系统测量值为输出是比较有实际意义的。干扰为输入、测量值为输出的系统方框图如图 2-3-6 所示。

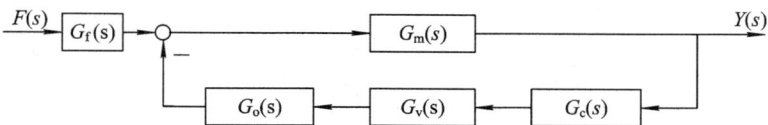

图 2-3-6 测量值为输出定值控制系统的方框图

其传递函数为

$$\frac{Y(s)}{F(s)} = \frac{G_f(s)G_m(s)}{1 + G_c(s)G_v(s)G_o(s)G_m(s)}$$

从上面定值控制系统和随动控制系统的传递函数看，它们有一个共同点，即传递函数的分母相同，系统的特征方程相同，即系统的稳定性相同。系统的稳定性与控制器、控制阀、控制通道和测量变送器的特性有关，其中任何一个环节特性发生变化，系统稳定性也会变化，而相关的质量指标也发生变化。

五、项目考核

本项目以理论知识为主，考核采用思考题的方式，考核内容详见思考题。

六、思考题

（1）已知一系统的方框图如图 2-3-7 所示，$u(t)=1.5e(t)$，$q(t)=0.8u(t)$，$z(t)=$ ∴1$y(t)$，且

$$5\frac{\mathrm{d}^2 y}{\mathrm{d}t^2}+6\frac{\mathrm{d}y}{\mathrm{d}t}+y=2q, \qquad 5\frac{\mathrm{d}^2 y}{\mathrm{d}t^2}+6\frac{\mathrm{d}y}{\mathrm{d}t}+y=2f$$

求定值系统和随动系统的传递函数。

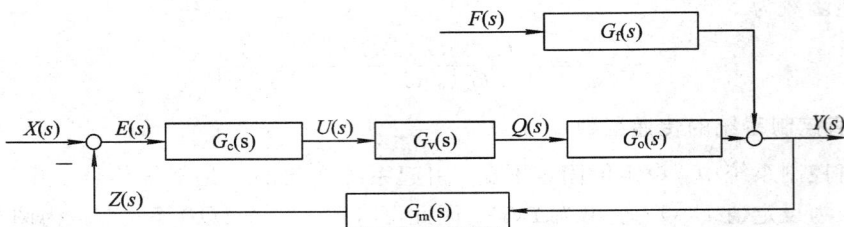

图 2-3-7　过程控制系统方框图

（2）已知某液位控制系统如图 2-3-8 所示，$u(t)=2e(t)$，$z(t)=0.5y(t)$。

试：① 推导干扰通道数学模型和传递函数。

② 推导控制通道数学模型和传递函数。

③ 画出系统的方框图，并求定值系统和随动系统的传递函数。

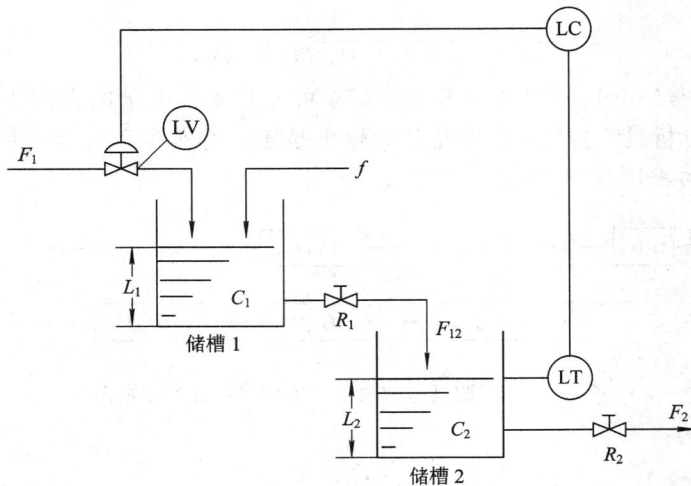

图 2-3-8　液位控制系统

项目四　对象特性测试实训

一、学习目标

1. 知识目标

（1）熟悉控制系统的构成。

（2）熟悉工艺流程和对象特性的测试方法。

（3）掌握开环和闭环控制系统。

（4）掌握具体控制系统中广义对象的含义。

2. 能力目标

（1）初步具备控制系统开启的能力。

（2）初步具备控制系统故障判断的能力。

（3）初步具备控制器的应用能力。

（4）掌握变送器的量程和零点的调整。

二、必备知识与技能

1. 必备知识

（1）工具和仪表的使用、控制系统的组成。

（2）变送器的类型、作用。

（3）描述对象特性的参数及其含义。

（4）广义对象的含义。

2. 必备技能

（1）自动化装置的识别。

（2）被控对象的识别。

（3）分析判断和处理过程控制系统中的一般问题。

三、理实一体化教学任务

理实一体化教学任务如表 2 - 4 - 1 所示。

表 2 - 4 - 1　理实一体化教学任务

任　　务	内　　容
任务一	控制系统装置的开启
任务二	一阶对象特性测试
任务三	二阶对象特性测试
任务四	对象特性曲线的处理及分析

四、理实一体化步骤

1. 装置的开启

（1）检查设备管路设置，用打开或关断相应阀门的方法对水箱液位系统管路进行设置（对象为一阶或二阶），现场装置上电。

（2）将旁路阀打开。

（3）检查仪表柜仪表的接线。（一阶或二阶液位测量值（端）与控制器测量值（端）连接，控制器的操作值（端）与控制阀连接）。

（4）连接仪表柜与上位机的通信线。

（5）设备、仪表柜上电。

（6）开上位机，打开组态二阶液位控制工程，进入运行状态，进入控制系统，控制器设置为手动方式。

（7）检查信号通信是否正常。

（8）启动磁力泵。

（9）将控制器切到"手动"，并使控制器的输出为50％左右。

（10）在线调整仪表量程和零点。

量程的调整方法：关闭挡板，将液位灌到上限，关闭磁力泵，打开仪表的后盖，调整"量程"，调整螺钉，使仪表的输出为20 mA，或100％。

零点的调整方法：打开挡板，使液位为零，打开仪表的后盖，调整"零点"，调整螺钉，使仪表的输出为4 mA或0％。有些仪表需要反复调整几次，因零点和量程之间相互影响，仪表的调试根据具体情况而定。

（11）将旁路阀关小。（通过调整挡板的位置，找到合适的工作点。合适工作点是指阀门开度在50％左右、液位也在50％左右）。

2. 对象特性测试

（1）观察曲线变化，记录并保存曲线。

（2）在手动状态下，改变输出信号，由75％→50％。（此数值为参考，根据具体情况确定）。

（3）观察曲线变化，记录并保存曲线。

3. 对象特性曲线的处理

常见的曲线处理方法：

1）一阶对象

图2-4-1表示一阶惯性环节的响应曲线是一单调上升的曲线，该曲线上升到稳态值的63％所对应的时间，就是水箱的时间常数 T。也可由坐标原点对响应曲线作切线 OA，切线与稳态值交点 A 所对应的时间就是该时间常数 T。由响应曲线求得 K 和 T 后，就能求得单容水箱的传递函数。

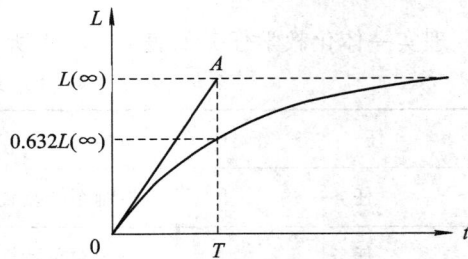

图2-4-1 一阶对象特性测试曲线

$$K = \frac{L(\infty) - L(0)}{x_0} = \frac{输出稳态值}{阶跃输入幅值}$$

T 可从图中读出，将 K、T 代入下式

$$G(s) = \frac{K}{1 + Ts} \quad 或 \quad L = Kx_0(1 - e^{-\frac{t}{T}})$$

即可得到对象的数学表达式。

　　2）一阶滞后对象

　　如果对象具有滞后特性，其阶跃响应曲线如图 2-4-2 所示，在此曲线的拐点 D 处作一切线，它与时间轴交于 B 点，与响应稳态值的渐近线交于 A 点。图中 oB 即为对象的滞后时间 τ，BC 为对象的时间常数 T。

　　K 的计算同一阶对象。T 可从图中读出，将 K、T、τ 代入下式

$$G(s) = \frac{Ke^{-\tau s}}{1 + Ts} \quad 或 \quad L(t - \tau) = Kx_0(1 - e^{-\frac{t}{T}})$$

即可得到对象的数学模型。

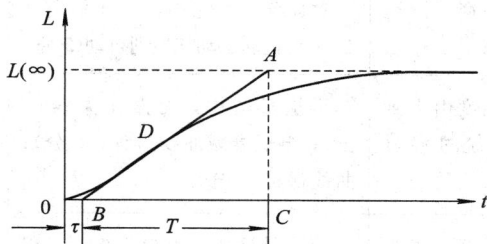

图 2-4-2　具有滞后特性对象测试曲线

　　3）其他

　　对于此类曲线，可用一阶滞后环节来近似。

　　如果对象具有滞后特性时，其阶跃响应曲线如图 2-4-3 所示，在此曲线的拐点 p 处作一切线，它与时间轴交于 A 点，与响应稳态值的渐近线交于 B 点。图中 oA 即为对象的滞后时间 τ，AC 为对象的时间常数 T。

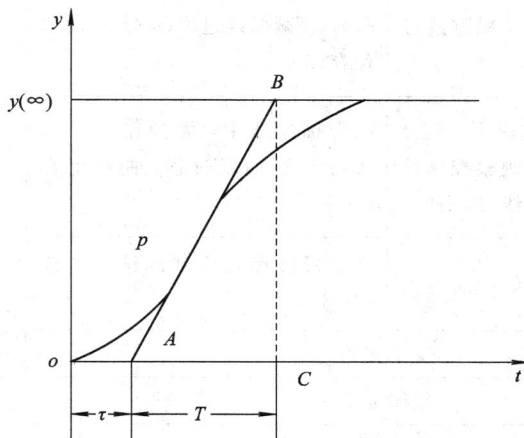

图 2-4-3　对象特性测试曲线

K 的计算同一阶对象。T 可从图中读出，对象的数学表达式或传递函数同一阶滞后对象。

4. 控制装置的停运(停车)

(1) 关停现场装置。

(2) 关停控制器。

(3) 上位机退出运行状态。

(4) 打开旁路阀。

五、项目考核

项目考核采用步进式考核方式，考核内容如表 2-4-2 所示。

表 2-4-2 项 目 考 核 表

考核内容标准进程分组	考核内容	考核标准	学号	1	2	3	4	5	6
			姓名						
	二阶控制系统的平衡、投运(10分)	对象设置(3分)；二阶平衡(5分)；无扰动手动切换到自动(2分)							
	纯比例作用下，比例度由大到小变化，观察控制系统过渡过程，记录曲线(20分)	干扰量适中，无操作失误(5分)；出现衰减曲线过程(10分)；曲线保存(5分)							
	在比例度不变的情况下，加入积分作用，观察控制系统过渡过程，记录曲线(20分)	干扰量适中，无操作失误，积分加入适度(5分)；衰减曲线过程(10分)；曲线保存(5分)							
	在比例度不变的情况下，积分时间由大到小改变，观察控制系统过渡过程，记录曲线(15分)	干扰量适中(5分)；衰减曲线过程，稳定性变化明显(5分)；曲线保存(5分)							
	在比例度不变的情况下，加入微分作用，观察控制系统过渡过程，记录曲线(15分)	干扰量适中，无操作失误(5分)；衰减曲线过程(5分)；曲线保存(5分)							
	在比例度不变的情况下，微分时间由小到大改变，观察控制系统过渡过程，记录曲线(10分)	干扰量适中，无操作失误(5分)；衰减曲线过程，曲线保存(5分)							
	曲线对比分析(10分)	分析过程和得到的结论正确(10分)							
扣分	安全文明								
	纪律卫生								
	总　评								

六、思考题

（1）什么是广义对象？上述的对象特性包含了哪些环节？

（2）什么是系统开环、闭环？

（3）对象特性测试是在开环下进行，还是在闭环下进行？

（4）对象的时间常数 T 的含义是什么？

（5）对象的放大系数 K 的含义是什么？

（6）改变挡板位置是改变对象什么特性参数？

模块三　常规控制规律

控制器的控制规律是指控制器接受输入的偏差信号后，其输出随输入的变化规律，即输入与输出之间的关系，用数学式来表示，即为

$$u = f(e)$$

式中，e 为测量值 z 与给(设)定值 x 与之差，即偏差；u 为控制器的输出。

不同的控制规律适应不同的生产要求，必须根据生产的要求选用合适的控制规律。如果选用不当，不但不能起到控制作用，反而会使控制过程稳定性下降，甚至造成事故。要选用合适的控制规律，首先必须了解几种常用的控制规律的特点、适用条件，然后根据工艺对控制系统过渡过程的品质指标要求，结合具体对象的特性，才能作出正确的选择。

在工业自动控制系统中，最基本的控制规律有位式控制、比例(Proportion)控制、积分(Integration)控制和微分(Differentiation)控制四种。下面将分别介绍这几种基本控制规律及其对系统过渡过程的影响。

被控对象的特征决定了对象是否好控制，当生产工艺确定后，对象特征也就随之确定了。针对该对象所施加的控制方案的合理性，检测变送器、控制器、执行器等控制工具的精度，则决定了能否控制好。而这些在设计、安装工作完成后也就都确定了，但这并不是说控制质量就固定了。控制器控制规律的选择、控制参数的设置同样可以改变控制的质量，而且更具灵活性。

常规控制规律有位式控制、比例(P)控制、比例积分(PI)控制、比例微分(PD)控制和比例积分微分(PID)控制。

项目一　双位控制

一、学习目标

1. 知识目标

(1)掌握什么是位式控制。

(2)掌握双位控制的表达式。

(3)掌握双位控制的控制过程。

(4)掌握双位控制的控制特点。

2. 能力目标

(1)初步具备判断双位控制的能力。

(2)初步具备描述双位控制特性的能力。

(3)初步具备描述双位控制过程的能力。

（4）初步具备描述双位控制特点的能力。

二、必备知识与技能

1．必备知识
（1）过程控制系统的相关知识。
（2）控制器作用的相关知识。
（3）控制阀作用的相关知识。

2．必备技能
（1）判断控制器在过程控制系统中所起作用的能力。
（2）判断控制规律在控制系统中所起作用的能力。
（3）判断控制阀工作状态的能力。

三、理实一体化教学任务

理实一体化教学任务参见表 3-1-1。

表 3-1-1　理实一体化教学任务

任　务	内　容
任务一	位式控制的概念
任务二	双位控制系统的表达式
任务三	双位控制系统的控制特性
任务四	双位控制系统的控制过程
任务五	双位控制系统的控制特点

四、理实一体化步骤

位式控制是控制器的输出不是连续的，为从 0%～100% 之间均匀分布的几个点。例如，控制器的输出是 0% 和 100% 为双位控制；控制器的输出是 0%、50% 和 100% 为三位控制；若控制器的输出多于 3 点，则为多位控制。

1．双位控制的含义
双位控制是位式控制的最简单形式。双位控制的动作规律是，当测量值大于给定值时，控制器的输出最大或最小；而当测量值小于给定值时，控制器的输出最小或最大。偏差 e 与输出 u 的关系为

$$u = \begin{cases} u_{max}, & e > 0(或\ e < 0) \\ u_{min}, & e < 0(或\ e > 0) \end{cases}$$

双位控制只有两个输出值，相应的控制机构也只有两个极限位置，不是开就是关（严格地说，应该不是最大就是最小）。理想的双位控制特性如图 3-1-1 所示。

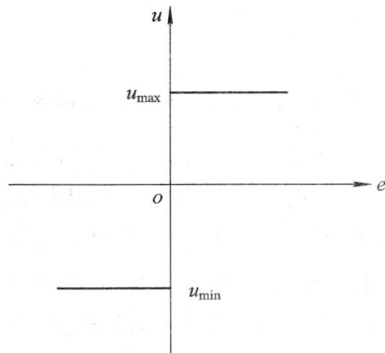

图 3-1-1　理想的双位控制特性

2. 双位控制应用案例分析

图 3-1-2 所示是一个典型的双位控制系统，此系统中流体必须导电，容器导电，槽内装有一个电极作为液位的测量装置。电极的一端与继电器的线圈 J 相接；另一端正好处于液位给定值的位置上。导电流体经装有电磁阀 V 的管线进入储槽，再由出料管流出。储槽的外壳接地。

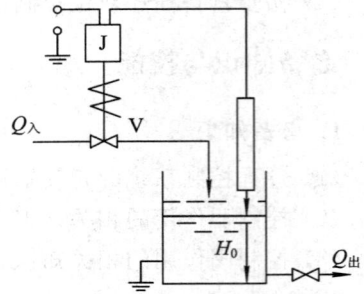

图 3-1-2　双位控制系统

当 $H > H_0$ 时，继电器通，阀关，$Q_入 = 0$；H 下降。

当 $H < H_0$ 时，继电器断，阀开，$Q_入 > Q_出$；H 上升。

图 3-1-2 所示是一个液位自动控制系统，电极感知液位的高度起变送器的作用；电极的高度为给定值，调整电极安装的高度相当改变给定值；继电器起控制器的作用；电磁阀 V 起执行机构的作用。从上面理想的双位控制过程可以看出，控制器的输出变化频繁，这样会使系统中的运动部件因动作频率太快而损坏，很难保证双位控制系统安全、可靠地工作。况且实际生产中被控变量允许有一定的偏差，有的允许范围大些，有的允许范围小些。所以理想的双位控制既难实现，又没必要。在实际中应用的双位控制器都有一个中间区，带中间区的双位控制就是当被控变量上升到高于给定值某一数值后，阀门才开（或关）；当被控变量下降到低于给定值某一数值后，阀门才关（或开）；在中间区内，阀门不动作。这样，就可以大大降低执行机构（或运动部件）的动作频率，带中间区的双位控制规律如图 3-1-3 所示。

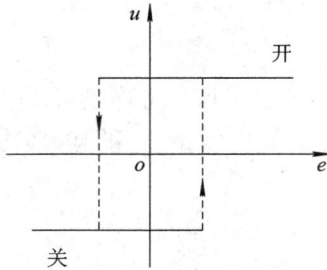

图 3-1-3　实际的双位控制规律

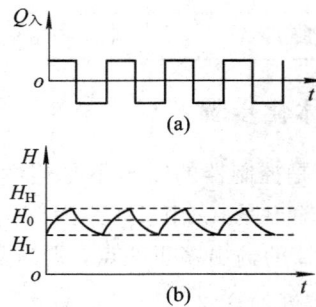

图 3-1-4　具有中间区的双位控制过程
（a）控制机构与时间曲线；（b）被控变量与时间曲线

只要将上例中的测量装置及继电器线路稍加改动，则可成为一个带中间区的双位控制系统，它的控制过程为：当液位低于下限值 H_L 时，电磁阀全开，流体通过电磁阀流入储槽，因 $Q_入 > Q_出$ 使液位上升。当液位升至上限值 H_H 时，阀门关闭，液位下降；直到下降到下限值 H_L 时，电磁阀又全开，液位又开始上升，如图 3-1-4 所示。其中，图（a）所示曲线是控制机构（或阀位）的输出与时间的关系，图（b）所示曲线是被控变量与时间的关系；被控变量在上限值与下限值之间等幅振荡。

衡量双位控制过程的质量，不能采用衡量衰减振荡过程的品质指标，一般采用振幅与周期（或频率）。在 3-1-4 中，$H_H - H_L$ 为振幅，T 为周期。对于双位控制系统，过渡过程的振幅与周期是矛盾的，若要振幅小，则周期必然短；若要振幅大，则周期必然长。必须通过合理选择中间区，使两者兼顾。所以在设计双位控制系统时，使振幅在允许的范围内，尽可能地延长周期。

3. 双位控制的特点

双位控制具有结构简单、成本较低、易于实现等特点，因此应用很普遍。如空气压缩机储罐的压力控制、恒温箱、电烘箱的温度控制等。

在双位控制系统中，执行机构只有开和关两个极限位置，对象中物料量或能量总是处于严重不平衡状态，被控变量剧烈振荡。为了改善系统的控制质量，控制器的输出值可以增加一个中间值，即当被控变量在某一个范围内时，执行机构可以处于某一中间位置，使系统物料量或能量的不平衡状态得到改善，这样就构成三位式控制规律。而位数越多，系统控制质量越好，但控制装置越复杂。

五、项目考核

项目考核采用步进式考核方式，考核内容如表 3-1-2 所示。

表 3-1-2　项目考核表

学号		1	2	3	4	5	6	7	8	9	10	11
姓名												
考核内容进程分组	双位控制规律的概念（20分）											
	双位控制规律的表达式（20分）											
	双位控制系统的控制特性（20分）											
	双位控制系统的控制过程（20分）											
	双位控制系统的控制特点（20分）											
扣分	安全文明											
	纪律卫生											
总　评												

六、思考题

（1）简述位式控制规律的概念。

（2）举一个生活中应用双位控制的例子。

（3）为什么家用小电器大部分应用双位控制？

（4）简述双位控制系统为什么有中间区？

（5）衡量双位控制系统过渡过程的质量指标是什么？

（6）简述双位控制的控制特点。

项目二　比 例 控 制

一、学习目标

1. 知识目标

（1）掌握比例控制规律的含义。

（2）掌握比例度的含义及数学表达式。

（3）掌握比例控制为什么要存在余差。

（4）掌握比例度对系统过渡过程的影响。

2. 能力目标

（1）初步具备判断比例控制规律的能力。

（2）初步具备描述比例度的含义及写出数学函数的能力。

（3）初步具备判断比例控制系统余差的能力。

（4）初步具备判断比例度对系统过渡过程影响的能力。

二、必备知识与技能

1. 必备知识

（1）自动控制系统组成的相关知识。

（2）比例函数的相关知识。

（3）过程控制系统过渡过程品质指标的相关知识。

2. 必备技能

（1）识别简单控制系统各部分组成的能力。

（2）由图像判断函数特性的能力。

（3）由函数特性描述图像的能力。

三、理实一体化教学任务

理实一体化教学任务参见表 3-2-1。

表 3-2-1　理实一体化教学任务

任　务	内　容
任务一	比例控制规律
任务二	比例度及比例控制过程
任务三	比例度对过渡过程的影响

四、理实一体化步骤

1. 比例控制规律

比例控制规律可以用下述数学式来表示：

$$\Delta u = K_c e \qquad\qquad (3-2-1)$$

式中，Δu 为控制器的输出变化量；e 为控制器的输入，即偏差；K_c 为比例控制器的放大倍数。

比例控制规律的传递函数为

$$G(s) = K_c \qquad\qquad (3-2-2)$$

式（3-2-1）中的 Δu 是增量形式，如果要用控制器输出的实际值 u 表示，则应写为

$$u = K_c e + u_0 \qquad\qquad (3-2-3)$$

式中，u_0 为在偏差为零时的初值。而对 e 来说，其初值为零，因此 e 即是增量；又为了能在正常工况下 $e=0$ 的条件下建立稳态，u_0 应取合适的数值，并可作必要的工况调整。

图 3-2-1 所示是一个简单的比例控制系统。被控变量是水槽的液位。O 为杠杆的支点，杠杆的一端固定着浮球，另一端和控制阀的阀杆相连接。浮球的升、降通过杠杆带动阀芯，浮球升高，阀门关小，输入流量减小；浮球下降，阀门开大，流量增加。

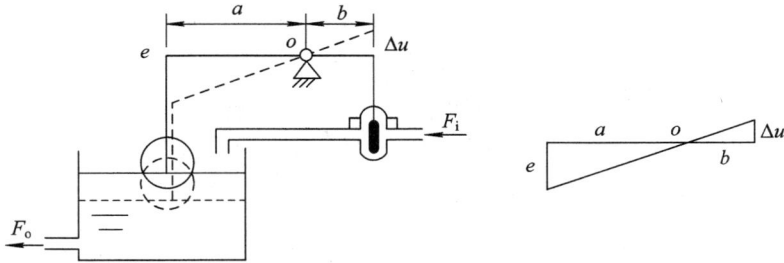

图 3-2-1　简单比例控制系统示意图

如果原来液位稳定在图 3-2-1 所示的实线位置上，进入储槽的流量和储槽排出的流量相等。当某一时刻排出流量突然增加一个数值以后，液位就会下降，浮球也随之下降。浮球的下降带动杠杆把进水阀门开大，使进水量增加。当进入量与排出量重新相等时，液位就不再变化而重新稳定下来，达到新的平衡状态。假定图 3-2-1 中的虚线位置就代表新的平衡状态。e 表示液位的变化量（即偏差），也就是该控制器的输入变化量；Δu 表示阀杆的位移量，也就是控制器的输出变化量。由相似三角形的关系可得

$$\frac{a}{e} = \frac{b}{\Delta u}$$

所以

$$\Delta u = \frac{b}{a} = K_c \qquad\qquad (3-2-4)$$

式中，K_c 为控制器的放大倍数，$K_c = \dfrac{b}{a}$。

2. 比例度及比例控制过程

1）比例度

从比例控制规律的数学式可以看出，比例控制器的放大倍数 K_c 是一个重要的参数，它决定了比例作用的强弱。在工业上所使用的常规控制器，习惯上采用比例度 δ（也称比例带），而不用放大倍数 K_c 来衡量比例控制作用的强弱。

所谓比例度就是指控制器输入的相对变化量与相应的输出相对变化量之比的百分数。比例度可表示为

$$\delta = \frac{\dfrac{e}{x_{max} - x_{min}}}{\dfrac{\Delta u}{u_{max} - u_{min}}} \times 100\% \qquad (3-2-5)$$

式中，δ 为比例度；e 为控制器的输入变化量（即偏差）；Δu 为相应于偏差为 e 时的控制器输出量；$x_{max} - x_{min}$ 为输入信号范围；$u_{max} - u_{min}$ 为控制器输出的工作范围。

那么比例度 δ 和放大倍数 K_c 是什么关系呢？可将式（3-2-5）改写一下，写成

$$\delta = \left(\frac{e}{\Delta u}\right)\left(\frac{u_{max} - u_{min}}{x_{max} - x_{min}}\right) \times 100\%$$

因为

$$\Delta u = K_c e$$

所以

$$\delta = \frac{1}{K_c}\left(\frac{u_{max} - u_{min}}{x_{max} - x_{min}}\right) \times 100\% \qquad (3-2-6)$$

令 $K = \dfrac{u_{max} - u_{min}}{x_{max} - x_{min}}$，式（3-2-6）可改写为

$$\delta = \frac{K}{K_c} \qquad (3-2-7)$$

这说明控制器的比例度与放大倍数 K_c 成反比关系。比例度 δ 越小，放大倍数 K_c 越大，比例控制作用越强；反之亦然。所以，K_c 值与 δ 值都可以用来表示比例控制作用的强弱。

在单元组合仪表中，控制器的输入信号是由变送器来的，而控制器和变送器的输出信号都是统一的标准信号，因此常数 $K=1$。所以在单元组合式仪表中，比例度 δ 就和放大倍数 K_c 互为倒数关系，即

$$\delta = \frac{1}{K_c} \times 100\% \qquad (3-2-8)$$

2）比例控制系统的过渡过程

对于图 3-2-1，假定系统原来处于平衡状态，系统中各参数均保持不变，被控变量（液位）在 t_0 前等于给定值。在 $t = t_0$ 时，系统受到一个阶跃干扰，即出水量 F_o 突然增加一个数值。这时，系统中的液位 L、偏差 e、控制器的输出 Δu 及进水量 F_i 都会产生变化，其变化曲线如图 3-2-2 所示。

由图 3-2-2 可以看出，当 $t=t_0$ 时，出水量 F_0 有一阶跃增加以后，致使被控变量 L 开始下降，浮球也跟着下降，通过杠杆作用控制器输出也变化，从而使操纵变量即进水量 F_i 也逐渐增加。由于进水量 F_i 的增加就会使液位 L 的下降速度逐渐变慢下来，经过一定时间调整，当进水量 F_i 重新又等于出水量 F_0 以后，液位就稳定在一个新的数值。从图中可以看出，当控制系统稳定后，被控变量新的稳态值与给定值不再相等，而是低于给定值，它们之间的差值就是余差。

比例控制为什么会存在余差呢？这是由于比例控制规律其偏差的大小与阀门的开度是一一对应的，有一个阀门开度就有一个对应的偏差值。从图 3-2-2 所示的简单比例控制系统来看，在负荷变化前，进水量与出水量是相等的，此时控制阀在一定的开度上（参见图 3-2-2），比如说对应于杠杆处于水平的位置。而当 $t=t_0$ 时，出水量有一阶跃增加后，进水量必须也增加到与出水量相等时，平衡才能重新建立起来，液位也才能不再变化。要使进水量 F_i 增加，控制阀开度必须增大，即要求阀杆必须上升。然而，杠杆

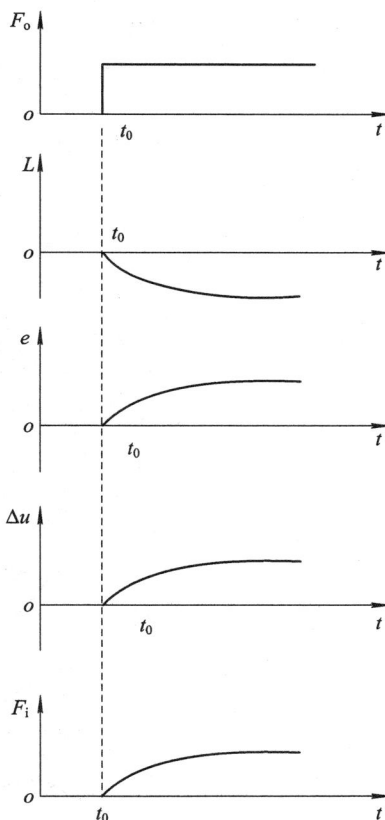

图 3-2-2　简单水槽液位比例控制过程

是一种刚性的结构，要使阀杆上升，浮球杆一定要下移，这说明浮球所在的液位比原来为低，也就是液位稳定在一个比原来的稳态值（即给定值）要低的一个位置上，其差值就是余差。

产生余差的原因也可以用比例控制规律本身的特性来说明。由于 $\Delta u = K_c e$，要克服干扰对被控变量的影响，控制器的输出必须改变才能使控制阀动作，即偏差 $e \neq 0$。所以在比例控制系统中，当负荷改变以后，使控制阀动作的信号 Δu 的获得是以存在偏差为代价的。因此比例控制系统是有差控制系统。

3. 比例度对过渡过程的影响

一个比例控制系统，由于对象特性的不同或比例控制器比例度的不同，往往会得到各种不同的过渡过程形式。一般来说，对象特性因受工艺设备的限制是不能任意改变的。那么如何通过改变比例度来获得我们所希望的过渡过程形式呢？这就要分析比例度 δ 的大小对过渡过程的影响。

比例度 δ 对控制过程的影响如图 3-2-3 所示。如前所述，比例度对余差的影响是：比例度 δ 越大，放大倍数 K_c 越小，由于 $\Delta u = K_c e$，要获得同样的控制作用，所需的偏差就越大，因此，在同样的负荷变化大小下，控制过程的余差就越大；反之，减少比例度 δ，余差也随之减少。

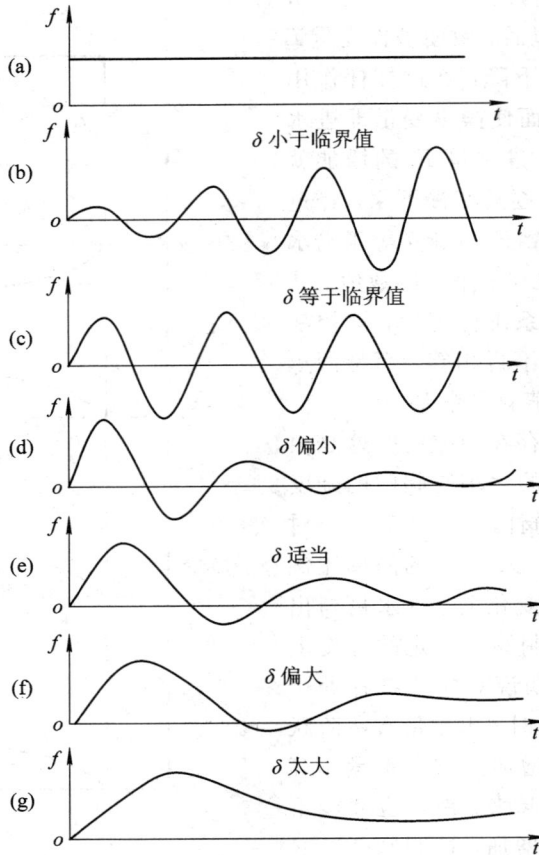

图 3-2-3　比例度对过渡过程的影响

比例度 δ 对系统稳定性的影响可以从图 3-2-3 中看出。比例度 δ 越大，过渡过程曲线越平稳；比例度 δ 越小，则过渡过程曲线越振荡；比例度 δ 过小时，就可能出现发散振荡的情况。为什么比例度 δ 对控制过程有这种影响呢？这是因为当比例度 δ 大时，控制器放大倍数小，控制作用弱，在干扰加入后，控制器的输出变化较小，因而控制阀开度变化也小，这样被控制量的变化就很缓慢（如图 3-2-3(g)所示）。当比例度 δ 减小时，控制器放大倍数增加，控制作用加强，即在同样的偏差下，控制器输出变化较大，控制阀开度变化就大，被控变量变化也比较迅速，开始有些振荡（如图 3-2-3(f)、(e)所示）。当比例度再减小，控制阀开度变化就更大，当大到有点过分时，被控变量也就跟着过分地变化，等到再拉回来时，又拉过了头，结果会出现剧烈的振荡（如图 3-2-3(d)所示）。当比例度 δ 减小到某一数值时，系统出现等幅振荡（如图 3-2-3(c)所示），这时的比例度 δ 称为临界比例度 δ_K。具体在什么比例度 δ 数值时会出现这种情况，则随系统的不同特性而异。一般除反应很快的流量及管道压力等系统外，该情况大多出现在比例度 δ 小于 20% 的时候。当比例度小于临界比例度 δ_K 时，系统在干扰加入后，将出现不稳定的发散振荡过程（如图 3-2-3(b)所示），这是很危险的，甚至会造成重大事故。对比例控制器来说，只有充分了解比例度对控制过程的影响，才能正确地选用它，最大限度地发挥控制器的作用。

一般来说，当对象的滞后较小、时间常数较大及放大倍数较小时，控制器的比例度可以选得小一些，以提高整个系统的灵敏度，使反应加快一些，这样就可以得到较满意的过渡过程曲线。反之，若对象滞后较大、时间常数较小以及放大倍数较大，则比例度就必须选得大些；否则由于控制作用过强，会达不到稳定要求。工艺生产通常要求比较平稳而余差又不太大的控制过程如图 3-2-3(e) 所示）。这就是我们前面所提到的，一般要求衰减比为 4：1 到 10：1 的衰减振荡过渡过程。

总之，比例控制规律比较简单，控制比较及时，一旦有偏差出现，马上就有相应的控制作用。

在工业生产过程中，若对象的滞后较小、时间常数较大以及放大倍数较小，则控制器的比例度 δ 可以选得小些，以提高系统的灵敏度，使反应快些，从而过渡过程曲线的形状较好；反之，比例度 δ 就要选大些，以保证稳定性。

五、项目考核

项目考核采用步进式考核方式，考核内容如表 3-2-2 所示。

表 3-2-2　项 目 考 核 表

	学号	1	2	3	4	5	6	7	8	9	10	11
	姓名											
考核内容进程分组	比例控制规律及函数（25分）											
	比例度及函数表达式（25分）											
	比例控制系统过渡过程及余差（25分）											
	比例度对系统过渡过程的影响（25分）											
扣分	安全文明											
	纪律卫生											
总　评												

六、思考题

（1）什么是控制器的控制规律？控制器有哪些基本控制规律？

（2）什么是比例控制规律？放大系数 K_c 或比例度 δ 的变化对系统过渡过程有什么影响？

（3）比例控制为什么存在余差？

（4）图 3-2-4 所示为一比例控制系统在阶跃输入作用下的过渡过程曲线，比例控制器参数应如何改变，才能出现 4：1 衰减？为什么？

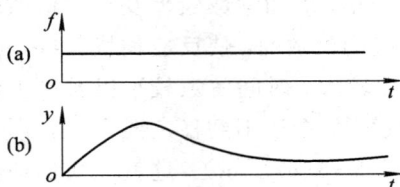

图 3 - 2 - 4　系统过渡过程

（5）归纳比例控制规律的特点。

项目三　比例积分控制

一、学习目标

1. 知识目标

（1）掌握积分控制规律及特点。

（2）掌握积分控制规律的函数表达式。

（3）掌握比例积分控制规律及特点。

（4）掌握积分时间对系统过渡过程的影响。

2. 能力目标

（1）初步具备判断比例积分控制规律的能力。

（2）初步具备应用比例积分控制控制规律的能力。

（3）初步具备根据系统过渡过程要求调节积分时间的能力。

（4）掌握积分加入对系统过渡过程的影响。

二、必备知识与技能

1. 必备知识

（1）过程控制系统组成的相关知识。

（2）比例控制规律的相关知识。

（3）积分函数的相关知识。

（4）参数调整对函数影响的相关知识。

2. 必备技能

（1）识别简单控制系统各部分组成的能力。

（2）根据图像判断函数特性的能力。

（3）根据函数特性描述图像的能力。

三、理实一体化教学任务

理实一体化教学任务参见表 3 - 3 - 1。

表 3 - 3 - 1　理实一体化教学任务

任　　务	内　　容
任务一	积分控制规律
任务二	积分控制规律的函数表达式
任务三	积分控制规律的作用及特点
任务四	比例积分控制规律及特点
任务五	比例积分控制规律的作用
任务六	积分时间对系统过渡过程的影响

四、理实一体化步骤

1. 积分控制规律

比例控制的结果不能使被控变量回复到给定值而存在余差，控制精度不高，所以，有时把比例控制比作"粗调"，这是比例控制的缺点。它只在负荷变化不大和允许偏差存在的情况下适用，如液位控制等。当对控制精度有更高要求时，必须在比例控制的基础上，再加上能消除余差的积分控制作用。

1）积分控制规律及其特点

当控制器的输出变化量 Δu 与输入偏差 e 的积分成比例时，就是积分控制规律。一般用字母 I 表示。

积分控制规律的数学表示式为

$$\Delta u = K_I \int e dt \qquad (3-3-1)$$

式中，K_I 为积分比例系数，称为积分速度。

积分控制规律的传递函数为

$$G(s) = \frac{K_I}{s} \qquad (3-3-2)$$

由式(3-3-1)可以看出，积分控制作用输出信号的大小不仅取决于偏差信号的大小，而且主要取决于偏差存在的时间长短。只要有偏差，尽管偏差可能很小，但它存在的时间越长，输出信号就变化越大。

图 3 - 3 - 1　积分控制规律

2）积分控制规律的特点

积分控制作用的特性可以由阶跃输入下的输出来说明。当控制器的输入偏差 e 是一常数 A 时，式(3-3-1)就可写为

$$\Delta u = K_I \int e dt = K_I A t \qquad (3-3-3)$$

根据(3-3-3)可以画出在阶跃输入作用下的输出变化曲线，如图 3-3-1 所示。从图中可以看出：当积分控制器的输入是幅值为 A 的阶跃作用时，输出是一直线，其斜率与 K_I 有关。从图中还可以看出，只要偏差存在，积分控制器的输出是随着时间不断增大（或减小）的。

对式(3-3-3)微分，可得

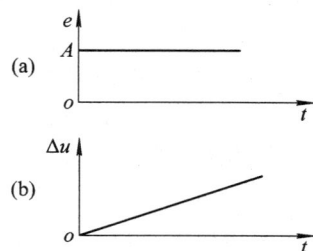

$$\frac{\mathrm{d}\Delta u}{\mathrm{d}t} = K_1 e \qquad\qquad (3-3-4)$$

从式(3-3-4)可以看出,积分控制器输出的变化速度与偏差成正比。这就进一步说明了积分控制规律的特点是:只要偏差存在,控制器输出就会变化,控制机构就要动作,系统不可能稳定。只有当偏差消除时(即 $e=0$),输出信号才不再继续变化,控制机构才停止动作,系统才可能稳定下来。这也就是说,积分控制作用在最后达到稳定时,偏差是等于零的,这是它的一个显著特点,也是它的一个主要优点。

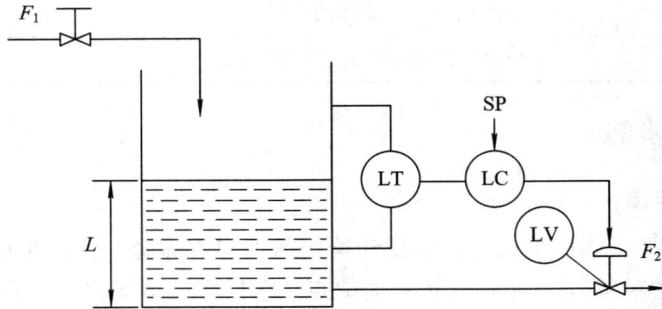

图 3-3-2 液位控制系统

图 3-3-2 所示是一个液位控制系统。控制阀装在出口管道上,通过改变流出量 F_2 的大小来维持液位 L 不变。假定所采用的控制器是具有积分控制规律的,其系统在阶跃干扰下的控制作用如图 3-3-3 所示。

在 t_0 时刻,进料量 F_1 突然阶跃增加,则被控变量 L 立即上升,控制阀也开始动作。但积分控制作用的控制器,其输出 Δu 不是与偏差成正比,而是 Δu 的变化速度与 e 成正比。因此开始时,偏差较小,Δu 的变化速度也较慢,直到偏差 e 最大时,也就是图中 t_1 时,Δu 的变化速度最大。由于 Δu 的变化曲线上每一点的斜率就表示 Δu 的变化速度,因此 B 点的变化速度最大。t_1 以后,由于控制阀已开得较大,出水量 F_2 增加并大于进水量 F_1,因此液位开始下降。但偏差仍为负值。控制阀输出 Δu 继续增加,阀门仍继续开大,以至 F_2 比 F_1 大了许多,此时液位迅速下降,直至 t_2 时刻,液位已回到给定值,没

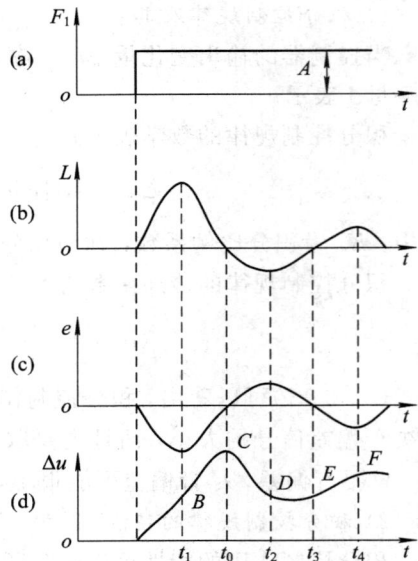

图 3-3-3 积分控制过程

有偏差了,此时 Δu 的变化速度也等于零。但此时由于 F_2 大于 F_1,液位并不能维持在给定值不变,而是继续下降,偏差由负值变为正值,于是控制器的输出 Δu 反方向变化,开始下降,亦即控制阀开始关小。在 t_3 时刻,反向偏差达最大。当液位又回到给定值时,即 t_4 时刻,Δu 的变化速度又为零。但此时 F_2 是小于 F_1 的,液位还是不能维持不变。如此反复控制,液位一次比一次更接近于给定值,阀门的动作幅度也越来越小。最后,被控变量回复

到给定值并不再变化，Δu 也就停留在某一相应数值上。此时控制阀的开度恰好使 F_2 的增加量等于干扰 F_1 的增加量 A。

从图 3-3-3 可以看出，只有当偏差为零并不再变化时，才能使 Δu 亦不再变化，系统才能稳定下来，所以积分控制规律是能够消除余差的。在 t_0、t_2、t_4 时刻，虽然偏差都为零，而 Δu 的数值却不同，阀门的位置亦不同。这就是说，积分控制规律与比例控制规律是不一样的，它的输出 Δu 或阀门位置并不是与偏差一一对应的，这种性质一般称为无定位性。只有具有无定位性的控制器，在负荷变化或干扰作用时，才有可能消除余差。

比较图 3-3-3 中偏差 e 与输出 Δu 的变化曲线，就会发现积分控制器的输出 Δu 不能较快地跟随偏差的变化而变化，而总是落后于偏差的变化（又称相位滞后）。例如，在时间 t_1 以后，液位已经开始下降，说明此时 F_2 已经大于 F_1，但控制器的输出 Δu 仍继续增加，阀门开大，因此 F_2 还不断增加，以至在时刻 t_2，液位已回到给定值，但此时 F_2 已大大超过 F_1，所以液位还会下降。这就是积分控制过程总是出现过分控制的原因。与比例控制规律相比，积分控制过程缓慢、波动较大、不易稳定，因此积分控制规律一般不单独使用。

2. 比例积分控制规律

由上所述，比例控制规律是输出信号与输入偏差成比例，因此作用快，但有余差；而积分控制规律能消除余差，但作用较慢。比例积分控制规律是这两种控制规律的结合，因此也就吸取了两者的优点，是生产上常用的控制规律，一般用字母 PI 表示。比例积分控制规律可用下式表示

$$\Delta u = K_c\left(e + K_I\int e\,dt\right) \qquad (3-3-5)$$

传递函数为

$$G(s) = K_c\left(1 + \frac{K_I}{s}\right) \qquad (3-3-6)$$

当输入偏差是一幅度为 A 的阶跃变化时，比例积分控制器的输出是比例作用和积分作用两部分之和，其控制规律如图 3-3-4 所示。从图上可以看出，控制器的输出 Δu 开始是一阶跃变化的，其值为 K_cA，这是比例作用的结果。然后随时间逐渐上升，这是积分作用的结果。从曲线上可以看出，比例作用是及时、快速的，而积分作用是缓慢、渐近的。

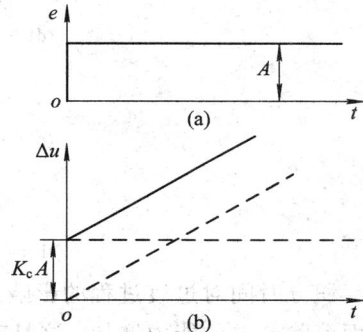

图 3-3-4　比例积分控制规律

由于比例积分控制是在比例控制的基础上又加上积分控制，因此其既具有比例控制及时、克服偏差有力的特点，又具有积分控制消除余差的性能。

在比例积分控制器中，经常用积分时间 T_I 来表示积分速度 K_I 的大小，它们之间的关系为

$$T_I = \frac{1}{K_I} \qquad (3-3-7)$$

将式(3-3-7)代入式(3-3-6)，可得

$$\Delta u = K_c\left(e + \frac{1}{T_I}\int e\,dt\right) \qquad (3-3-8)$$

积分时间 T_I 越小，表示积分速度 K_I 越大，积分特性曲线的斜率越大，即积分作用越强；反之，积分时间 T_I 越大，表示积分速度 K_I 越小，积分特性曲线的斜率越小，表示积分

作用越弱。若积分时间为无穷大，则表示没有积分作用，控制器就成为纯比例控制器了。

比例控制规律引入积分控制规律的目的是消除余差，但是积分控制作用滞后，在比例度不变的情况下加入积分，系统的稳定性下降，同一系统为了保持系统的稳定性，加入积分作用，则比例度就要增加或比例放大系数减小。

3. 积分时间对系统过渡过程的影响

在比例积分控制器中，比例度和积分时间都是可以调整的。比例度大小对过渡过程的影响前面已经分析过，这里着重分析积分时间对过渡过程的影响。在相同的比例度下，积分时间对过渡过程的影响如图 3 - 3 - 5 所示。

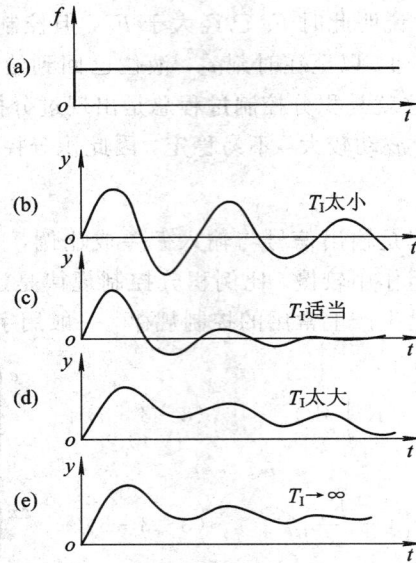

图 3 - 3 - 5　积分时间对过渡过程的影响

积分时间对过渡过程的影响具有两重性。当缩短积分时间、加强积分控制作用时，一方面消除余差的能力增加，这是有利的一面；但另一方面会使过程振荡加剧，稳定性降低。积分时间越短，振荡倾向越强烈，甚至会成为不稳定的发散振荡，这是不利的一面。

从图 3 - 3 - 5 可以看出，积分时间过大或过小均不合适。积分时间过大，积分作用太弱，余差消除很慢（参见图 3 - 3 - 5(d)）；当 $T_1 \to \infty$ 时，成为纯比例控制器，不能消除余差（参见图 3 - 3 - 5(e)）。积分时间太小，过渡过程振荡太剧烈（参见图 3 - 3 - 5(b)）。只有当 T_1 适当时，过渡过程能较快地衰减而且没有余差（参见图 3 - 3 - 5(c)）。

因为积分作用会加剧振荡，这种振荡对于滞后大的对象更为明显，所以控制器的积分时间应按控制对象的特性来选择。对于管道压力、流量等滞后不大的对象，T_1 可选得小些；温度对象一般滞后较大，T_1 可选大些。

五、项目考核

项目考核采用步进式考核方式，考核内容如表 3 - 3 - 2 所示。

表 3 - 3 - 2　项 目 考 核 表

学号		1	2	3	4	5	6	7	8	9	10	11
姓名												
考核内容进程分组	积分控制规律的函数表达式(15分)											
	积分控制规律的特点(15分)											
	比例积分控制规律及特点(15分)											
	比例积分控制规律的作用(20分)											
	比例加入积分作用对系统的影响(15分)											
	积分时间对系统过渡过程的影响(20分)											
扣分	安全文明											
	纪律卫生											
总　　评												

六、思考题

(1) 什么是积分控制规律? 积分时间 T_I 变化对系统过渡过程有什么影响?

(2) 已知某控制系统,采用比例积分控制规律,在阶跃输入下其过渡过程如图 3 - 3 - 6 所示,应如何改变控制器参数,才能出现 4∶1 衰减?

(3) 某控制系统采用比例积分控制规律($T_I \neq \infty$)。如果将 $T_I = \infty$,比例度不变,系统的稳定性如何变化? 为什么?

(4) 某控制系统采用比例控制规律,比例度不变,加入积分作用,系统的稳定性如何变化? 为什么?

(5) 图 3 - 3 - 7 所示为一控制系统的过渡过程曲线。试问 PI 控制器参数应何改变才能出现 4∶1 衰减?

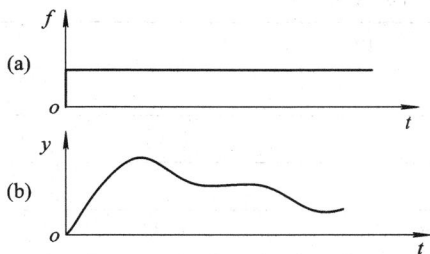

图 3 - 3 - 6　过渡过程曲线

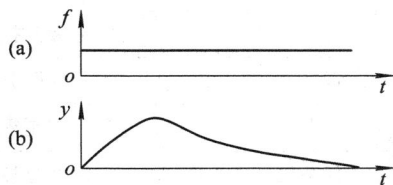

图 3 - 3 - 7　过渡过程曲线

（6）对比图 3-2-4 和图 3-3-7，它们最大的区别是什么？

项目四 比例微分控制

一、学习目标

1. 知识目标
（1）掌握微分控制规律的特点。
（2）掌握微分控制规律的函数表达式。
（3）掌握比例微分控制规律及特点。
（4）掌握微分时间对系统过渡过程的影响。

2. 能力目标
（1）具备微分控制规律的应用能力。
（2）掌握比例微分控制作用的能力。
（3）初步具备根据系统过渡过程曲线调节微分时间的能力。

二、必备知识与技能

1. 必备知识
（1）过程控制系统组成的相关知识。
（2）比例、积分控制规律的相关知识。
（3）微分函数的相关知识。
（4）参数调整对函数影响的相关知识。

2. 必备技能
（1）识别简单控制系统各部分组成的能力。
（2）根据图像判断函数特性的能力。
（3）根据函数特性描述图像的能力。

三、理实一体化教学任务

理实一体化教学任务参见表 3-4-1。

表 3-4-1 理实一体化教学任务

任　务	内　容
任务一	理论微分控制规律
任务二	实际的微分控制规律
任务三	微分控制规律的作用
任务四	比例微分控制规律及特点
任务五	微分时间对系统过渡过程的影响

四、理实一体化步骤

前面介绍的比例积分控制规律，由于同时具有比例和积分控制规律的优点，针对不同的对象，比例度和积分时间两个参数均可以调整，因此适用范围较宽，工业上多数系统都可采用。但是，当对象容量滞后特别大时，可能控制时间较长、最大偏差较大；当对象负荷变化特别剧烈时，由于积分作用的迟缓性质，使控制作用不够及时，系统的稳定性较差。在上述情况下，可以再增加微分作用，以提高系统控制质量。

1. 理论微分控制规律

在生产实际中，如果需要对一些对象被控变量进行手动控制，一般控制量的大小是根据已经出现的被控变量与给定值的偏差改变的。偏差大时，控制阀的开度就多改变一些；偏差小时，控制阀的开度就改变小一些，这就是我们前面介绍的比例控制规律。对于某些容量滞后很大的对象，如反应釜的温度控制，在氯乙烯聚合阶段，由于是放热反应，一般通过改变进入夹套的冷却水量来维持反应釜温为某一给定值。有经验的工人师傅不仅根据温度偏差来改变冷水阀开度的大小，而且同时考虑偏差的变化速度来进行控制。例如当看到反应釜温上升很快，虽然这时偏差可能还很小，但估计很快就会有很大的偏差，为了抑制温度的迅速增加，就预先过分地开大冷水阀。这种按被控变量变化的速度来确定控制作用的大小就是微分控制规律，一般用字母 D 表示。

具有微分控制规律的控制器，其输出 Δu 与偏差 e 的关系可用下式表示：

$$\Delta u = T_D \frac{de}{dt} \qquad (3-4-1)$$

式中，T_D 为微分时间；$\frac{de}{dt}$ 为偏差对时间的导数，即偏差信号的变化速度。

微分控制规律的传递函数为

$$G(s) = T_D s \qquad (3-4-2)$$

由式(3-4-1)可知，偏差变化的速度越大，则控制器的输出变化也越大，即微分作用的输出大小与偏差变化的速度成正比。对于一个固定不变的偏差，不管这个偏差有多大，微分作用的输出总是零，这是微分作用的特点。

如果控制器的输入是阶跃信号，按式(3-4-1)微分控制器的输出如图 3-4-1(b)所示。在输入变化的瞬间，输出趋于无穷大。在此以后，由于输入不再变化，因此输出立即降到零。在实际工作中，要实现图 3-4-1(b)所示的控制作用是很难的(或

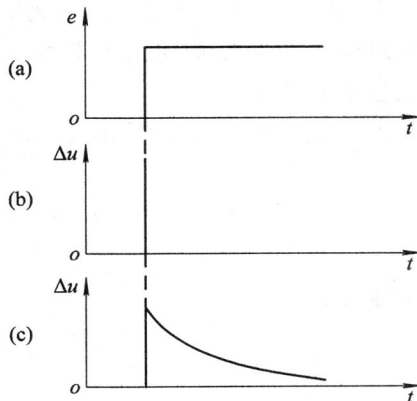

图 3-4-1　微分控制规律的动态特性

不可能的)，也没有什么实用价值。这种控制作用称为理想微分控制作用。图 3-4-1(c)所示是一种近似的微分作用。在阶跃输入发生时刻，输出 Δu 突然上升到一个较大的有限数值，然后呈指数规律衰减直至零。

2. 实际的微分控制规律

不管是理想的微分作用，还是近似的微分作用，都有这样的特点：在偏差存在但不变化时，微分作用都没有输出。也就是说，微分控制作用对恒定不变的偏差是没有克服能力的。因此，微分控制器不能作为一个单独的控制器使用。在实际上，微分控制作用总是与比例作用或比例积分控制作用同时使用的。

实际微分控制规律，其输出 Δu 与偏差 e 的关系可用下式表示：

$$\frac{T_D}{K_D}\frac{d\Delta u}{dt} + \Delta u = T_D\frac{de}{dt} \qquad (3-4-3)$$

式中，K_D 为微分增益；T_D 为微分时间。

T_D 可以表征微分作用的强弱。当 T_D 越大时，说明微分作用越强；反之，T_D 越小，表示微分作用越弱。对于一个实际的微分器，通过改变 T_D 的大小可以改变微分作用的强弱。

3. 比例微分控制规律

由上述可知，实际的微分控制器是一个比例度不能改变的比例微分控制器。但是由于比例作用是控制作用中最基本、最主要的作用，比例度的大小对控制质量的影响很大，因此比例度是必须能够改变的。当比例作用和微分作用结合时，可构成比例微分控制规律，一般用字母 PD 表示。

实际的比例微分控制规律可用下式表示：

$$\Delta u = \Delta u_P + \Delta u_D = K_c e + e(K_D-1)e^{-\frac{K_D}{T_D}t} \qquad (3-4-4)$$

式中，T_D 为微分时间；e 为偏差；

e 为常数，$e=2.7180$。

由式（3-4-4）可以看出，比例微分控制器的输出 Δu 等于比例作用的输出 Δu_P 与微分作用的输出 Δu_D 之和。改变比例度 δ（或 K_c）和微分时间 T_D 分别可以改变比例作用的强弱和微分作用的强弱。

为了表达方便，通常采用式（3-4-5）描述比例微分：

$$\Delta u = \Delta u_P + \Delta u_D = K_c\left(e + T_D\frac{de}{dt}\right) \qquad (3-4-5)$$

其传递函数为

$$G(s) = K_c(1+T_Ds) \qquad (3-4-6)$$

4. 微分时间对系统过渡过程的影响

在一定的比例度下，微分时间对过渡过程的影响参见图 3-4-2。由于微分作用的输出是与被控变量的变化速度成正比的，而且总是力图阻止被控变量的任何变化的（这是由于负反馈作用的结果），因此当被控变量增大时，微分作用改变控制阀开度去阻止它增大；反之，当被控变量减小时，微分作用就改变控制阀开度去阻止它减小。由此可见，微分作用具有抑制振荡的效果。所以，在控制系统中，比例作用大小不变的情况下，适当地增加微分作用后，可以提高系统的稳定性，减少被控变量的波动幅度；控制系统如果适当地增加微分作用后，但为了保持系统稳定性不变，比例度减小或比例系数增加，这样控制系统的余差减小（参见图 3-4-2(c)中 T_D 适当时的曲线）。但是，微分作用也不能加得过大，否则由于控制作用过强，控制器的输出剧烈变化，不仅不能提高系统的稳定性，反而会引起被控变量大幅度的振荡。特别是对于噪声比较严重的系统，采用微分作用要特别慎重。

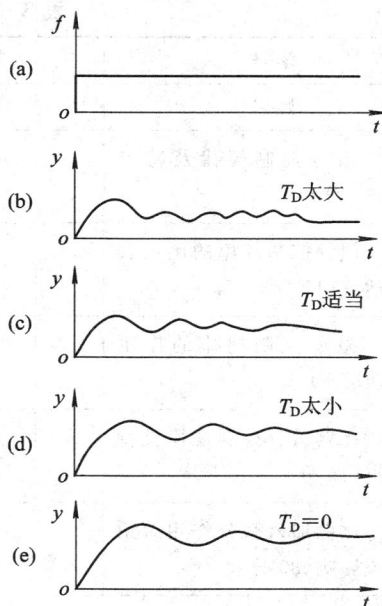

图 3-4-2　微分时间对过渡过程的影响

由于微分作用是根据偏差的变化速度来控制的，在干扰作用的瞬间，尽管开始偏差很小，但如果它的变化速度较快，则微分控制器就有较大的输出，它的作用较之比例作用还要及时、还要大。对于一些滞后较大、负荷变化较快的对象，当较大的干扰施加以后，由于对象的惯性，偏差在开始一段时间内都是比较小的，如果仅采用比例控制作用，则偏差小，控制作用也小，这样一来，控制作用就不能及时加大来克服已经加入的干扰作用的影响。但是，如果加入微分作用，它就可以在偏差尽管不大但开始剧烈变化的时刻，立即产生一个较大的控制作用，及时抑制偏差的继续增长。所以，微分作用具有一种抓住"苗头"预先控制的性质，这种性质是一种"超前"性质。因此有人称微分控制为超前控制。

一般来说，微分控制的超前控制作用是能够改善系统的控制质量的。对于一些滞后较大的对象，例如温度控制系统就特别适用。

关于比例微分 PD 控制规律，需要说明以下几点。

（1）引入微分（D）作用的目的是改善高阶对象的控制品质。直观地看，微分作用是按照偏差的变化趋势来控制的，显然更加及时。对温度和成分控制系统等容量滞后大的对象，引入微分作用往往是必要的。然而，微分作用太强，物极必反，反而会降低系统的稳定性。

（2）对于真正的纯滞后，引入微分作用起不了改善控制品质的作用。直观地看，在 $u(t)$ 作阶跃变化后，系统的输出 $y(t)$ 在纯滞后（时滞）的这段期间内不会变化，de/dt 项为零，不能指望微分作用产生及时的控制。

（3）对于噪声大的对象，微分作用会把这些高频干扰放大得很厉害，将使系统的控制品质降低。因此，对流量和液位控制系统，一般不引入微分作用。如实在有必要，须先将测量值滤波。

五、项目考核

项目考核采用步进式考核方式，考核内容如表 3-4-2 所示。

表 3-4-2 项目考核表

学号		1	2	3	4	5	6	7	8	9	10	11
姓名												
考核内容进程分组	微分控制规律及特点(15分)											
	微分控制规律的函数表达式(15分)											
	微分控制规律的作用(15分)											
	比例微分控制规律及特点(15分)											
	比例加入微分作用对系统影响(20分)											
	微分时间对系统过渡过程的影响(20分)											
扣分	安全文明											
	纪律卫生											
总　评												

六、思考题

(1) 什么是微分控制规律?

(2) 微分时间对系统过渡过程的影响是什么?

(3) 某控制系统采用比例微分控制规律($T_D \neq 0$)。如果将 $T_D = 0$,比例度不变,系统的稳定性如何变化? 为什么?

(4) 某控制系统采用比例控制规律,比例度不变,加入微分作用,系统的稳定性如何变化? 为什么?

(5) 如何解释比例控制加入微分控制后不能消除系统余差,但能减小系统的余差。

(6) 微分作用为什么不能提高纯滞后较大的控制系统质量?

项目五　比例积分微分控制规律

一、学习目标

1. 知识目标

(1) 掌握比例积分微分控制规律及特点。

(2) 掌握比例积分微分控制规律的作用。

（3）掌握比例系数、积分时间、微分时间对系统过渡过程的影响。

2．能力目标

（1）初步具备调节比例系数的能力。

（2）初步具备调节积分时间的能力。

（3）初步具备调节微分时间的能力。

二、必备知识与技能

1．必备知识

（1）过程控制系统组成的相关知识。

（2）比例控制规律的相关知识。

（3）积分控制规律的相关知识。

（4）微分控制规律的相关知识。

2．必备技能

（1）识别简单控制系统各部分组成的能力。

（2）根据图像判断函数特性的能力。

（3）根据函数特性描述图像的能力。

三、理实一体化教学任务

理实一体化教学任务如表 3-5-1 所示。

表 3-5-1　理实一体化教学任务

任　　务	内　　容
任务一	比例积分微分控制表达式
任务二	比例积分微分控制的特点及使用
任务三	离散 PID 控制算法
任务四	离散 PID 控制的特点

四、理实一体化步骤

1．比例积分微分控制

由图 3-4-2 可以看出，比例微分控制过程是存在余差的，为了消除余差，生产上常引入积分作用。同时具有比例、积分、微分三种控制作用的控制器称为比例积分微分控制器，简称为三作用控制器。习惯上将实际的比例积分微分控制规律的输入/输出关系用下式表示：

$$\Delta u = \Delta u_{\mathrm{P}} + \Delta u_{\mathrm{I}} + \Delta u_{\mathrm{D}} = K_{\mathrm{c}}\left(e + \frac{1}{T_{\mathrm{I}}}\int e \mathrm{d}t + T_{\mathrm{D}}\frac{\mathrm{d}e}{\mathrm{d}t}\right) \qquad (3-5-1)$$

式中的符号意义与前面的相同。

由式（3-5-1）可见，PID 控制作用就是比例、积分、微分三种控制作用的叠加。当有一个阶跃偏差信号输入时，PID 控制器的输出信号 Δu 就等于比例输出 Δu_{P}、积分输出 Δu_{I}

与微分输出 Δu_D 三部分之和，如图 $3-5-1$ 所示。

由图 $3-5-1$ 可见，三作用控制器在阶跃输入下，开始微分作用的输出变化最大，使总的输出大幅度地变化，产生一个强烈的超前控制作用，这种控制作用可看成为"预调"。然后微分作用逐渐消失，积分输出逐渐占主导地位，只要余差存在，积分作用就不断增加。这种控制作用可看成为"细调"，一直到余差完全消失，积分作用才有可能停止。而在 PID 的输出中，比例作用是自始至终与偏差相对应的。它是一种最基本的控制作用。

在 PID 控制器中，有三个可以调整的参数，就是比例度 δ、积分时间 T_I 和微分时间 T_D。

图 $3-5-1$ PID 控制器的输出特性

适当选取这三个参数的数值，可以获得良好的控制质量。

由于三作用控制规律综合了三种控制规律的优点，因此具有较好的控制性能。但这并不意味着在任何条件下，采用这种控制规律都是最合适的。一般来说，在对象滞后较大、负荷变化较快、不允许有余差的情况下，可以采用三作用控制规律。如果采用比较简单的控制规律已能满足生产要求，那就不要采用三作用控制规律了。

对于一台具有比例积分微分规律控制器，如果把微分时间调到零，就成为比例积分规律控制器；如果把积分时间放大到最大，就成为比例微分规律控制器；如果把微分时间调到零，同时把积分时间放大到最大，就成为纯比例控制器了。

最后，我们对比例、积分、微分三种控制规律作简单小结：

（1）比例控制。它依据偏差的大小来进行控制。它的输出变化与输入偏差的大小成比例，控制及时，但是有余差。用比例度 δ 来表示其作用的强弱，δ 越小，控制作用越强。当比例作用太强时，会引起振荡甚至不稳定。

（2）积分控制。它依据偏差是否存在来进行控制。它的输出变化与偏差对时间的积分成比例，只有当余差完全消失，积分作用才停止。所以积分控制能消除余差，但积分控制缓慢、动态偏差大、控制时间长。用积分时间 T_I 表示其作用的强弱，T_I 越小，积分作用越强。当积分作用太强时，也易引起振荡。

（3）微分控制。它依据偏差变化速度来进行控制。它的输出变化与输入偏差变化的速度成比例，其实质和效果是阻止被控变量的一切变化，有超前控制的作用，对滞后大的对象有很好的效果。微分控制使控制过程动态偏差减小、时间缩短、余差减小（但不能消除）。用微分时间 T_D 表示其作用的强弱，T_D 大，作用强。当 T_D 太大时，会引起振荡。

2. 离散 PID 控制算法

在用集散控制系统（DCS）或其他计算机装置进行直接数字控制（DDC）时，对各个被控变量的处理在时间上是离散进行的。DDS 方式的特点是采样控制，每个被控变量的测量值隔一定时间与设定值比较一次，按照预定的控制算法得到输出值，通常还把它保留到下一

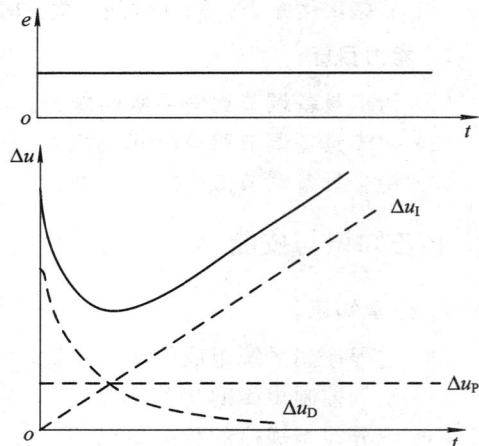

次采样时刻。因此，对每一个被控变量，可画出图3-5-2所示的系统方框图。

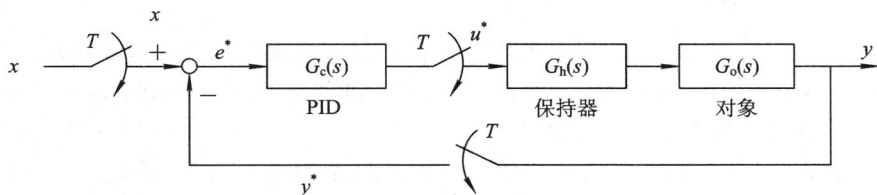

图3-5-2　直接数字控制系统方框图

为了能够实现式(3-5-1)的PID控制算法，必须将该系统离散化，用离散的差分方程来代替连续系统的微分方型。连续的时间离散化，即

$$t = kT, \quad (k = 0, 1, 2, \cdots, n) \tag{3-5-2}$$

积分用累加求和近似得：

$$\int_0^t e(t)\,\mathrm{d}t = \sum_{j=0}^k e(j)T = T\sum_{j=0}^k e(j) \tag{3-5-3}$$

式中，$e(j)$为采样时刻j时的偏差值。

微分用一阶后向差分近似得

$$\frac{\mathrm{d}e(t)}{\mathrm{d}t} \approx \frac{e(k) - e(k-1)}{T} \tag{3-5-4}$$

式中，T为采样周期；$e(k)$为系统第k次采用时刻的偏差值；$e(k-1)$为系统第$(k-1)$次采样时刻的偏差值；k为采样序号，$k = 0, 1, 2, \cdots, n$。

将式(3-5-2)和式(3-5-3)代入式(3-5-1)中可以得到离散的PID表达式：

$$u(k) = K_P\left\{ e(k) + \frac{T}{T_I}\sum_{j=0}^k e(j) + \frac{T_D}{T}\left[e(k) - e(k-1)\right] \right\} \tag{3-5-5}$$

上式中的输出量为全量输出，对应于被控对象的执行机构每次采样时刻应达到的位置，因此式(3-5-5)描述的控制算法被称为位置式PID控制算法。位置式PID控制算法的缺点：当前采样时刻的输出与过去的各个状态有关，运算量大；而且控制器的输出$u(k)$对应的是执行机构的实际位置，如果计算机出现故障，$u(k)$的大幅度变化会引起执行机构位置的大幅度变化。为避免这种情况的出现，可采用增量式PID控制算法。

对于式(3-5-5)利用递推公式可以得到

$$u(k-1) = K_P\left\{ e(k-1) + \frac{T}{T_I}\sum_{j=0}^{k-1} e(j) + \frac{T_D}{T}\left[e(k-1) - e(k-2)\right] \right\}$$

$$\tag{3-5-6}$$

将式(3-5-5)和式(3-5-6)相减可以得到

$$\Delta u(k) = u(k) - u(k-1) \tag{3-5-7}$$

$$\Delta u(k) = K_P(e(k) - e(k-1)) + K_I e(k) + K_D(e(k) - 2e(k-1) + e(k-2)) \tag{3-5-8}$$

式中，$u(k-1)$为控制开始前的控制初值；$\Delta u(k)$为控制增量；$\Delta u(k)$为实际的控制量；$e(k)$为实际的误差值；$e(k-1)$和$e(k-2)$分别为控制开始时的误差初值（一般为零）。

把离散PID控制算法与采用模拟式控制器的连续PID控制算法相比较，它具有如下优点：

（1）比例、积分、微分三个作用是独立的，可以分别整定，没有控制器参数间的关联问题，不需要考虑干扰系数。

（2）在用计算机实施时，等效的 T_I 和 T_D 值可以在更大的范围内自由选择；但在模拟式控制器中，由于受到线路和元件性能上的限制，可调范围要小得多。在早年开始实施 DDC 时，有些案例控制品质的改善就源于这一原因。

（3）积分和微分作用的改进措施，较之模拟式控制器更为灵活、多变。

五、项目考核

项目考核采用步进式考核方式，考核内容如表 3-5-2 所示。

表 3-5-2 项目考核表

学号		1	2	3	4	5	6	7	8	9	10	11
姓名												
考核内容进程分组	比例积分微分控制表达式（25分）											
	比例积分微分控制的特点及使用（25分）											
	离散 PID 控制算法（25分）											
	离散 PID 控制的特点（25分）											
扣分	安全文明											
	纪律卫生											
总 评												

六、思考题

（1）试写出比例积分微分（PID）三作用控制规律的数学表达式。

（2）试分析比例积分微分控制规律的特点。

（3）什么是离散 PID 控制算法？

项目六 控制器参数对系统过渡过程的影响实训

一、学习目标

1. 知识目标

（1）掌握过程控制系统的构成。

（2）掌握比例、积分、微分控制规律的作用。

（3）掌握比例系数、积分时间、微分时间对系统过渡过程的影响。

（4）掌握什么是无扰动切换。

2．能力目标

（1）具备过程控制系统开启和调试的能力。

（2）具备调整比例系数的能力。

（3）具备调整积分和微分时间的能力。

（4）具备控制系统无扰动切换的能力。

二、必备知识与技能

1．必备知识

（1）比例的特点及比例参数对过程控制系统的影响。

（2）积分的特点及积分时间对过程控制系统的影响。

（3）微分的特点及微分时间对过程控制系统的影响。

2．必备技能

（1）控制系统的应用能力。

（2）比例、积分、微分控制参数对控制系统过渡过程的影响分析。

（3）理论联系实际、分析问题的能力。

三、理实一体化教学任务

理实一体化教学任务如表 3 - 6 - 1 所示。

表 3 - 6 - 1　理实一体化教学任务

任　务	内　容
任务一	装置的开启，二阶对象平衡（工作点的确定）
任务二	无扰动手动切换到自动
任务三	纯比例作用下，比例度由大到小变化，观察控制系统过渡过程，记录曲线
任务四	在比例度不变的情况下，加入积分作用，观察控制系统过渡过程，记录曲线
任务五	在比例度不变的情况下，积分时间由大到小改变，观察控制系统过渡过程，记录曲线
任务六	在比例度不变的情况下，加入微分作用，观察控制系统过渡过程，记录曲线
任务七	在比例度不变的情况下，微分时间由小到大改变，观察控制系统过渡过程，记录曲线
任务八	对比曲线，结论

四、理实一体化步骤

1. 装置开启，系统投运（开车）

（1）检查设备管路设置，用打开或关断相应阀门的方法对二阶水箱液位系统管路进行设置，现场装置上电。

（2）将旁路阀打开。

（3）检查仪表柜仪表的接线。（二阶液位测量值与控制器测量值连接，控制器的操作值与控制阀连接）。

（4）连接仪表柜与上位机的通信线。

（5）设备、仪表柜上电。

（6）开上位机，打开二阶液位组态控制工程，进入运行状态，进入控制系统，控制器设置为手动方式。

（7）检查信号通信是否正常。

（8）启动磁力泵。

（9）控制器在"手动"状态下使控制器的输出为50％左右，将旁路阀关小。

注意：旁路阀不能全关，防止损害磁力泵。

（通过调整挡板的位置，找到合适的工作点。合适工作点是阀门开度在50％左右、液位也在50％左右）。

2. 系统投运

（1）将控制器参数设置为 $P=200\%$，$I=10\ 000\ \text{s}$，$D=0\ \text{s}$。

（2）调整设定值，使"设定值"等于"测量值"。

（3）点击"自动"按钮，将"手动"切换到"自动"。

（4）观察曲线变化。

说明：将"手动"切到"自动"或"自动"切到"手动"时，阀位不变，液位不变，是无扰动"切换"。

3. 控制器参数对系统过渡过程的影响

1）比例度对系统过渡过程的影响

在纯比例的情况下，比例度由大到小变化，设定值改变10％～20％，对比系统的过渡过程，分析比例度对系统过渡过程的影响。参考如下：

（1）设置 $P=200\%$，$I=10\ 000\ \text{s}$，$D=0\ \text{s}$，将设定值由35％→40％，观测过渡过程曲线。

（2）设置 $P=100\%$，$I=10\ 000\ \text{s}$，$D=0\ \text{s}$，将设定值由40％→55％，观测过渡过程曲线。

（3）设置 $P=50\%$，$I=10\ 000\ \text{s}$，$D=0\ \text{s}$，将设定值由55％→40％，观测过渡过程曲线。

思考题（一）

（1）这是定值控制系统还是随动控制系统？

（2）对比三组过渡过程曲线，哪一组曲线稳定性最差？说明比例度对系统的影响。

（3）在过渡过程曲线中测量值与设定值未重合，说明什么问题？

2）积分控制对系统过渡过程的影响

在纯比例的情况下，加入积分作用，积分时间由大到小变化，设定值改变 $10\% \rightarrow 20\%$，对比系统的过渡过程，分析积分作用对系统过渡过程的影响。参考如下：

（1）控制器参数设置 $P=70\%$，$I=10\ 000\ s$，$D=0\ s$，将设定值由 $40\% \rightarrow 55\%$，观测过渡过程曲线。

（2）控制器参数设置 $P=70\%$，$I=300\ s$，$D=0\ s$，将设定值由 $55\% \rightarrow 40\%$，观测过渡过程曲线。

（3）控制器参数设置 $P=70\%$，$I=150\ s$，$D=0\ s$，将设定值由 $40\% \rightarrow 55\%$，观测过渡过程曲线。

（4）控制器参数设置 $P=70\%$，$I=50\ s$，$D=0\ s$，将设定值由 $55\% \rightarrow 40\%$，观测过渡过程曲线。

思考题（二）

（1）积分时间越长，系统稳定性如何变化？

（2）加入积分控制系统余差是多少？

3）微分控制对系统过渡过程的影响

在比例积分作用不变的情况下，加入微分作用，微分时间由小到大变化，设定值改变 $10\% \sim 20\%$，对比系统的过渡过程，分析微分作用对系统过渡过程的影响。参考如下：

（1）设置 $P=70\%$，$I=200\ s$，$D=0\ s$，将设定值由 $40\% \rightarrow 55\%$，观测过渡过程曲线。

（2）设置 $P=70\%$，$I=200\ s$，$D=10\ s$，将设定值由 $55\% \rightarrow 40\%$，观测过渡过程曲线。

思考题（三）

（1）微分作用的加入对系统稳定性有什么影响？

（2）微分时间增加对系统稳定性有什么影响？

要求：

① 继续增加微分时间，观察系统过渡过程曲线。

② 继续增加微分时间，直到控制系统稳定性变差。

4. 控制装置的停运（停车）

（1）关停现场装置。

（2）关停控制器。

（3）上位机退出运行状态。

（4）打开旁路阀。

五、项目考核

项目考核采用步进式考核方式，考核内容如表 3-6-2 所示。

表 3 - 6 - 2 项 目 考 核 表

考核内容	考核标准	学号	1	2	3	4	5	6
		姓名						
二阶控制系统的平衡、投运（10分）	对象设置（3分）；二阶平衡（5分）；无扰动手动切换到自动（2分）							
纯比例作用下，比例度由大到小变化，观察控制系统过渡过程，记录曲线（20分）	干扰量适中，无操作失误（5分）；出现衰减曲线过程（10分）；曲线保存（5分）							
在比例度不变的情况下，加入积分作用，观察控制系统过渡过程，记录曲线（20分）	干扰量适中，无操作失误，积分加入适度（5分）；衰减曲线过程（10分）；曲线保存（5分）							
在比例度不变的情况下，积分时间由大到小改变，观察控制系统过渡过程，记录曲线（15分）	干扰量适中（5分）；衰减曲线过程，稳定性变化明显（5分）；曲线保存（5分）							
在比例度不变的情况下，加入微分作用，观察控制系统过渡过程，记录曲线（15分）	干扰量适中，无操作失误（5分）；衰减曲线过程（5分）；曲线保存（5分）							
在比例度不变的情况下，微分时间由小到大改变，观察控制系统过渡过程，记录曲线（10分）	干扰量适中，无操作失误（5分）；衰减曲线过程，曲线保存（5分）							
曲线对比分析（10分）	分析过程和得到的结论正确（10分）							

考核内容标准进程分组

扣分	安全文明						
	纪律卫生						
总　评							

模块四　简单控制系统

　　简单控制系统是指由一个测量变送器、一个控制器、一个控制阀和一个被控对象所构成的闭环负反馈的定值系统。

　　随着科学技术的发展，控制系统的类型越来越多，复杂程度的差异也越来越大。简单控制系统是实现生产过程自动化的基本单元由于其结构简单、投资少、易于整定与投运且能满足一般生产过程的自动控制要求，在工业生产中得以广泛的应用，尤其适用于被控对象的纯滞后时间短、容量滞后小、负荷变化比较平缓或对被控变量的控制要求不高的场合。

　　本模块将通过分析简单控制系统中各环节对控制质量的影响，介绍简单控制系统的设计思想和设计原则，包括被控变量和操纵变量的选取、被控变量的检测与变送、控制阀的选取、控制器的控制规律的选取以及控制器参数的整定和控制系统的投运等。图4-0-1所示的液位控制系统就是简单控制系统的例子。储槽是被控对象，液位是被控变量，测量变送器将检测到的液位信号送往液位控制器。控制器的输出信号送往控制阀，改变控制阀的开度，以使储槽输出流量发生变化来维持液位稳定。

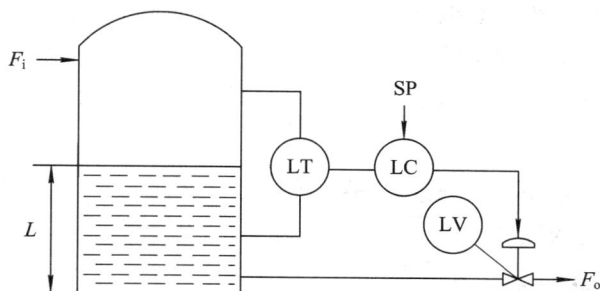

图4-0-1　液位控制系统

　　图4-0-2所示是简单控制系统的典型方框图。对于不同的简单控制系统，虽然对象、变量不同，但都可以用相同的方框图来表示，这是简单控制系统所具有的共性。

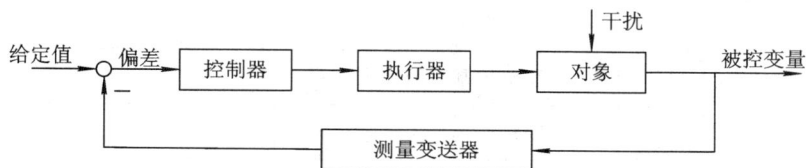

图4-0-2　简单控制系统典型方框图

项目一　被控变量和操纵变量的选择

一、学习目标

1. 知识目标

(1) 掌握被控变量选择的原则。

(2) 掌握被控变量选择的方法。

(3) 掌握对象的干扰通道和控制通道的特性。

(4) 掌握操纵变量选择的依据。

(5) 掌握操纵变量选择的方法。

2. 能力目标

(1) 初步具备选择系统被控变量的能力。

(2) 初步具备判断对象的干扰通道和控制通道的能力。

(3) 初步具备选择系统操纵变量的能力。

二、必备知识与技能

1. 必备知识

(1) 简单控制系统组成的知识。

(2) 简单控制系统信号回路的知识。

(3) 简单控制系统反馈的知识。

2. 必备技能

(1) 识别简单控制系统各部分组成的能力。

(2) 判断系统干扰的能力。

三、理实一体化教学任务

理实一体化教学任务参见表 4-1-1。

表 4-1-1　理实一体化教学任务

任　务	内　容
任务一	简单控制系统组成
任务二	简述简单控制系统信号流程
任务三	被控变量的选择
任务四	分析简单控制系统对象特性
任务五	操纵变量的选择

四、理实一体化步骤

1. 被控变量的选择

被控变量的确定是过程控制系统设计中的第一步，对于稳定生产、提高产品的产量和质量、改善劳动条件等有着重要意义。若被控变量选择不当，则不论组成什么样的控制系统，采用多么先进的过程检测控制仪表，均无法达到预期的控制效果。

在生产过程中，控制大体上可以分为三类：物料平衡控制和能量平衡控制，产品质量或成分控制，限制条件的控制。对于某个具体的工艺过程，应选择哪几个工艺参数作为被控变量以及这些被控变量的设定值应取多少？这些问题包含了整体控制的结构策略和整体操作最优化问题，此处不作讨论。下面主要讨论简单控制系统被控变量的选择。

假定在工艺过程整体优化基础上已确定了需要恒定的过程变量，那么被控变量的选择往往是显而易见的。例如，生产上要求控制的工艺参数是温度、压力、流量、液位等，很明显被控变量就是温度、压力、流量、液位。但也有一些情况，需要对被控变量的选择认真加以考虑。

下面通过例子来说明选择被控变量的一般原则。

例如，要对锅炉产生的饱和蒸汽质量进行控制，提出了三种方案：

（1）压力 P、温度 T 皆为被控变量。

（2）温度 T 为被控变量。

（3）压力 P 控变量。

应选择哪一个控制方案？为了解决这一问题，必须深入了解工艺，首先弄清楚表征饱和蒸汽的质量指标在压力和温度之间有什么内在联系？它们是否都为独立变量？

$$被控变量数＝独立变量个数＝自由度数$$

在物理化学里的相率关系中，将不引起旧相消失和新相生成的条件下，可以在一定范围内独立变化的量称为体系的自由度。在多相平衡体系中，自由度数等于体系组分数减去相数再加 2，用公式表示为

$$f = c - p + 2 \qquad\qquad (4-1-1)$$

式中，f 为自由度数；c 为组分数；p 为相数。

作为饱和蒸汽，实质上存在气、液两相，即 $p=2$，而组分数应皆为水即 $c=1$，故得

$$f = c - p + 2 = 1 - 2 + 2 = 1$$

表示饱和蒸汽的自由度为 1 或独立变量只有 1 个。所以要反映饱和蒸汽的质量，不必选用两个被控变量，只要选取温度或压力其中之一就够了。至于选压力还是温度，可以从测量元件时间常数小、元件简单、可靠等方面来考虑，一般以选择压力为宜。

如果不遵循有几个独立被控变量，最多就设置几个控制系统的原则，当设计出既有温度又有压力作为被控变量的方案时，这种控制系统将是无法投运的。假如讨论的是过热蒸汽的质量控制，因为蒸汽在过热状态下只存在一个气相，所以根据相律其自由度将变为 2，在这种情况下把温度和压力都选作被控变量则是完全必要的。

要解决质量指标的控制问题，一种办法是把自动控制理论与生产工艺过程知识有机地结合起来，即选择一些容易测量、与该质量指标有关的变量作为被控变量，或根据一定的物料及能量的衡算关系，或者用系统辨识的方法，推断和估计出希望获得但又无法直接测

量的变量。这种用软件来代替硬件(传感器)的技术称为软测量技术。

当直接选择质量指标作为被控变量有困难时,可以选择间接变量作为被控变量。

在采用间接变量作为被控变量时,应遵循以下原则:

(1) 选用的间接变量与质量指标之间必须有单值的对应关系。以苯、甲苯二元系统的精馏过程为例(参见图 4-1-1),这是苯-甲苯二元体系精馏过程,它是利用被分离物各组分挥发程度的不同,通过在精馏塔内给物料施加一定的温度和压力,把混合物分离成组分较纯的产品。工艺生产过程要求塔顶馏出物的浓度 x_D 达到规定的值,塔顶产品质量(浓度)不能作为被控变量,其原因是缺乏直接测量浓度的成分仪表或成分测量仪表滞后过大,使控制系统的控制品质很差,不能满足工艺的要求,可以选择与塔顶产品质量(浓度)有单值的对应关系间接变量作为被控变量。在气、液两相并存的情况下,塔顶馏出物的浓度 x_D 与塔温 T_D 和塔压 P 三者之间的关系为

$$x_D = f(T_D, P) \tag{4-1-2}$$

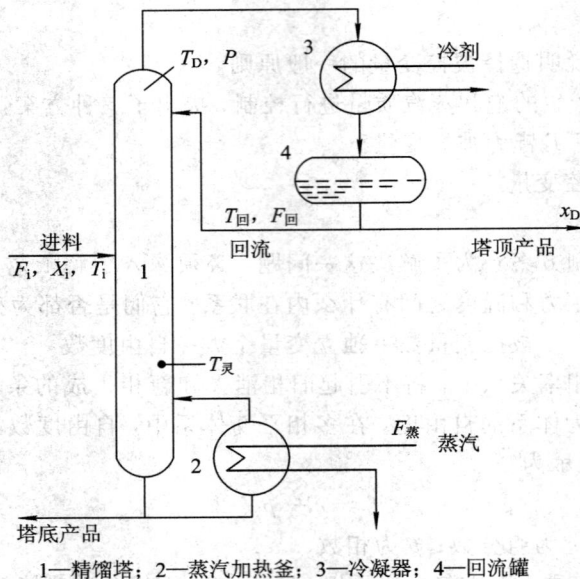

1—精馏塔; 2—蒸汽加热釜; 3—冷凝器; 4—回流罐

图 4-1-1 精馏过程示意图

可见,这是一个二元函数关系,x_D 与 T_D 和 P 都有关,不能直接使用 T_D 或 P 作为控制 x_D 的间接变量。但是当 T_D 一定或 P 一定时,上式可以简化成一元函数关系,即当塔压 P 一定时,有

$$x_D = f(T_D) \tag{4-1-3}$$

当塔温 T_D 一定时,有

$$x_D = f(P) \tag{4-1-4}$$

图 4-1-2 中的曲线表示在塔压一定时,浓度 x_D 与温度 T_D 之间的单值对应关系。可见,浓度越低,与之对应的温度越高;反之,浓度越高,则对应的温度越低。

图 4-1-3 中的曲线表示在塔温一定时,浓度 x_D 与塔压 P 之间的单值对应关系。可

见，浓度越低，与之对应的压力就越低；反之，浓度越高，则对应的压力也越高。所以，温度 T_D 和塔压 P 都可以选作为被控变量，以控制浓度 x_D。

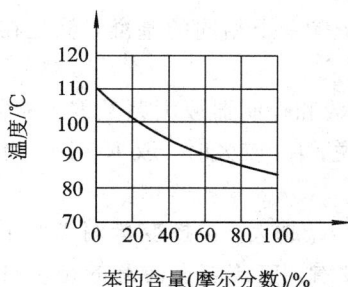

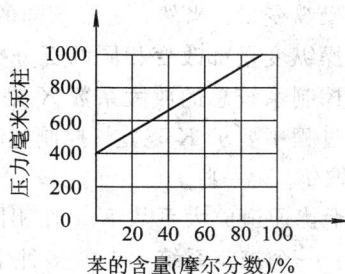

图 4-1-2　苯、甲苯溶液的 $T_D - x_D$ 图　　　　图 4-1-3　苯、甲苯溶液的 $P - x_D$ 图

（2）必须考虑工艺的合理性。在图 4-1-1 所示的例子中，虽然从控制塔顶馏出物浓度 x_D 的角度来看，温度 T_D 和塔压 P 都可以选为被控变量，但是在实际生产中常常选用温度 T_D。这是因为如果塔压 P 波动，就会破坏原来的气液平衡，影响相对挥发度，从而不能保证分离纯度以及塔的工作效率和经济性。另外，随着塔压的变化，塔的进料和出料相应地也会受到影响，使原先的物料平衡遭到破坏。可见，如果选择塔压 P 作为被控变量，从工艺的角度来看是不合理的。

（3）必须考虑所选被控变量的变化灵敏度。在图 4-1-1 所示的例子中，温度是反映浓度的间接变量，因此，要寻找合适的测温点，使得在浓度 x_D 发生变化时，温度 T_D 的变化灵敏，且有足够大的变化量，否则是无法实现高质量控制的。所以常常把测温点下移几块塔板，把精馏塔灵敏板的温度作为被控变量，这样控制效果会更好。

综上所述，被控变量选择的一般原则是：

（1）尽量选用直接指标作为被控变量，因为它最直接、可靠。

（2）当工艺过程的质量指标无法获得直接指标的信号或其测量和变送信号滞后很大时，应选择与产品质量指标有单值对应关系的间接变量作为被控变量。当干扰进入系统时，该被控变量必须具有足够的灵敏度和变化数值。

（3）被控变量的选择必须考虑测量准确性和快速、可靠性。测量仪表的时间常数应该足够小，以满足系统的需要。

（4）被控变量的选择必须考虑到工艺过程的合理性、经济性以及国内外仪表生产的现状。

2. 操纵变量的选择

被控变量确定以后，接着就是选择操纵变量。在工业生产过程中，由于种种外部和内在的因素，工艺过程必然存在干扰，影响被控变量。为了保证控制系统的控制质量，通常是改变某个变量，以克服干扰对被控变量的影响，使之稳定，这个变量就是操纵变量。干扰和操纵变量都作用于被控对象，都引起被控变量的变化，干扰变量往往使被控变量偏离给定值；操纵变量克服干扰的影响，使被控变量回到给定值上。它们对被控变量的影响与对象特性密切相关。下面从分析对象特性入手讨论选择操作变量的一般原则。

1) 从对象静态特性分析

(1) 控制通道放大系数 K_o。控制通道放大系数 K_o 的数值大，说明控制作用显著，因而，假定工艺上允许有几种控制手段可供选择，应该选择 K_o 适当大一些，并以有效的介质流量作为操纵变量。当然，比较不同的放大系数时应该有一个相同的基准，就是在相同的工作点下操纵变量都改变相同的百分数。

由于控制系统总的放大系数 K 是广义对象放大系数和控制器放大系数 K_c 的乘积，在系统运行过程中要求 K 稳定，控制过程平稳。一般来说，K_o 较大时，取 K_c 小一些；而 K_o 较小时，取 K_c 大一些。

(2) 干扰通道放大系数 K_f。在相同的 Δf 作用下，K_f 越大，被控变量偏离设定值的程度也越大。一个控制系统存在着多种干扰。从静态角度看，应该着重注意的是出现次数频繁而 $K_f\Delta f$ 又较大的干扰，这是分析主要干扰的重要依据。如果 K_f 较小，即使干扰量很大，对被控变量仍然不会产生很大的影响；反之，倘若 K_f 很大，干扰很小，效应也不强烈。在工艺生产对系统控制指标的要求比较苛刻时，如果有可能排除一些 $K_f\Delta f$ 较大的严重干扰，可很大程度上提高系统的控制质量。

干扰通道放大系数 K_f 越大，系统余差和最大偏差越大。因此，在选择操纵变量时，为提高系统的控制质量，操纵变量的选择在满足工艺合理性的前提下，一般 K_o 适当大一些，以便使操纵变量对被控变量有足够大的控制灵敏度。

2) 从对象动态特性分析

(1) 时间常数。控制过程是一个动态过程，用放大系数只能分析稳态特性，即分析变化的最终结果。然而，只有在同时了解动态特性参数之后，才能知道具体的变化过程。

时间常数对控制系统的影响可分两种情况。

① 控制通道时间常数 T_o 对控制系统的影响。由时间常数 T 的物理意义可知，在相同的控制作用下，对象的时间常数 T 大，则被控变量的变化比较和缓，一般而言，这种对象比较稳定，容易控制，但控制过程过于缓慢；对象的时间常数 T 小，则情况相反。控制通道的时间常数 T_o 太大或太小，在控制上都将存在一定的困难，因此需根据实际情况适当考虑。

② 干扰通道时间常数 T_f 对控制系统的影响。就干扰通道而言，时间常数 T_f 大些有一定的好处，相当于将干扰信号进行滤波，这时阶跃干扰对系统的作用显得比较缓和，被控变量的变化也缓些，因而这种对象比较容易控制。干扰通道时间常数 T_f 越大，对控制系统越有利。

(2) 纯滞后 τ_0。

① 纯滞后对控制通道的影响。控制通道的纯滞后 τ_o 对系统控制过程的影响，需按其与对象的时间常数 T_o 的相对值 τ_o/T_o 来考虑。不论纯滞后存在于操纵变量方面或被控变量方面，都将使控制作用落后于被控变量的变化，因此容易使最大偏差或超调量增大，振荡加剧，对过渡过程是不利的。在 τ_o/T_o 较大时，为了确保系统的稳定性，需要一定程度上降低控制系统的控制指标。一般认为 $\tau_o/T_o \leqslant 0.3$ 的对象较易控制，而 $\tau_o/T_o > (0.5\sim 0.6)$ 的对象往往需用特殊控制规律。

② 纯滞后对干扰通道的影响。对于干扰通道来说，如果存在纯滞后，相当于将干扰作用推延一段纯滞后时间 τ_f 后才进入系统，而干扰在什么时间出现，本来就是不能预知的，

因此并不影响控制系统的品质，即对过渡过程曲线的形状没有影响。例如输送物料的皮带运输机，当加料量发生变化时，并不立刻影响被控变量，要间隔一段时间后才会影响被控变量。

目前常见的石油化工对象的纯滞后 τ_0 和时间常数 T_0 大致情况如下：

被控变量为压力的对象——τ_0 不大，T_0 也属中等；

被控变量为液位的对象——τ_0 很小，T_0 也稍大；

被控变量为流量的对象——τ_0 和 T_0 都较小，数量级往往在几秒至几十秒；

被控变量为温度的对象——τ_0 和 T_0 都较大，约几分钟至几十分钟。

3）干扰作用位置对控制质量的影响

在实际生产过程中，干扰会从系统的不同部位进入被控对象，干扰进入的位置不同，对被控变量的影响也不同。图 4-1-4 所示是三个相同容量的储槽串联而成的液位控制系统。被控变量是第三个储槽的液位 L_3，干扰可由 f_1、f_2、f_3 三处位置进入系统，操纵变量是进入第一个储槽的物料流量。该系统的方框图如图 4-1-5 所示，$G_{o1}(s)$、$G_{o2}(s)$ 和 $G_{o3}(s)$ 分别为储槽 1、储槽 2 和储槽 3 的传递函数。

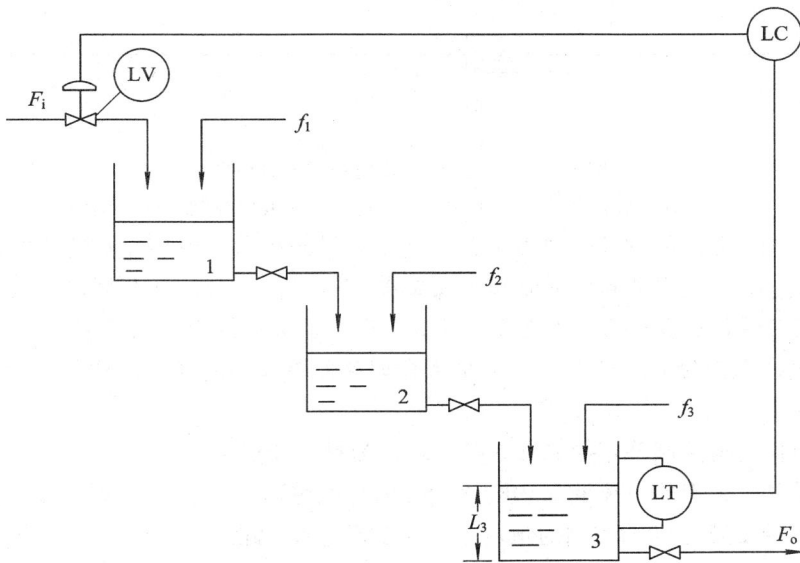

图 4-1-4　三阶液位对象

由图 4-1-5 可见，干扰输入的位置不同，其对象干扰通道的传递函数也不相同。在上述条件下，三个干扰对被控变量的影响程度依次为 $f_3 > f_2 > f_1$。显然，干扰进入位置离被控变量越远，对象干扰通道惯性环节越多或阶数也越高，滤波效果越好，被控变量受干扰的影响也越弱，有利于提高控制质量。同理，干扰离检测点越近，即对象干扰通道的传递函数阶次越低，被控变量受干扰的影响相应地越严重。因此，在可能地情况下，应使干扰输入位置尽可能地远离检测点，向控制阀靠近。

在一个生产过程中会出现几个变量都影响被控变量的情况，在这些变量中有些是可控的，有些是不可控的，在选择操纵变量时，要选择那些可以控制的变量作为操纵变量。例如，图 4-1-1 所示苯-甲苯精馏塔控制系统中，被控变量是提馏段上的温度，进料的温度

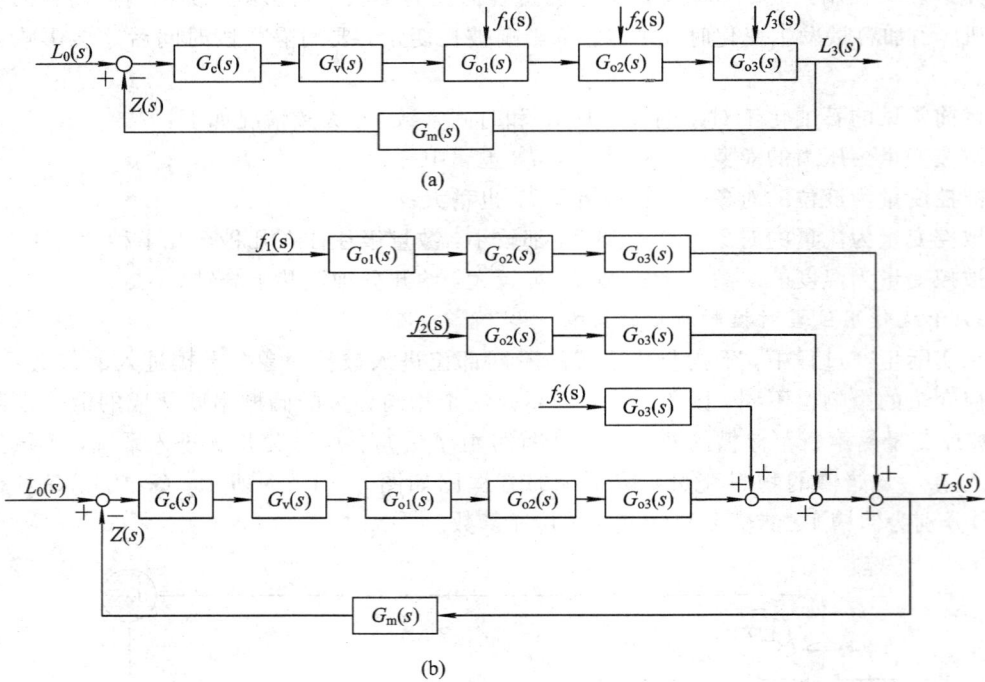

图 4 - 1 - 5　三阶液位控制系统方框图

（a）三阶液位控制系统方框图；（b）变换后的液位控制系统方框图

波动会影响被控变量，但它是一个不可控的变量，不能作为操纵变量；进料的流量波动会影响被控变量，但它是主物料，不能作为操纵变量；回流流量波动会影响被控变量，控制通道太长，反应慢，不能作为操纵变量；只有蒸汽流量可以作为操纵变量。

选择关键操纵变量问题涉及工艺上是否合理和控制作用的效果。操纵变量的选择可遵循如下一些指导原则：

（1）除物料平衡控制外，主物料一般不能作为操作变量。

（2）选择对所选定的被控变量影响比较大的那些输入变量作为操纵变量，这就意味着操纵变量到被控变量之间的控制通道的放大系数要选得比较大。

（3）应选择输入变量对被控变量作用效应比较快的那些作为操纵变量，这样控制的动态响应就比较快，即控制通道时间常数较小。

（4）操纵变量应是可控的，即工艺上允许调整的变量。

例 4 - 1 - 1　某一加热炉如图 4 - 1 - 6 所示，其工艺过程为燃料油在炉膛燃烧放出能量，物料进入炉膛被加热，工艺要求加热炉出口热物料的温度稳定，试选择合适的被控变量和操作变量。

解　因为工艺过程的质量指标为温度，可以直接测量，所以加热炉出口热物料的温度为被控变量。

影响被控变量的因素有进料的温度、进料的成分、进料的流量和进料的压力等；燃料油的成分、燃料油的流量、燃料油的压力和燃料油的温度等；炉膛的温度和炉膛的压力；加热炉周围环境的温度；燃料油的燃烧情况等。有可能作为操作变量的是进料的流量和燃料油的流量。进料的流量为主物料流量，调整主物料流量影响生产负荷，可能对下一级生产过程造成影响。因此，选择燃料油的流量作为操作变量。另外，燃料油的流量作为操作变量构成的控制通道的放大系数比进料的流量作为操作变量构成的控制通道的放大系数大，控制灵敏。

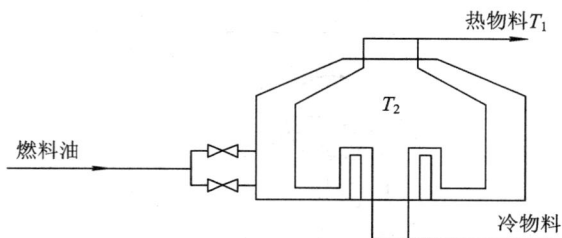

图 4-1-6　加热炉的工艺流程图

五、项目考核

项目考核采用步进式考核方式，考核内容如表 4-1-2 所示。

表 4-1-2　项目考核表

学号		1	2	3	4	5	6	7	8
姓名									
考核内容进程分组	简单控制系统的组成（20分）								
	简单控制系统信号流程（20分）								
	简单控制系统被控变量选择（20分）								
	简单控制系统对象特性分析（20分）								
	简单控制系统操纵变量选择（20分）								
扣分	安全文明								
	纪律卫生								
总评									

六、思考题

（1）什么是简单控制系统？

（2）被控变量选择的一般原则是什么？

（3）操作变量选择的一般原则是什么？

（4）干扰作用点位置对控制质量有什么影响？

（5）在选择操纵变量时，控制通道的放大系数和时间常数对其有什么影响？

（6）图4-1-7所示为锅炉汽包给水工艺流程图，工艺要求汽包液位稳定。如果设计一简单控制系统，试选择合适的被控变量和操作变量，并画出带控制的工艺流程图。

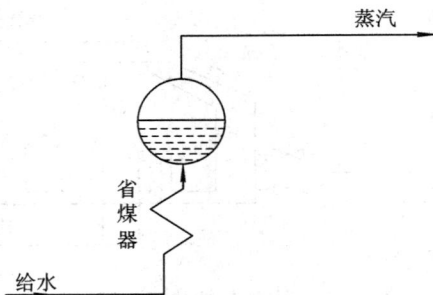

图4-1-7　锅炉汽包给水工艺流程图

项目二　控制阀的选择

一、学习目标

1. 知识目标

（1）掌握控制阀的能源形式。

（2）掌握气动薄膜阀的组成。

（3）掌握气动控制阀的类型。

（4）掌握气动薄膜阀的流量特性。

（5）掌握气动薄膜阀的开关形式及选择原则。

（6）了解电动阀的结构和工作原理。

（7）熟悉阀门定位器的作用。

2. 能力目标

（1）初步具备判断控制阀能源形式的能力。

（2）初步具备选择判断控制阀类型的能力。

（3）初步具备选择气动薄膜控制阀流量特性的能力。

（4）初步具备选择气动薄膜控制阀气开、气关形式的能力。

二、必备知识与技能

1. 必备知识

（1）简单控制系统基本组成的知识。

（2）控制阀在简单控制系统中所发挥作用的知识。

（3）简单控制系统信号回路中控制阀信号的输入、输出知识。

（4）微分的基本概念及函数导数的基本知识。

2．必备技能

（1）判断并选择控制阀能源形式的能力。

（2）函数求导数的能力。

（3）函数及图像相互转化的能力。

三、理实一体化教学任务

理实一体化教学任务参见表 4-2-1。

表 4-2-1 理实一体化教学任务

任　务	内　容
任务一	控制阀能源形式的分类、气动控制阀的分类
任务二	气动薄膜控制阀的基本组成
任务三	气动薄膜控制阀的流量特性及选择
任务四	气动薄膜控制阀的气开、气关形式判断及选择
任务五	电动阀和阀门定位器

四、理实一体化步骤

控制阀是控制系统非常重要的一个环节，如将检测元件和变送器比作人的耳目，则执行器犹如人的手足，它接收控制器的输出信号，改变操纵变量，执行最终控制任务。由于它直接与工艺介质相接触，而工艺介质很复杂，因此控制系统中的各种故障约70%出自控制阀。可见，控制阀的设计、安装、现场维护具有非常重要的意义。

控制阀根据能源不同可分为气动控制阀、电动控制阀、液动控制阀。液动控制阀推力最大，但较笨重，较为少用；电动控制阀能源取用方便，信号传递迅速，但须考虑防爆问题；气动控制阀采用 0.14 MPa 的压缩空气作为能源，结构简单，动作可靠，维修方便，具有防爆功能，广泛应用于化工、造纸、炼油等生产过程。

1．气动执行器的类型

气动执行器由气动执行机构和调节机构组成，其外形如图 4-2-1 所示。

（1）气动执行机构。气动执行器的执行机构主要有薄膜式（参见图 4-2-1）和活塞式两种。活塞式推力较大，主要适用于大口径、高压降控制阀和蝶阀的推动装置；气动薄膜式执行机构可作为一般的控制阀的推动装置。下面主要以带弹簧的气动薄膜式执行机构为例介绍气动执行机构的工作原理，其外形如图 4-2-1 所示。

来自控制器的输出的气压信号 u 进入薄膜气室后，在薄膜上产生一个推力，使推杆移动并压缩弹簧，当弹簧的反作用力和输入信号在薄膜上产生的推力相等时，推杆稳定在一个新的位置上。输入信号越大，推杆的位移量就越大。

气动薄膜式执行机构有正作用和反作用两种形式，如图 4-2-2 所示，信号压力增大时，推杆向下移动，这种结构称为正作用形式；相反，信号压力增大时，推杆向上移动，这种结构称为反作用形式。

1—上膜盖；2—波纹膜片；3—托板；4—阀杆；5—阀座；
6—阀体；7—阀芯；8—推杆；9—平衡弹簧；10—下膜盖

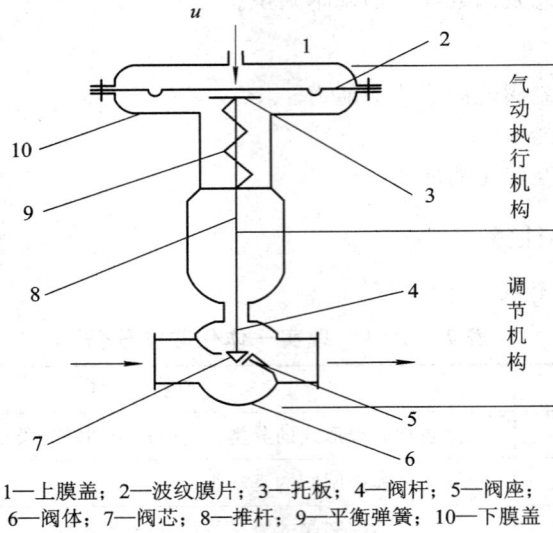

图 4-2-1 气动薄膜执行机构

（2）调节机构。调节机构即控制阀体，是一个局部阻力可以改变的节流元件。阀芯在阀体内移动，改变阀芯与阀座之间的流通面积，使操作介质的流量相应地改变，从而达到控制的目的。

阀芯根据需要可以正装，也可以反装。如图 4-2-3 所示，正装阀在阀杆下移时流量减小，反装阀在阀杆下移时流量增大。

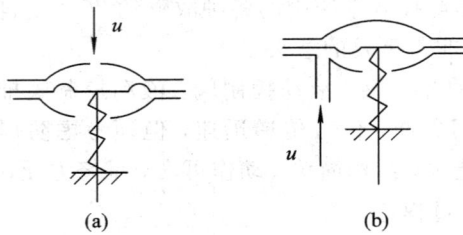

图 4-2-2 执行机构的正、反作用
(a) 正作用；(b) 反作用

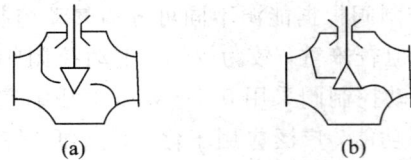

图 4-2-3 阀芯的正装、反装
(a) 正装；(b) 反装

常见控制阀的结构类型有直通单座阀、直通双座阀、套筒阀、角形阀和三通阀等。其中直通单座阀适用于泄漏量要求小的场合；直通双座阀适用于泄漏量要求不严格、压差较大的干净介质场合；套筒阀适合于阀两端压差大，并要求低噪音、清洁介质的场合；角形阀适于高黏度、含悬浮颗粒流体的场合。

2. 气动执行器的选择

气动执行器的选择一般包含以下几个方面：结构类型的选择、流量特性的选择、作用方式的选择（即控制阀气开、气关形式的选择）以及控制阀口径的选择等。

1）结构类型的选择

阀的结构类型有很多种，每一种都有自己的特点及应用场合，在选择时应当考虑到介质性质，如介质是一般流体还是具有高黏度、含悬浮物或纤维介质的流体，是有毒或昂贵的流体还是腐蚀性流体；考虑工艺参数，如工况压力、温度，流量大小等。另外，使用要求也要考虑到，如泄漏量的要求、稳定性要求、维修是否方便，控制阀的重量、体积的要求等。

2）流量特性的选择

（1）流量特性定义。控制阀的流量特性是指流体通过阀门的相对流量与相对开度之间的函数关系。即

$$\frac{Q}{Q_{max}} = f\left(\frac{l}{L}\right) \qquad (4-2-1)$$

式中，Q/Q_{max} 为相对流量，即控制阀在某一开度下流量与最大流量之比；l/L 为相对开度，控制阀在某一开度下行程与全行程之比。

控制阀的流量特性可分为理想流量特性和工作流量特性。理想流量特性主要是指阀的前、后压差恒定时，流体通过阀门的流量与开度之间的关系，其特性主要取决于阀芯的形状。

控制阀理想流量特性如图 4-2-4 所示，图中曲线是在 $R = \dfrac{Q_{max}}{Q_{min}} = 30$ 的情况下绘制的，R 为可控比（注意：当可控比不同时，特性曲线在纵坐标上的起点是不同的）。各流量特性阀芯形状如图 4-2-5 所示。

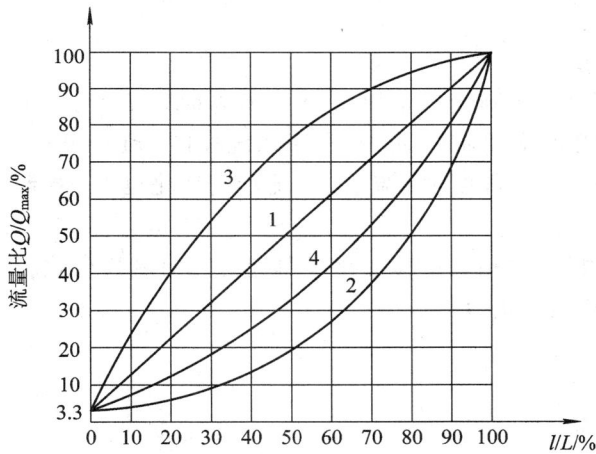

1—线形；2—等百分比(对数)；3—快开；4—抛物线

图 4-2-4　理性流量特性

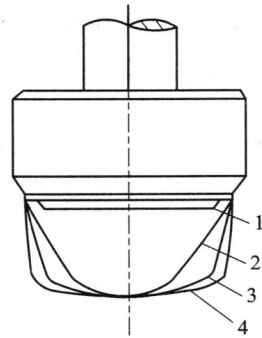

1—快开；2—直线；3—抛物线；4—等百分比

图 4-2-5　阀芯形状

（2）理想流量特性：

① 直线流量特性。直线流量特性是指控制阀的相对流量与相对开度呈线性关系，即单位行程变化引起的流量变化是常数。其数学表达式为

$$\frac{d\left(\dfrac{Q}{Q_{max}}\right)}{d\left(\dfrac{l}{L}\right)} = K \qquad (4-2-2)$$

式中，K 为系数。

将式(4-2-2)积分，可得

$$\frac{Q}{Q_{\max}} = K\frac{l}{L} + C \tag{4-2-3}$$

式中，C 为待定系数。

将边界条件 $l=0$ 时 $Q=Q_{\min}$（注意：$Q_{\min}$ 不等于控制阀全关时的泄漏量，一般是 $Q_{\max}$ 的 $2\% \sim 4\%$）及 $l=L$ 时 $Q=Q_{\max}$ 代入式(4-2-3)，得

$$\frac{Q}{Q_{\max}} = \frac{1}{R}\Big[1 + (R-1)\frac{l}{L}\Big] \tag{4-2-4}$$

根据式(4-2-4)和图 4-2-4 可知，线性特性的控制阀在小开度时，流量相对变化太大，控制作用太强，易产生超调，引起振荡；在大开度时，流量相对变化太小，控制太弱，且不够及时，不宜在负荷变化大的场合使用。

②等百分比流量特性（又称对数流量特性）。等百分比流量特性是指单位相对位移变化引起的相对流量变化与该点的相对流量成正比关系。即控制阀的放大系数是变化的，它随相对流量的增加而增加。其数学表达式为

$$\frac{\mathrm{d}\Big(\dfrac{Q}{Q_{\max}}\Big)}{\mathrm{d}\Big(\dfrac{l}{L}\Big)} = K\frac{Q}{Q_{\max}} \tag{4-2-5}$$

对式(4-2-5)积分，将边界条件 $l=0$ 时 $Q=Q_{\min}$ 及 $l=L$ 时 $Q=Q_{\max}$ 代入，得

$$\frac{Q}{Q_{\max}} = R^{\frac{l}{L}-1} \tag{4-2-6}$$

因阀杆位移每增加 1%，流量均在原来的基础上约增加 3.4%，所以称为等百分比流量特性。由于等百分比特性的放大系数随开度增加而增加，有利于系统控制。在小开度时，流量小，流量变化也小，控制平稳、缓和；在大开度时，流量大，流量的变化也大，控制灵敏、有效。

③快开流量特性。快开流量特性是指单位相对位移变化所引起的相对流量变化与该点相对流量的倒数成正比关系。其数学式表达式为

$$\frac{\mathrm{d}\Big(\dfrac{Q}{Q_{\max}}\Big)}{\mathrm{d}\Big(\dfrac{l}{L}\Big)} = K\Big(\frac{Q}{Q_{\max}}\Big)^{-1} \tag{4-2-7}$$

积分后，得到流量与阀杆行程间的关系式：

$$\frac{Q}{Q_{\max}} = \frac{1}{R}(1 + R^2 - 1)\frac{L^{1/2}}{L_{\max}} \tag{4-2-8}$$

快开特性的阀芯是平板形的，在开度较小时有较大的流量，随开度的增大，流量很快就达到最大，再增加开度，流量变化很小，故称快开阀。它主要适用于迅速启闭的切断阀或双位控制系统。

④抛物线流量特性。抛物线流量特性是指单位相对位移的变化所引起的相对流量变化与该点相对流量的平方根成正比关系。其数学表达式为

$$\frac{\mathrm{d}\left(\dfrac{Q}{Q_{\max}}\right)}{\mathrm{d}\left(\dfrac{l}{L}\right)} = K\left(\frac{Q}{Q_{\max}}\right)^{\frac{1}{2}} \tag{4-2-9}$$

积分后，得到流量与阀杆行程间的关系式：

$$\frac{Q}{Q_{\max}} = \frac{1}{R}\left[1 + (\sqrt{R}-1)\frac{l}{L}\right]^2 \tag{4-2-10}$$

抛物线流量特性如图 4-2-4 中曲线 4 所示，它是一条抛物线，介于线性流量特性与等百分比流量特性之间。

目前，我国生产的控制阀只有直线、等百分比和快开三种流量特性。由于等百分比流量特性具有较好的控制性能，一般应用较广。

（3）工作流量特性。理想流量特性是在假定控制阀两端差压不变的情况下得到的，而在实际生产中，控制阀两端的差压总是变化的。这是因为控制阀总是与工艺设备、阀门、管道等阻力元件串联或并联安装，控制阀流量的变化将会引起管路系统阻力的变化，从而使得阀上的压降也发生变化。在这种情况下，控制阀的相对开度与相对流量之间的关系称为工作流量特性。

根据控制阀在实际工作中的配管情况，可以分为串联和并联两种。

① 串联管道中的工作流量特性。以图 4-2-6 所示的串联管路系统为例，当控制阀串联安装于工艺管道时，除控制阀外，还有管道、装置、设备等存在着阻力。当系统有关工艺管路两端总压差 $\Delta P_{总}$ 一定时，阻力变化引起系统流量变化，控制阀上的压降也相应变化。这种压差的变化又会引起通过控制阀的流量变化，从而使理想流量特性转变为工作流量特性。

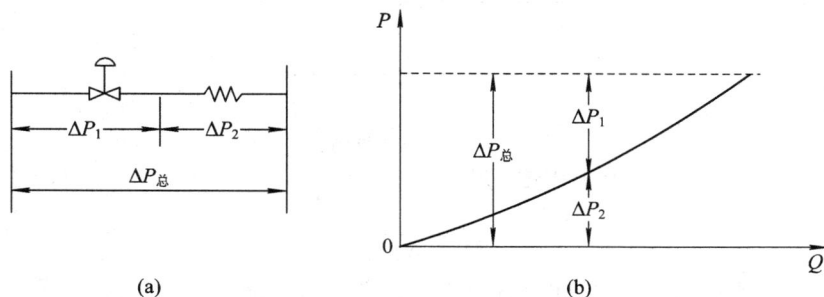

图 4-2-6　阀串联管路中压差变化情况
（a）阀与管道串联示意图；（b）阀与管道串联分压示意图

工作流量特性与压降分配比 s 有关。

$$s = \frac{\Delta P_{阀全开}}{\Delta P_{总}} \tag{4-2-11}$$

式中，$\Delta P_{阀全开}$ 为控制阀全开时的压降；$\Delta P_{总}$ 为包括控制阀在内的全部管路系统总压降。

图 4-2-7 分别表示了线性阀和等百分比阀在不同 s 值下的工作流量特性。

当 $s=1$ 时，管道阻力损失为零，系统总压差全降在阀上，工作特性与理想特性一致。一般工作状态下，压降比 $s \leqslant 1$。s 值越小，曲线越向下移，流量特性畸变越严重，直线特性畸变为快开特性，等百分比特性畸变为直线特性。在现场使用中，如果控制阀选得过大或生产在低负荷状态,控制阀将工作在小开度。有时,为了使控制阀有一定的开度而把工艺阀门关小些以增加管道阻力,使流过控制阀的流量降低,这样 s 值下降,使流量特性畸变,控制质量恶化。在实际使用中,s 选得过小,则对控制不利,一般不小于 $0.3\sim0.6$。

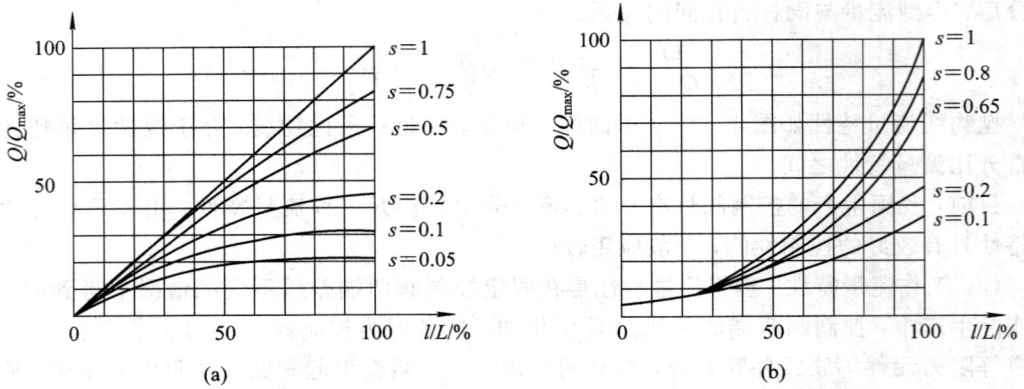

图 4-2-7　串联管路中流量特性
(a)线性;(b)对数

② 并联管道中的工作流量特性。控制阀一般装有旁路阀,如图 4-2-8 所示。旁路阀的设置主要用于手动操作和维护。当控制阀不能满足流量控制需要时,打开旁路阀会使控制阀理想流量特性发生变化,变成工作流量特性。

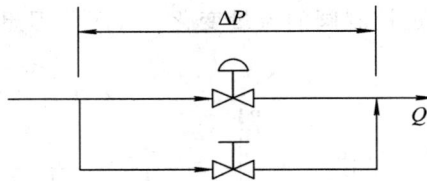

图 4-2-8　阀与管路并联

并联管路的畸变可用 x 值来描述,则

$$x = \frac{Q_{阀全开}}{Q_{max}}$$

(4-2-12)

式中,$Q_{阀全开}$ 为控制阀全开时通过的流量;Q_{max} 为总管最大流量。

当 $x=1$ 时,即旁路阀关闭、控制阀的工作流量特性与它的理想流量特性相同。随着 x 值的减小,即旁路阀逐渐打开,虽然阀本身的流量特性变化不大,但可控范围大大降低了。管道流量 Q_{min} 比控制阀本身的 Q_{min} 大得多。同时,在实际使用中总存在着串联管道阻力的影响,控制阀上的压差还会随流量的增加而降低,控制阀在工作过程中所能控制的流量变化范围更小,甚至几乎不起控制作用。

随着 x 值减小,畸变程度如图 4-2-9 所示,旁路阀流量越大,曲线上移,控制阀本身的流量特性变化不大,但管道系统的可调比将大大降低。另外,实际系统总是同时存在串联管道阻力的影响,其阀上压差随流量的增加而降低,使得系统的可控比进一步下降,控制阀在工作过程中所能控制的流量变化范围更小,甚至不起控制作用。所以在使用中一般要求 x 值不应低于 0.8。

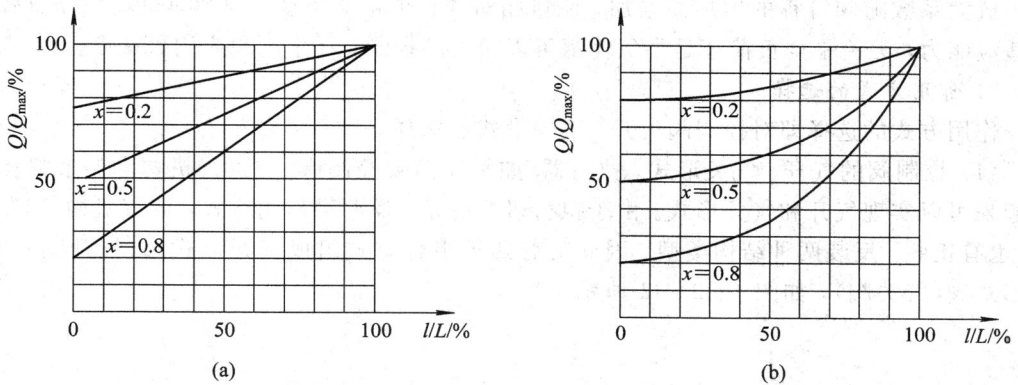

图 4-2-9　并联管路中流量特性

（a）线性；（b）等百分比

（4）流量特性的选择。在生产过程中，快开特性主要用于双位控制和程序控制中，因此控制阀流量特性的选择实际是对直线流量特性和等百分比流量特性的选择。

流量特性的选择可以通过理论计算选择，但通常过程比较繁杂，所以目前控制阀流量特性的选择多采用经验的方法，可从以下几个方面考虑。

① 从广义对象特性出发。为使控制系统在负荷改变的情况下仍能正常工作，希望包括控制阀在内的广义对象的放大系数在整个工作区域内基本保持不变，以使整定好控制器的参数能适应负荷的变化。为此，当包括变送器的对象特性为线性特性时，控制阀选用直线流量特性；当对象为随负荷增大而变小的非线性特性时，控制阀选等百分比流量特性，两者互相补偿后的广义对象的特性是线性的，如图 4-2-10 所示。

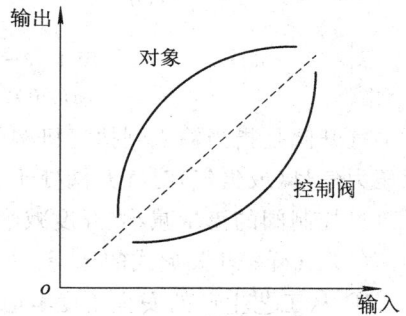

图 4-2-10　控制阀特性补偿示意图

② 结合工艺配管情况。结合配管情况，确定控制阀在全开时在工艺管道中的允许压降，算出 s 值。从需要的工作流量特性出发，推断出理想流量特性。可参照表 4-2-2 选定。

表 4-2-2　考虑工艺配管情况控制阀流量特性选择表

配管情况	$s=1\sim0.6$		$s=0.6\sim0.3$		$s<0.3$
阀的工作特性	直线	等百分比	直线	等百分比	使用低 s 值控制阀
阀的理想特性	直线	等百分比	等百分比	等百分比	

由表可以看出，当 $s>0.6$ 时，阀两端压差变化小，流量特性畸变也小，此时要求的工作流量特性就是理想流量特性；当 s 值在 0.3～0.6 时，阀两端压差变化大，都应选等百分比理想流量特性；当 $s<0.3$ 时，畸变已经非常严重，不宜采用普通控制阀，可选用低 s 值控制阀。

③ 从负荷变化情况分析。直线特性控制阀在小开度时流量相对变化值大，过于灵敏，容易振荡，阀体容易被破坏，在 s 值小、负荷变化幅度大的场合不宜采用。等百分比特性控

制阀放大系数随阀行程的增加而增加，流量相对变化值恒定不变，因此对负荷波动有较强的适应能力，无论是全负荷还是半负荷都可以很好的控制，在生产中应用也最多。

　　3）作用方式的选择

　　作用方式的选择即对控制阀气开、气关形式的选择。

　　（1）控制阀的气开、气关形式。执行器（如气动薄膜控制阀）的执行机构和调节机构组合起来可以实现气开和气关形式。由于执行机构有正、反两种作用方式，调节机构（控制阀体）也有正装、反装两种结构类型。因此就有四种组合方式组成气开形式阀（气开阀）和气关形式阀（气关阀），如图4-2-11所示。

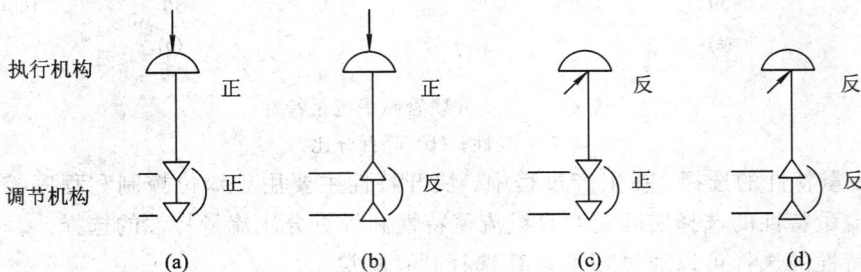

图4-2-11　气开阀、气关阀组合方式图
(a) 气关；(b) 气开；(c) 气开；(d) 气关

　　气开阀是指当输入到执行机构的信号增加时，流过控制阀的流量增加（开度增大），在无压力信号（或失气）时气开阀处于全关状态；气关阀则是指当输入到执行机构的信号增加时流过控制阀的流量减小（开度减小），在无压力信号（或失气）时气关阀则处于全开状态。

　　（2）气开、气关形式的选择。控制阀开关形式的选择上应根据以下四个方面考虑。

　　① 从工艺生产的安全角度考虑。主要考虑当失气（气源供气中断）或控制阀出现故障时，应避免损坏设备和伤害人员。在事故情况下，控制阀处于关闭位置危害性小，则应选气开阀；反之，应选气关阀。如加热炉燃料控制阀一般选气开阀，以保证在控制阀失气时能处于全关状态切断进炉燃料，从而避免加热炉温度过高造成事故。

　　② 从介质特性上考虑。如果介质是易凝、易结晶、易聚合的物料，控制阀开关形式选择应考虑介质的这些特性。如精馏塔塔釜加热蒸汽控制阀一般选气开阀，但是如果釜液是易凝、易结晶、易聚合的物料，控制阀则应选择气关阀，以防控制阀失气时阀门关闭、停止蒸汽进入而导致再沸器和塔内液体的结晶和凝聚，造成堵塞。如果介质易结焦，则一般选气开阀。

　　③ 保证产品质量、经济损失最小的角度考虑。当事故发生时，尽量减少原料及动力消耗，但要保证产品质量。如精馏塔进料阀常为气开阀，如果没有气压，阀就全关，停止进料，以免浪费；塔顶采出阀常为气开阀，如果没有气压，阀就全关，保证塔顶产品质量。回流量控制阀则选气关阀，在没有气压信号时阀门全开，精馏塔处于全回流状态。

　　④ 进料气开，出料气关。一般无①②③三方面的情况，为了生产安全考虑，事故发生时设备内无物料较安全，因此，控制阀安装在进料管线上采用气开形式，控制阀安装在出料管线上采用气关形式。总之，控制阀的开关形式的选择根据具体的工况确定。

　　例如，中小型锅炉的进水阀很多是气关型的，这样即使气源中断，也不致使汽包烧干；但对于产生蒸汽用于汽轮机的大型锅炉，进水阀应用气开型的，因为蒸汽中带有大量水滴时，在高速旋转的汽轮机中将损坏叶片，这样会危险。

基于安全考虑，现在已有在失气时保持原来位置的保位阀。另一种办法是在控制压缩空气气源的接口处并联一个较大的气容，压缩空气经单向阀进入该气容，即使气源中断，气容中蓄积的压缩空气也可用上几十分钟。在正确选择气开、气关型阀的同时，配上这些措施，安全性更好。

4）控制阀口径的选择

控制阀口径选择是否合适直接影响控制效果。在不同的自控系统中，由于参数千差万别，在选择阀口径时，应先计算，根据厂家的产品选出相应的控制阀口径；最后应进行有关的验算，进一步验证所选阀是否满足工作要求。具体计算可参考相关手册。

3. 电动执行器

电动执行机构接受控制器的 $4 \sim 20$ mA 电流信号，将其转换成相应的输出力和直线位移或输出力矩和角位移，以推动执行机构动作。

电动执行机构主要分为两类：直行程与角行程式。电动执行机构的动力部件有伺服电机和滚切电机两种，后者输出力小，价格便宜。工业上主要使用伺服电机式的电动执行机构，下面以这种执行机构为例来介绍角行程式电动执行机构。

电动执行器由伺服放大器、伺服电动机、减速器、位置发信器和电动操作器等组成，其原理如图 4-2-12 所示。

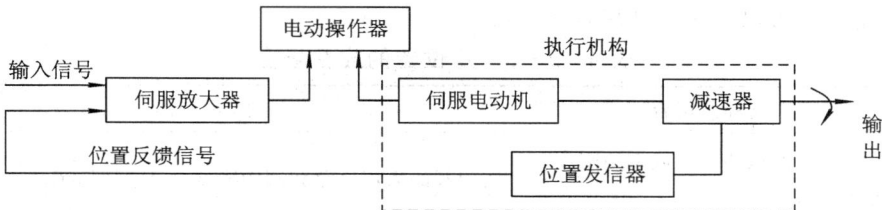

图 4-2-12　电动执行器原理图

控制器的输入信号，在伺服放大器内与位置反馈信号相比较，其偏差经伺服放大器放大后，去驱动伺服电动机旋转，然后经减速器输出角位移。执行机构的旋转方向取决于偏差信号的极性，而又总是朝着减小偏差的方向转动，只有当偏差信号小于伺服放大器的不灵敏区的信号时，执行机构才停转，因此执行机构的输出位移与输入信号成正比关系。配用电动操作器可实现自动控制系统的自动—手动无扰动切换。手动操作时，由操作开关直接控制电动机电源，使执行机构在全行程转角范围内操作；自动控制时，两伺服电动机由伺服放大器供电，输出轴转角随输入信号而变化。

位置发信器由位移检测元件和转换电路组成。它将执行机构输出轴角位移转换成与输入信号相对应的直流信号（$4 \sim 20$ mA），并作为位置反馈信号送出。

减速器一般由机械齿轮或齿轮与皮带轮构成。它将伺服电机高转速、低力矩的输出功率转换成执行机构输出轴的低转速、大力矩的输出功率，推动调节机构。对于直行程的电动执行机构，减速器还起到将伺服电机转子旋转运动转换成执行机构输出轴直线运动的作用。

4. 阀门定位器的使用

阀门定位器是气动控制阀的辅助装置,与气动执行机构配套使用,如图 4-2-13、图 4-2-14 所示。

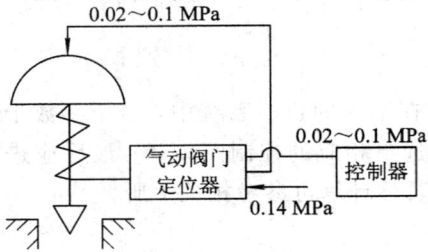

图 4-2-13　气动阀门定位器作用图　　　　图 4-2-14　电-气阀门定位器作用图

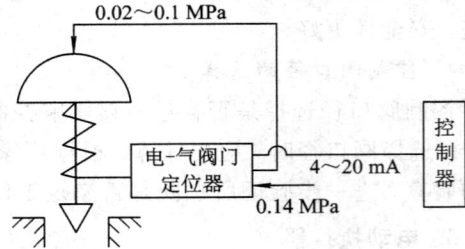

1)阀门定位器的工作原理

阀门定位器按其结构形式和工作原理可分为气动阀门定位器、电-气阀门定位器和智能型阀门定位器。阀门定位器可以改善控制阀的静态特性,提高阀门位置的线性度;改善控制阀的动态特性,减少控制信号的传递滞后;并且可以改善控制阀的流量特性。另外,它也可以改变控制阀对信号的响应范围,实现分程控制,也可以使阀门动作反向。

2)阀门定位器的应用场合

阀门定位器可以用于多种场合,详见表 4-2-3。

表 4-2-3　定位器的应用场合

序号	应选择的场合	选择原因	
1	阀的工作压差较大或采用刚度大的弹簧时	增加阀的需用压差和阀的刚度,以增加稳定性	
2	为防止阀杆处外泄须将填料压紧时	因填料处增加了阀杆的摩擦力	因定位器直接与阀位比较而不是与力直接比较,故为克服各种力对阀工作性能的影响选定位器
3	高温阀、低温阀、波纹管密封阀		
4	使用柔性石墨填料的场合		
5	易浮液、高黏度、胶状、含固体颗粒、纤维、易结焦介质的场合	因增加了阀杆运动的摩擦力	
6	用于阀大口径的场合,一般阀 DN≥100,蝶阀 DN≥250	因阀芯阀板的重量影响阀动作	
7	高压控制阀	压差大,使阀芯的不平衡力较大	
8	气动信号管线长度≥150 m	加快阀的动作	
9	用于分程控制		
10	控制阀由电动控制器控制的场合	电气转换	

五、项目考核

项目考核采用步进式考核方式,考核内容如表 4-2-4 所示。

表 4-2-4　项目考核表

学号		1	2	3	4	5	6	7	8	9	10	11
姓名												
考核内容进程分组	控制阀的能源形式(15分)											
	气动薄膜控制阀的组成(15分)											
	气动薄膜控制阀的工作过程(15分)											
	控制阀的流量特性(15分)											
	控制阀的流量特性选用(20分)											
	气动控制阀的气开气关形式(20分)											
扣分	安全文明											
	纪律卫生											
总　评												

六、思考题

(1) 控制阀的能源形式有哪些?

(2) 气动薄膜控制阀的组成是怎样的?

(3) 一个具体的气动薄膜控制阀,如何确定的执行机构的正、反作用?

(4) 气动控制阀的流量特性有哪些?

(5) 控制阀的工作流量特性与什么有关?

(6) 根据工业要求,气动薄膜控制阀的流量特性如何选择?

(7) 气动薄膜控制阀的气开、气关形式有哪些?

(8) 根据工业要求,气动薄膜控制阀的气开、气关形式该如何选择?

项目三　测量变送器的选择

一、学习目标

1. 知识目标

（1）掌握测量滞后的概念及产生的原因。

（2）掌握传送滞后的概念及产生的原因。

（3）了解测量滞后产生的影响。

（4）掌握克服测量滞后的方法。

2. 能力目标

（1）初步具备判断存在测量滞后的能力。

（2）初步具备判断存在传动滞后的能力。

（3）初步具备克服测量滞后的能力。

（4）初步具备克服传送滞后的能力。

二、必备知识与技能

1. 必备知识

（1）简单控制系统基本运行的知识。

（2）测量变送环节在简单控制系统中所发挥作用的知识。

（3）简单控制系统检测变送环节信号输入输出的知识。

（4）电子技术相关的知识。

2. 必备技能

（1）电子技术信号转换的基本能力。

（2）测量变送元件的识别能力。

三、理实一体化教学任务

理实一体化教学任务如表 4-3-1 所示。

表 4-3-1　理实一体化教学任务

任　务	内　容
任务一	测量滞后的概念及产生原因
任务二	传送滞后的概念及产生原因
任务三	测量滞后产生的影响
任务四	传送滞后产生的影响
任务五	克服测量滞后的办法
任务六	克服传送滞后的办法

四、理实一体化步骤

测量及变送是控制系统设计中的一个重要组成部分，是系统产生控制作用的依据。要使系统良好运行，测量值必须迅速、可靠地反映被控变量的真实变化情况。如果系统按照一个失真的测量信号进行控制，就会产生误控或失控，控制质量不可能高。测量不准确有时会给操作人员造成一种错觉，从仪表的显示和记录上看，工况是正常的，而实际上被控变量已经超出了工艺允许的变化范围，严重时甚至会造成事故。

在实际应用中，由于各种因素的影响和客观条件限制，使得测量信号与被测变量之间或多或少会存在着误差，从而给控制质量带来影响。下面讨论测量变送中常遇到的几个问题及解决方法。

检测元件及变送器的作用，是检测工艺变量的值，并将工艺变量的大小转换成电或气信号，送往显示仪表，把变量的值显示或记录下来，同时又送往控制器，变送器的输出就是被控变量的测量值。目前，大多数变送器的输出信号是模拟量，是电/气的标准信号，如 $4 \sim 20$ mA，$1 \sim 5$ V 等。检测元件及变送器的原理方框图如图 $4-3-1$ 所示。

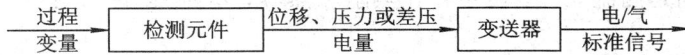

图 $4-3-1$　检测元件及变送器的原理方框图

过程控制中经常遇到的被控变量有压力、流量、温度、液位以及物性和成分变量等，而且有各式各样的测量范围和使用环境，检测元件和变送器的类型极为纷繁。然而，在可以线性化的情况下，检测元件及变送器的传递函数常可写成统一表达式，为

$$G_{\mathrm{m}}(s) = K_{\mathrm{m}} \frac{\mathrm{e}^{-\tau_{\mathrm{m}}}}{T_{\mathrm{m}}s + 1} \qquad (4-3-1)$$

式中，K_{m} 为放大系数；T_{m} 为时间常数；τ_{m} 为纯滞后时间。

1. 测量滞后对控制质量的影响

测量变送器(元件)由于安装位置和本身特性的缘故，在测量时会引入滞后，前一种是纯滞后，后一种则体现在测量变送环节的时间常数 T_{m} 上。

1) 纯滞后问题

测量变送环节中纯滞后产生的原因是检测点与检测变送仪表之间有一定的传输距离 L，由于速度 v 的制约，使被控变量变化的信号传递到检测点需要花费一定的时间，因而产生了纯滞后 $\tau_{\mathrm{m}} = L/v$。

传输距离越长或传输速度越慢，纯滞后时间则越长。

图 $4-3-2$ 所示的 pH 值控制系统便是一个例子。测量电极安装在支管道上，给 pH 值测量引入了纯滞后 τ_{m}，则

$$\tau_{\mathrm{m}} = \frac{L_1}{v_1} + \frac{L_2}{v_2} \qquad (4-3-2)$$

式中，L_1、L_2 分别为主管道、支管道的长度；v_1、v_2 分别为主管道、支管道内流体的流速。

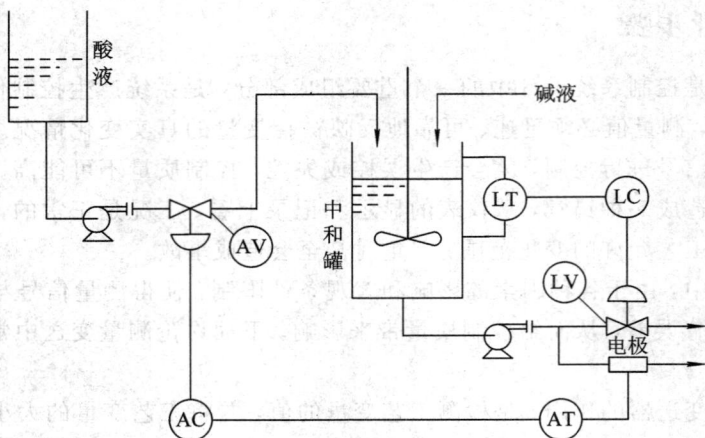

图 4-3-2 pH 值控制系统

2）测量滞后问题

测量元件特别是测温元件，由于存在热阻和热容，本身具有一定的时间常数，因此带来了测量滞后。

测量元件时间常数对测量的影响如图 4-3-3 所示。若被控变量 $y(t)$ 阶跃变化，测量值 $z(t)$ 慢慢靠近 $y(t)$，在开始的一段时间内两者之间的差距很大，如图 4-3-3(a) 所示；若 $y(t)$ 递增变化，则 $z(t)$ 一直小于 $y(t)$，偏差将一直存在，如图 4-3-3(b) 所示。由于测量元件时间常数的影响，使得测量值 z 的变化小于被控变量真实值 y 的变化，给操作人员一种假象，表面上看，控制系统的控制质量符合要求，但由于控制器接收的是失真信号，按这个信号进行控制，系统实际上并不能达到预期的控制效果。

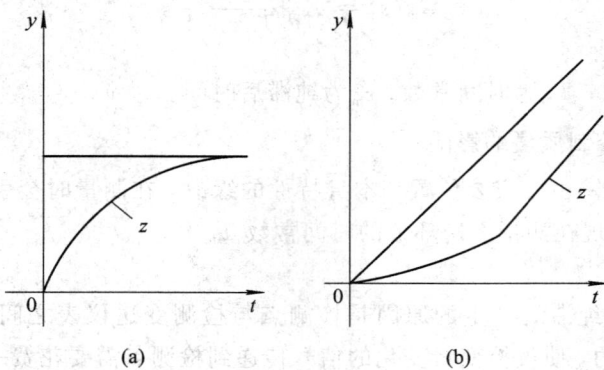

图 4-3-3 测量滞后的影响
（a）被控变量阶跃变化；（b）被控变量递增变化

2. 传送滞后对控制质量的影响

控制系统中的信号传送滞后主要包括测量信号传送滞后和控制信号传送滞后。常用的信号有电和气两种，电信号的传送滞后很小，可忽略不计；如果用于传输气信号的管线较短，而且过程变化不快，在这种情况下，传送滞后也可以忽略。但如果气信号传送管线很长，过程变化又很快，则信号的传送滞后就不能忽略。例如，现场采用气动薄膜控制阀，因为膜头空间具有较大容量，所以从控制器的输出变化到控制阀的开度变化，往往具有较大的滞后，这样就会使控制不及时，控制效果变差。

3. 克服测量传送滞后的方法

测量传送的滞后会使控制效果变差，为了提高控制质量，减小或克服滞后带来的影响，可以根据具体情况采取以下措施。

1）克服测量滞后的方法

（1）如果系统检测时具有纯滞后，则可以采用以下方法来克服：

① 合理选择检测点位置；

② 选择纯滞后较小的测量变送仪表；

③ 采用史密斯(Smith)预估补偿器。

值得注意的是，微分作用对于克服纯滞后是无能为力的，因为在纯滞后时间里，参数的变化速度等于零，因而微分器输出也等于零，不能起超前作用。

（2）对于测量元件时间常数引起的测量滞后，可以采用以下几种方法克服：

① 选择惯性小的测量元件。一般希望测量元件的时间常数是控制通道时间常数的 1/10。

② 合理选择测量元件的安装位置。测量元件安装位置不合理还会引起测量滞后，因此要避免把测量元件安在死角或容易挂料、结焦的地方，最好选择在对被控变量反应灵敏的位置。

③ 引入微分环节。把一个微分环节串联在测量变送器之前，如果能调整微分时间常数等于测量元件时间常数，则测量值与被控变量就为比例关系，消除了测量滞后的影响。

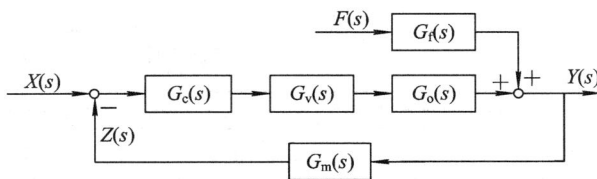

图 4-3-4　闭环控制系统

如图 4-3-4 所示的控制系统，闭环系统的传递函数为

$$\frac{Y(s)}{F(s)} = \frac{G_f(s)}{1 + G_c(s)G_v(s)G_o(s)G_m(s)} \qquad (4-3-3)$$

其中，假设变送环节特性为

$$G_m(s) = \frac{K_m}{T_m s + 1} \qquad (4-3-4)$$

如果在上述系统的变送环节前串入一特性为 $G_D(s) = T_D s + 1$ 的微分环节，如图 4-3-5 所示，则系统的闭环传递函数为

$$\frac{Y(s)}{F(s)} = \frac{G_f(s)}{1 + G_c(s)G_v(s)G_o(s)G_m(s)G_D(s)} \qquad (4-3-5)$$

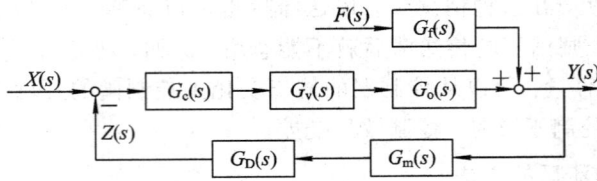

图 4 - 3 - 5 微分器加在变送环节输出端的系统方框图

测量值 $Z(s)$ 与真实值 $Y(s)$ 之间的关系如下：

$$Z(s) = \frac{K_m(T_D s + 1)}{T_m s + 1} Y(s) \tag{4 - 3 - 6}$$

式中，K_m 为测量变送环节转换增益；T_m、T_D 分别为测量元件时间常数与微分器时间常数。

为了获得真实测量信号值，可设法使微分器时间常数 $T_D = T_m$，则

$$Z(s) = K_m Y(s) \tag{4 - 3 - 7}$$

工程上常常把微分器接在控制器之前，如图 4 - 3 - 6 所示。从克服干扰来看，两种方法具有相同效果。但对于给定值的变化，两个系统的过渡过程是有差异的。

当微分环节置于测量变送器之前时，系统传递函数为

$$\frac{Y(s)}{X(s)} = \frac{G_c(s)G_v(s)G_o(s)}{1 + G_c(s)G_v(s)G_o(s)G_m(s)G_D(s)} \tag{4 - 3 - 8}$$

当微分环节置于控制器之前时，系统传递函数为

$$\frac{Y(s)}{X(s)} = \frac{G_c(s)G_v(s)G_o(s)G_D(s)}{1 + G_c(s)G_v(s)G_o(s)G_m(s)G_D(s)} \tag{4 - 3 - 9}$$

以上两式相比较，式(4 - 3 - 9)分子中多了微分项 $G_D(s) = T_D s + 1$，起到加强系统动态响应的作用，可使被控变量较快地到达给定值附近。

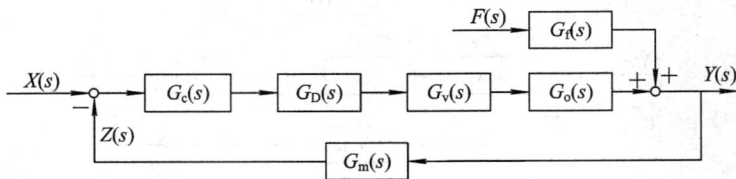

图 4 - 3 - 6 微分器加在控制器输出端的系统方框图

2) 克服传送滞后的方法

为了克服气动信号传送过程的滞后，可采取以下措施：

(1) 尽量缩短气信号传输管线；

(2) 使用电-气转换器和阀门定位器；

(3) 在气路 50~60 m 距离间安装一台气动继动器，以提高气信号传输功率，起到减少传输时间的作用。

五、项目考核

项目考核采用步进式考核方式，考核内容如表 4 - 3 - 2 所示。

表 4 - 3 - 2　项 目 考 核 表

学号		1	2	3	4	5	6	7	8	9	10	11
姓名												
考核内容进程分组	测量滞后的概念及产生原因（20分）											
	传送滞后的概念及产生原因（15分）											
	测量滞后产生的影响（15分）											
	传送滞后产生的影响（15分）											
	克服测量滞后的办法（15分）											
	克服传送滞后的办法（20分）											
扣分	安全文明											
	纪律卫生											
总　评												

六、思考题

（1）简述测量滞后的概念及产生原因。
（2）简述传送滞后的概念及产生原因。
（3）简述测量滞后产生的影响。
（4）简述传送滞后产生的影响。
（5）简述克服测量滞后的办法。
（6）简述克服传送滞后的办法。

项目四　控制器控制规律的选择

一、学习目标

1. 知识目标

（1）掌握简单控制系统的组成。
（2）掌握简单控制系统中各组成部分的作用。
（3）掌握控制器控制规律的选择方法。
（4）掌握控制器正、反作用的判断方法

2. 能力目标

(1) 初步具备过程控制系统类型的识别能力。

(2) 初步具备控制器控制规律的选择能力。

(3) 具备控制器正、反作用的判断能力。

(4) 具备简单控制系统是否为负反馈的判断能力。

二、必备知识与技能

1. 必备知识

(1) 简单控制系统基本组成的知识。

(2) 控制器在简单控制系统中所发挥作用的知识。

(3) 简单控制系统信号回路中控制器信号输入、输出的知识。

(4) 比例控制、积分控制、微分控制相关的知识。

(5) 闭合回路负反馈相关的知识。

2. 必备技能

(1) 判断控制器输入、输出信号的能力。

(2) 判断比例系数在比例控制中所起作用的能力。

(3) 判断积分时间在积分控制中所起作用的能力。

(4) 判断微分时间在微分控制中所起作用的能力。

(5) 判断系统开环和闭环的能力。

三、理实一体化教学任务

理实一体化教学任务如表 4-4-1 所示。

表 4-4-1　理实一体化教学任务

任　　务	内　　容
任务一	比例控制规律的作用及特点
任务二	比例积分控制规律的作用及特点
任务三	比例微分控制规律的作用及特点
任务四	比例积分微分控制规律的作用及特点
任务五	负反馈控制系统的实现方法
任务六	控制器正、反作用的确定

四、理实一体化步骤

控制器是控制系统的核心部件，它将测量变送信号与给定值进行比较产生偏差信号，并按一定的控制规律对该偏差进行运算，输出的信号送往执行器。

控制器的选择主要包括控制规律的选择和正、反作用方式的选择。工程上根据不同的对象特性，选择与之相配合的控制规律来进行控制，以符合控制的要求。确定控制器的正、反作用方式的依据，使整个控制系统构成闭环负反馈，以满足控制系统的稳定性要求。

1．控制规律的选择

1）比例（P）控制器

比例控制是最基本的控制规律，其优点是控制作用简单，调整方便；缺点是会使系统产生余差。虽然通过增加比例放大系数可减小余差，但是系统稳定程度降低。所以比例控制适用于控制通道滞后及时间常数均较小、干扰幅度较小、负荷变化不大、控制质量要求不高、允许有余差的场合，如中间储槽的液位、精馏塔塔釜液位及不太重要的蒸汽压力控制系统等。

2）比例积分（PI）控制器

比例积分控制是使用最多、应用最广的控制规律，在反馈控制系统中，约有 75％是采用 PI 控制规律的。积分作用的引入，使系统具有消除余差的能力。另外，积分作用的滞后特性还有利于减小高频噪声的影响。但是加入积分作用后，会使系统稳定性降低，必须减小比例放大系数以保持系统原有的稳定性。对于容量滞后较小、负荷变化不太大、工艺参数不允许有余差的场合，PI 控制规律可以有效地改善控制品质。

3）比例微分（PD）控制器

比例微分控制器，由于微分作用的引入，使系统具有超前控制功能，因而控制更加及时，可有效减小动态偏差。因此对于控制对象容量滞后较大的场合，可采用比例微分控制器。

但是，如果微分作用太强，容易产生超调，反而会引起系统剧烈的振荡，降低系统的稳定性。值得注意的是，微分作用对高频信号非常敏感，所以存在高频噪声的地方不宜使用微分。

4）比例积分微分（PID）控制器

PID 控制规律综合了各种控制规律的优点，所以适当调整 $K_c(\delta)$、T_I、T_D 三个参数，可以使控制系统获得较高的控制质量。一般来说，PID 控制器适用于过程容量滞后较大、负荷变化大、控制质量要求较高的场合，如温度控制和成分控制。PID 控制规律含有三个参数，整定时也会复杂一些，而且如果整定的不合理，反而会使系统控制效果变差，因此在参数整定时应当注意。

2．正、反作用方式的选择

对于一个闭环控制系统来说，若要使系统稳定，系统应采用负反馈。控制器正、反作用的确定方法有两种：逻辑推导法和符号法。

1）逻辑推导法

以加热炉温度控制系统（如图 4-4-1 所示）为例，说明用逻辑推导法确定控制器的正、反作用。控制阀从安全角度考虑，采用气关形式。

确定过程：

干扰使温度↑→测量值↑（控制器输入）→→→（控制器）反作用

控制作用使温度↓→控制阀关小→因是气开阀其输入信号↓（控制器输出）

验证：该系统的控制过程是，当干扰使加热炉出口物料温度升高时，测量值增大，由于控制器是反作用，故输出信号减小，从而使气开阀开度减小，燃料气流量减小，导致炉

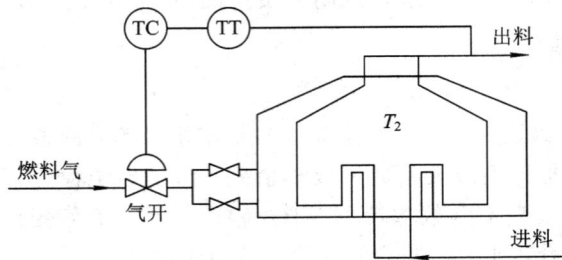

图 4-4-1 加热炉温度控制系统

腔温度下降，加热炉出口物料温度下降，系统为负反馈。

2）符号法

在实际系统分析时，为了保证能构成负反馈控制系统，主要考虑控制器、控制阀、被控对象、测量变送器各个环节放大系数 K_c、K_v、K_o、K_m 的符号联乘为负。只要事先知道了对象、控制阀和测量变送器放大系数的正、负，再根据系统各个环节的放大系数符号乘积必须为负的要求，就可以很容易地确定出控制器的正、反作用方式。

环节正、负符号的确定：输入增加，输出也增加，则该环节放大系数符号为正；输入增加，输出减小，则该环节放大系数符号为负。根据上述规定可知：

（1）对象放大系数 K_o 的正、负号。被控对象放大系数 K_o 的正、负号规定为：当操纵变量增加，被控变量也增加时，K_o 为正；如果操纵变量增加，被控变量减少，则 K_o 为负。

（2）控制阀放大系数 K_v 的正、负号。控制阀放大系数 K_v 的正负号规定为：气开阀 K_v 为正；气关阀 K_v 为负。

（3）测量变送器放大系数 K_m 的正、负号。被测变量增加，测量变送器的输出增加，所以测量变送器放大系数 K_m 为正。

（4）控制器放大系数 K_c 的正、负号。控制器的正、反作用方式，测量值 Z 增加，输出也增加时，则称控制器为正作用方式；反之，Z 增加，输出减小，控制器为反作用方式。当系统中选择正作用控制器时，对应放大系数 K_c 为正；选择反作用控制器时，K_c 为负。

保证系统为负反馈的条件是：$K_c \cdot K_v \cdot K_o \cdot K_m$ 为负，因 K_m 为正，则 $K_c \cdot K_v \cdot K_o$ 为负。

例如，锅炉汽包水位控制系统如图 4-4-2 所示。锅炉给水控制阀常采用气关阀，以保证发生事故时，阀全开，继续供水，防止锅炉烧干爆炸，所以 K_v 为负。当锅炉进水量（操纵变量）增加时，汽包水位（被控变量）上升，所以 K_o 为正。根据系统为负反馈的条件，控制器放大系数 K_c 应为正，即选正作用方式。该系统的控制过程如下，当汽包水位升高时，测量值增大，由于控制器是正作用方式，故输出信号增大，从而使气关阀开度减小，进水量减小，导致汽包水位下降，系统得到控制。

又如，换热器出口温度控制系统如图 4-4-3 所示。在这个系统中，被控变量是被加热原料出口温度，操纵变量是载热体的流量。为避免换热器因温度过高或温差过大而损坏，控制阀选择气开阀，故 K_v 为正；当载热体流量增加时，原料出口温度升高，故 K_o 为正。所以控制器 K_c 应为负，即选反作用方式。这样当原料出口温度升高时，温度测量变送器输出增大，温度控制器输出减小，因而控制阀开度减小，载热体流量减小，使原料出口温度降低。

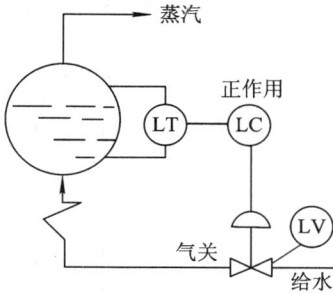

图 4 - 4 - 2　锅炉水包水位控制系统　　　图 4 - 4 - 3　换热器出口温度控制系统

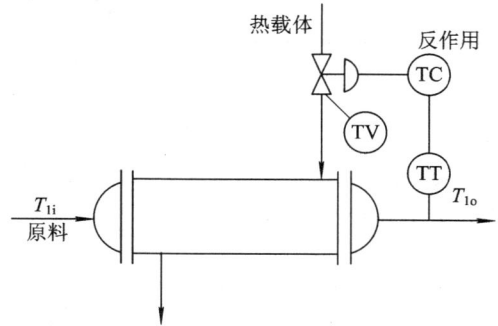

将上述两种方法确定控制器正、反作用的过程归纳为以下内容：

① 确定控制器正、反作用的依据：确保系统为负反馈。

② 控制器正、反作用是由控制阀的开关形式和对象特性决定的。

③ 步骤：先确定被控对象，然后选择控制阀的开关形式，最后确定控制器的正、反作用。

3）电气阀门定位器的应用案例

目前，石油化工生产控制采用 DCS 控制，当系统的控制方式在"手动"方式时，操作人员改变控制器的输出控制阀门开度，如果控制阀为气开形式，控制器输出增加，控制阀的开度开大；如果控制阀为气关形式，控制器输出增加，控制阀的开度减小。操作人员必须牢记控制阀的开、关形式。

石油化工生产自动化程度水平高、控制集中，操作人员的负担和压力较大，容易产生误动作。如果所有控制系统的控制器输出增加则控制阀的开度开大这样控制的话，显然操作人员的操作就简单了，关键问题是当控制阀为气关形式时如何实现？首先控制阀的开、关形式不能改变，因为可能关系到安全问题，那就从电气阀门定位器的正、反作用方式上着手。

以图 4 - 4 - 2 所示的锅炉水包水位控制系统为例，控制阀为气关形式，采用反作用的电气阀门定位器，正常时，配用反作用电气阀门定位器气关阀的整体特性为输入信号增加，阀门开度开大，相当于气开的特性；当气源中断时，配用反作用电气阀门定位器气关阀特性为气关阀特性，处于全开状态，保障生产安全。

如何使系统为负反馈？正确选择控制器的正、反作用。正常时，配用反作用电气阀门定位器气关阀的整体特性相当于气开的特性，所以 K_v 为正；当锅炉进水量（操纵变量）增加时，汽包水位（被控变量）上升，所以 K_o 为正。根据系统为负反馈的条件，控制器放大系数 K_c 应为负，即选反作用方式。

根据以上分析可知，负反馈控制系统控制器正、反作用的确定方法是闭环内各环节符号乘积为负。在生产操作中，控制系统由"手动"切到"自动"后，如被控变量一个方向变化，立刻由"自动"切到"手动"，检查控制器的正、反作用方式。

五、项目考核

项目考核采用步进式考核方式，考核内容如表4-4-2所示。

表 4-4-2 项目考核表

学号		1	2	3	4	5	6	7	8	9	10	11
姓名												
考核内容进程分组	比例控制规律的特点及使用场合(15分)											
	比例积分控制规律的特点使用场合(15分)											
	比例微分控制规律的特点及使用场合(15分)											
	比例积分微分控制规律的特点及使用场合(15分)											
	用逻辑法判断控制器正、反作用(20分)											
	用符号法判断控制器正、反作用(20分)											
扣分	安全文明											
	纪律卫生											
总 评												

六、思考题

(1) 简述比例控制规律的适用场合。

(2) 简述比例积分控制规律的适用场合。

(3) 简述比例微分控制规律的适用场合。

(4) 简述比例积分微分控制规律的适用场合。

(5) 图4-4-4所示是一反应器温度控制系统示意图。试画出该系统的方框图，并说明各环节的输入、输出信号？假定该反应器温度控制系统中，温度不允许过高，否则有爆炸危险。试确定执行器的气开、气关形式和控制器的正、反作用。

(6) 图4-4-5所示为精馏塔塔釜液位控制系统示意图。若工艺上不允许塔釜液位被抽空，试确定控制阀的气开、气关形式和控制器的正、反作用方式。

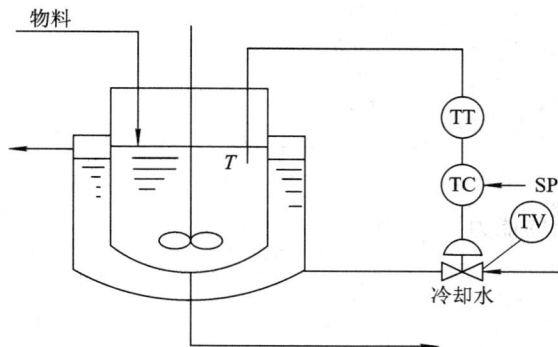

图 4-4-4　反应器温度控制系统

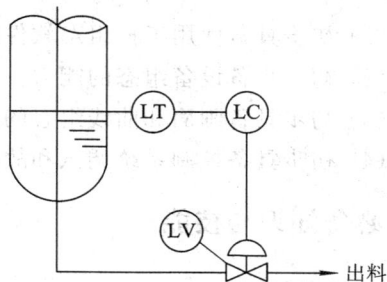

图 4-4-5　精馏塔塔釜液位控制系统

（7）试确定图 4-4-6 所示两个控制系统中控制阀的气开、气关形式及控制器的正、反作用方式。

① 图 4-4-6(a) 所示为加热器出口物料温度控制系统，要求物料温度不能过高，否则容易分解。

② 图 4-4-6(b) 所示为冷却器出口物料温度控制系统，要求物料温度不能太低，否则容易结晶。

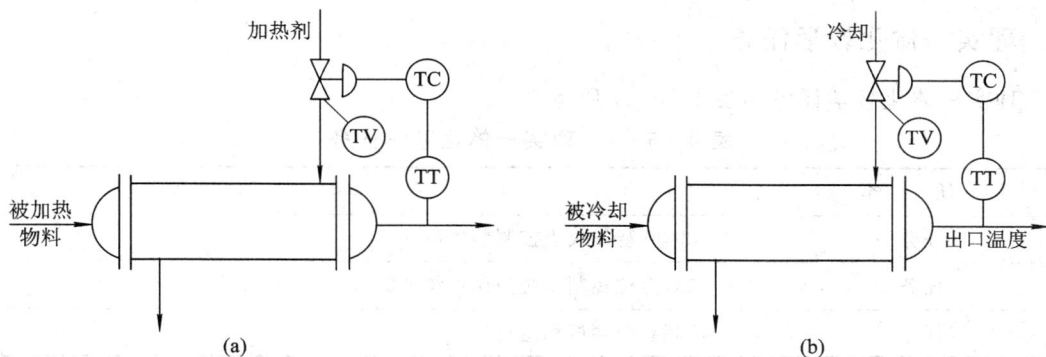

(a)　　　　　　　　　　　　　　(b)

图 4-4-6　加热器温度控制系统

（a）加热器出口物料温度控制系统；（b）冷却器出口物料温度控制系统

（8）简述控制器正、反作用确定的方法。

项目五　简单控制系统集成案例

一、学习目标

1. 知识目标

（1）掌握控制系统集成的含义。

（2）掌握控制系统集成的内容。

（3）掌握实际简单控制系统的组成。

（4）掌握简单控制系统的回路连接。

2. 能力目标

（1）初步具备使用工控组态软件的能力。

（2）初步具备设备组态的能力。

（3）初步具备画面和曲线组态的能力。

（4）初步具备控制系统调试和故障判断的能力。

二、必备知识与技能

1. 必备知识

（1）简单控制系统组成的知识。

（2）简单控制系统各环节之间关系的知识。

（3）简单控制系统各环节输入、输出信号类型的知识。

2. 必备技能

（1）计算机基本的操作。

（2）控制系统调试的方法。

（3）简单控制系统故障分析的能力。

三、理实一体化教学任务

理实一体化教学任务如表 4-5-1 所示。

表 4-5-1　理实一体化教学任务

任　务	内　容
任务一	A3000 智能仪表控制装置简介
任务二	二阶液位控制系统控制系统的集成
任务三	控制系统调试和运行

四、理实一体化步骤

目前工业生产过程中，控制系统采用 DCS 或智能仪表进行控制，系统的软件与硬件配合使用，这样的过程称为控制系统集成。下面以 A3000 智能仪表控制装置为例介绍简单控制系统的集成。

1. A3000 智能仪表控制装置简介

A3000 智能仪表控制系统采用了福建百特公司的两个智能 PID 控制仪表，一个内给定，另一个外给定。该系统具有智能 PID 控制算法，可以实现自整定功能。

A3000 智能仪表控制系统适用于温度控制、压力控制、流量控制、液位控制等各种现场和设备配套，信号输入和控制操作全部采用软件调校。输入分度号、操作参数、控制算法可按键设定，只需做相应的按键设置和硬件跳线设置，输入信号即可在热电阻、热电偶和标准信之间任意切换。

现场部分主要设备有储水箱、上水箱、中水箱、下水箱、磁力泵和锅炉等。具体的控制装置如图 4-5-1 所示。

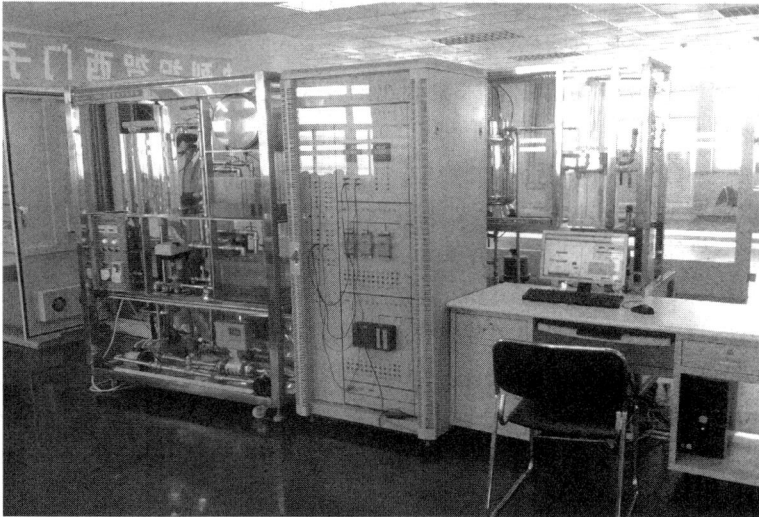

图 4-5-1 A3000 过程控制系统实验装置

控制系统的硬件由变送器、接线端子和智能仪表等组成。控制系统的回路接线图如图 4-5-2 所示。液位变送器的输出即液位测量值经过现场的 X_2 和 X_7 接线板后，通过电缆到仪表柜的后面的 XT_2 和 XJ_2 接线板与仪表柜前面的插线孔相连，可以根据需要选择上水箱、中水箱或下水箱的液位为智能控制器的测量值。

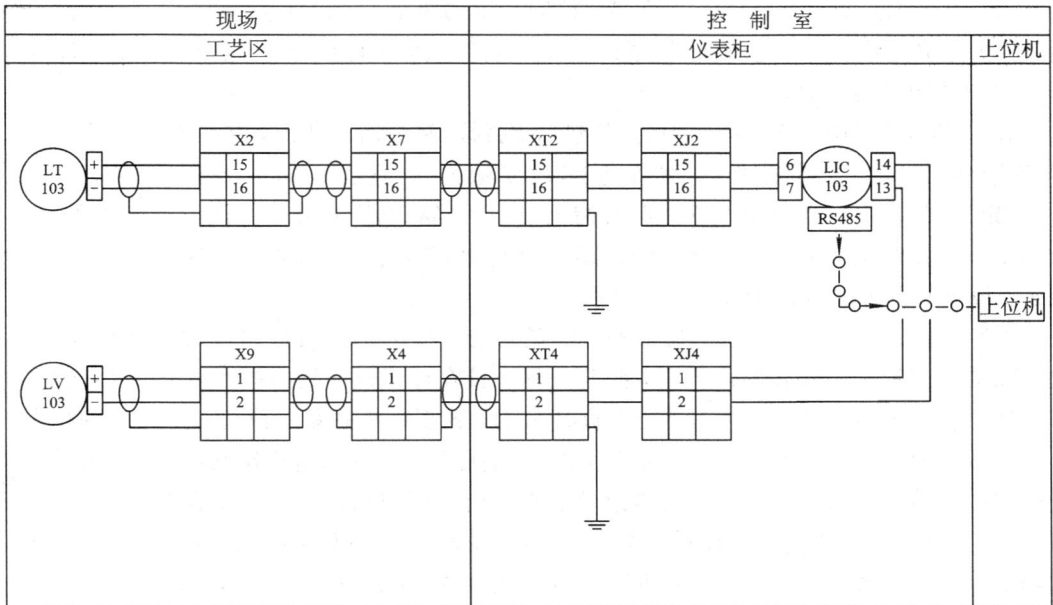

图 4-5-2 控制系统回路接线图

2. 二阶液位控制系统的组态

1）二阶液位控制系统集成的任务

二阶液位控制系统控制设计的任务为利用组态王软件建立应用程序，对液位运行系统进行检测，并具有自动控制的功能；硬件部分为 A3000 智能仪表过程控制实验系统装置。该系统通过智能模块将液位的检测量采集到组态王对应的变量中，由组态王统一管理并输出系统各部分运行趋势、报表及报警事件。

2）系统控制制作过程和系统界面概述

组态王可以与一些常用 I/O 设备直接进行通信。I/O 设备包括可编程控制器（PLC）、智能模块、板卡、智能仪表等。组态王的驱动程序采用 ActiveX 技术，使通信程序和组态王构成一个完整的系统，保证运行系统的高效率。为了方便用户使用，组态王中增加了设备配置向导，用户只需要按照安装向导的提示就可以完成 I/O 设备的配置工作。在系统运行的过程中，组态王通过内嵌的设备管理程序负责与 I/O 设备的实时数据交换。已配置的 I/O 设备在工程浏览器的设备节点中分类列出，用户可以随时查询和修改。组态王与 I/O 设备之间的数据交换采用五种方式：串行通信方式、DDE 方式、板卡方式、网络节点方式、人机接口卡方式。

利用组态王软件建立应用程序的一般过程为设备组态、设计图形界面、建立数据库、动画连接及系统趋势曲线。

（1）设备组态。实现组态软件与百特仪表通信。百特仪表具体为 XM 类仪表两个，名称分别为 Baite1 和 Baite2，地址分别为 1 和 2。通信参数为：采用串口通信，端口号 COM1（根据装置确定），波特率为 9600 b/s，数据位 8，无校验位，停止位 2，通信超时 3000 ms，采集频率 1000 ms。

（2）设计图形界面。根据液位检测和控制系统的要求，可设计多个界面，例如：控制界面、历史趋势曲线、实时趋势曲线、报表等。其制作过程不详细介绍，这里仅介绍二阶液位控制实训监制界面的制作过程。

在工程浏览器中，双击画面中的"新建"，则弹出新画面对话框，在画面名称中输入"二阶液位控制"。在画面设置中，设置左边为 5，顶边为 5，宽度为 1014，高度为 688。然后点击"确定"按钮，则出现一个画面。点击调色板中的"窗口色"按钮，并设置窗口颜色。应用组态王开发系统的工具箱和图库，绘制组态控制画面内的各个元器件，这样一个画面就完成了。设置好的控制画面如图 4-5-3 所示。

（3）建立数据库。数据库是组态王核心的部分。在组态王运行时，工业现场的生产状况要以动画的形式反映在显示屏上，同时工程人员在计算机前发布的指令也要迅速送达生产现场，这一切都是以实时数据库为中介环节的，数据库是联系上位机和下位机的桥梁。

在数据库中存放的是变量的当前值，变量包括系统变量和用户定义的变量，变量的集合形象的称为"数据词典"，数据词典记录了所有用户可使用的数据变量的详细信息。测量值用 PV 表示，所以 PV 值的属性为只读；MV 表示控制阀的输入信号，是控制器手动或自动输出，为读写属性；SP 表示设定值，为读写属性；P 表示比例度，I 表示积分时间，D 表示微分时间，都为读写属性；AM 表示手动自动切换量，为读写属性。变量定义参见表 4-5-2。

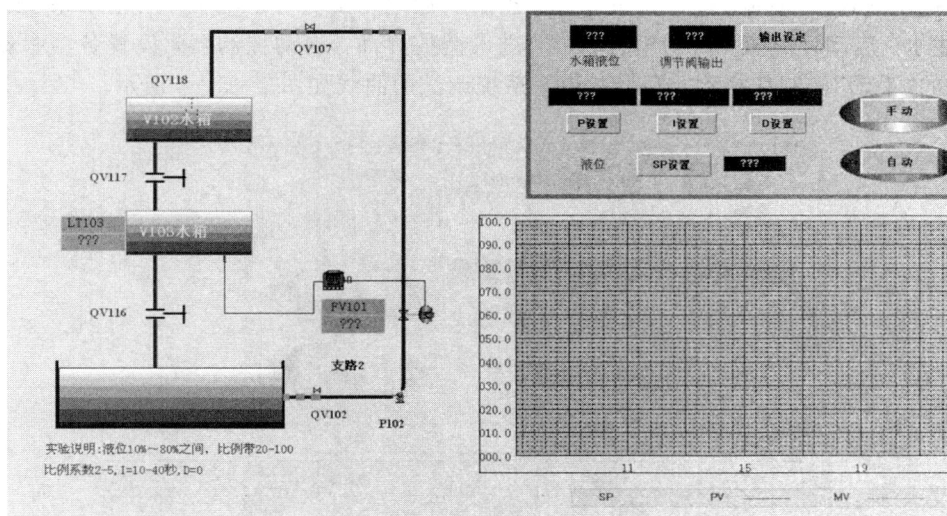

图 4-5-3　二阶液位的监控画面

表 4-5-2　组态软件中所有的变量定义

序号	参数名	意义	参数号	设备	数据类型
1	PID_PV	过程值	REAL1	Baite1	I/O 实数
2	PID_MV	操作值	PARA1.38	Baite1	I/O 实数
3	PID_SP	设定值	PARA1.36	Baite1	I/O 实数
4	PID_P	比例度	PARA1.31	Baite1	I/O 实数
5	PID_I	积分时间	PARA1.33	Baite1	I/O 实数
6	PID_D	微分时间	PARA1.35	Baite1	I/O 实数
7	PID_AM	手自动切换	PARA1.40	Baite1	I/O 实数

（4）动画连接。定义动画连接是指在画面的图形对象与数据库的数据变量之间建立一种关系，当变量的值改变时，通过 I/O 接口，在画面上以图形对象的动画效果表示出来。在表示液位的长方形中建立缩放和隐含连接。

在缩放连接中，设置最小时为 0，占据百分比为 0；最大时为 200，占据百分比为 100。设置后的结果如图 4-5-3 所示。

（5）系统趋势曲线。趋势曲线有实时趋势曲线和历史趋势曲线两种。本系统显示二阶液位变量 PV、二阶液位设定值 SP 和操作值 MV 三条曲线，曲线组态时的时间不能太短，不方便调试；时间不能太长，否则查看趋势不明显。

本系统的实时趋势曲线设置参数和组态画面如图 4-5-3 所示。另外，建立二阶液位控制数据浏览画面，绘制出报表。并调用 ReportSetHistData2()函数，在运行环境时通过选择记录的变量，可以查阅被选变量在各个时刻的值，实现报表功能。

3．运行和调试

将下水箱液位(LT-103)端子通过实验连接线连到控制器输入端 AI0，IO 面板的电动调节阀控制端连到 AO0；接通设备电源，控制阀通电；在现场系统上，启动水泵，给水箱 V102 注水。启动计算机，启动组态软件，进入监控界面。启动控制器，设置各项参数，将控制器的"手动"控制切换到"自动"控制。系统调试的曲线如图 4-5-4 所示。

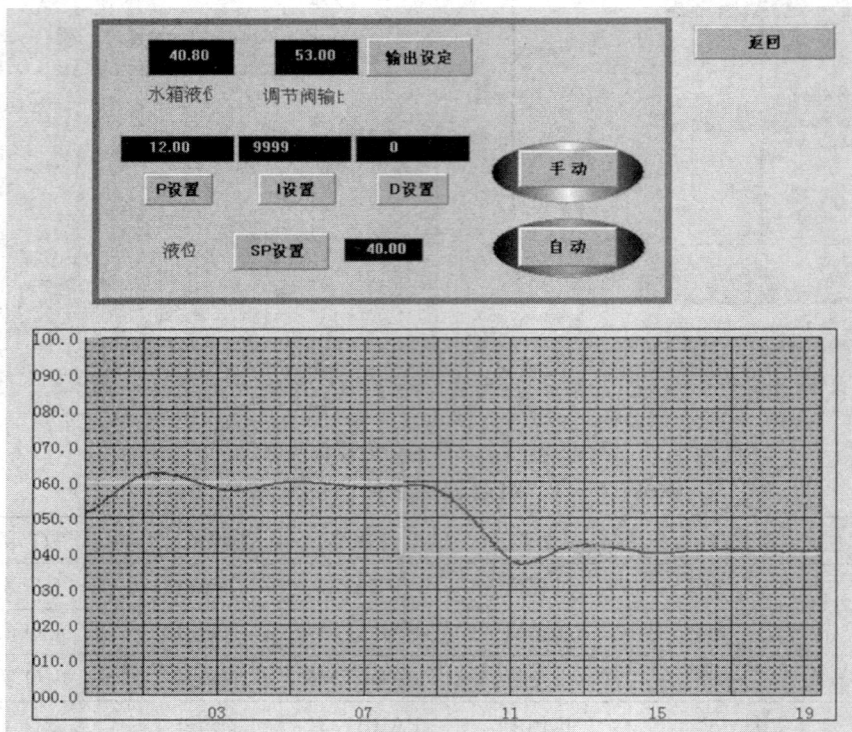

图 4-5-4　阶跃输入信号的二阶液位历史曲线

1）主要错误及其解决方法

（1）通电后，百特表没有任何显示，检查电源线的正、负极是否接反，以及连接线的通、断。

（2）不能通信，检查仪表地址和通信波特率的设置；检查仪表 RS485 通信端子接线；检查上位机通信串口的参数设置，检查仪表 RS485 通信端子接线。

2）经常出现的故障

（1）液位测量值和控制器输出信号类型为电流。

（2）磁力泵停的时间长了，容易卡住。

（3）安装在管道上的手动阀因时间久了不动或容易卡住，表现的现象为管道内流量较小。解决的方法，来回扳动手动阀。

（4）RS485 通信端子接线容易出现断路，定期检查 RS485 接线。

五、项目考核

项目考核采用步进式考核方式，考核内容如表 4-5-3 所示。

表 4 - 5 - 3　项 目 考 核 表

学号		1	2	3	4	5	6	7	8	9	10	11
姓名												
考核内容进程分组	设备组态(20分)											
	数据库的建立(20分)											
	设计图形界面(10分)											
	动画连接(15分)											
	系统趋势曲线(15分)											
	运行和调试(20分)											
扣分	安全文明											
	纪律卫生											
总　　评												

六、思考题

(1) 水位为零，而控制器的测量值大于零，这是什么原因？

(2) 水位变化，而上位机的测量值为____，可能是什么原因？

(3) 控制器输出变化，而控制阀开度不变，可能是什么原因？

项目六　简单控制系统的投运和控制器参数的工程整定

一、学习目标

1. 知识目标

(1) 掌握简单控制系统投运前的准备工作。

(2) 掌握简单控制系统的投运方法。

(3) 掌握用衰减曲线法整定控制器参数的方法。

(4) 掌握用临界比例度法整定控制器参数的方法。

(5) 掌握用经验法整定控制器参数的方法。

2. 能力目标

(1) 初步具备简单控制系统投运前准备工作的能力。

(2) 初步具备简单控制系统投运的能力。

(3) 初步具备衰减曲线法整定控制器参数的能力。

(4) 初步具备临界比例度法整定控制器参数的能力。

(5) 初步具备经验法整定控制器参数的能力。

二、必备知识与技能

1. 必备知识

（1）检测仪表的相关知识。

（2）过程控制系统过渡过程品质指标的相关知识。

（3）比例、积分、微分控制规律的相关知识。

（4）控制器参数对系统过渡过程影响的知识。

2. 必备技能

（1）投运相关检测仪表的能力。

（2）计算系统过渡过程品质指标的能力。

（3）调整控制器参数的能力。

三、理实一体化教学任务

理实一体化教学任务如表 4－6－1 所示。

表 4－6－1　理实一体化教学任务

任　　务	内　　容
任务一	简单控制系统投运前的准备工作
任务二	简单控制系统的投运
任务三	衰减曲线法整定控制器参数
任务四	临界比例度法整定控制器参数
任务五	经验凑试法整定控制器参数

四、理实一体化步骤

生产过程自动控制系统各个组成部分根据工艺要求设计出来之后，经过仪表的安装和调校，接下来就要进行系统的投入运行。控制系统的投运就是将系统从手动工作状态切换到自动工作状态。

1. 简单控制系统的投运

简单控制系统安装完毕或经过停车检修之后，要（重新）投入运行。在投运控制系统前必须要进行全面、细致的检查和准备工作。

1）投入运行前的准备工作

在投运前，首先应熟悉工艺过程，了解主要工艺流程和对控制指标的要求，以及各种工艺参数之间的关系，熟悉控制方案，熟悉测量元件、控制阀的位置及管线走向，熟悉紧急情况下的故障处理。投运前的主要检查工作如下：

（1）对检测元件、变送器、控制器、显示仪表、控制阀等各仪表进行检查，确保仪表能正常使用。

（2）对各连接管线、接线进行检查，检查是否接错，通、断情况，是否有堵、漏现象，以保证连接正确和线路畅通。例如，孔板上、下游导压管与变送器高、低压端的正确连接；导压管和气动管线必须畅通，不得中间堵塞；热电偶正、负极与补偿导线极性、变送器、显示仪表的正确连接；三线制或四线制热电阻的正确接线等。

（3）应设置好控制器的正、反作用方式，手自动开、关位置等；并根据经验或估算，预置比例、积分、微分参数值，或者先将控制器设置为纯比例作用，比例度置于较大的位置。

（4）检查控制阀气开、气关形式的选择是否正确，打开上、下游的截止阀，关闭控制阀的旁路阀，并使控制阀能灵活开、闭。在安装阀门定位器的控制阀时，应检查阀门定位器能否正确动作。

（5）进行联动试验，用模拟信号代替测量变送信号，检查控制阀能否正确动作，显示仪表是否正确显示等；改变比例度、积分和微分时间，观察控制器输出的变化是否正确。采用计算机控制时，情况与采用常规控制器时相似。

2）控制系统的投运

当控制器从手动位置切换到自动位置时，要求无扰动切换。也就是说，从手动切换到自动过程中，不应该破坏系统原有的平衡状态，即切换过程中不能改变控制阀的原有开度。

控制系统各组成部分的投运次序一般如下：

（1）检测系统投运。温度、压力等检测系统的投运较为简单，可逐个开启仪表。对于采用差压变送器的流量或液位系统，从检测元件的根部开始，逐个缓慢地打开根部阀、截止阀等。

（2）阀门手动遥控。把控制器打在手动位置，改变手操器的输出，使控制阀处在正常工况下的开度，把被控变量稳定在给定值上。

（3）控制器的投运。把控制器参数设定为合适的参数，通过手操使给定值与测量值相等（偏差为零）切入自动。

2. 控制器参数的工程整定

一个控制系统的过渡过程或者控制质量，与被控对象特性、干扰的形式与大小、控制方案的确定及控制器参数的整定有着密切的关系。在控制方案、广义对象的特性、干扰位置、控制规律都已确定的情况下，系统的控制质量主要取决于控制系统参数的整定。所谓控制器参数的整定，就是对于一个已经设计并安装就绪的控制系统，通过对控制器参数的调整，使得系统的过渡过程达到最为满意的质量指标要求。具体来说，就是确定控制器最合适的比例度 δ、积分时间 T_I 和微分时间 T_D。有一点须加以说明，不同的系统，整定的目的、要求可能不同，对于简单控制系统，控制器参数整定的目的就是通过选择合适的控制器参数，使过渡过程为 4:1（或 10:1）的衰减振荡过程。

控制器参数整定的方法有很多，归类起来可分为两大类：一类为理论计算整定法，这类方法要求已知对象的数学模型。但是，无论是数学推导的方法还是试验测试的方法，在求取对象时均忽略某些因素，只能近似反映对象的动态特性。所以理论计算法得到的参数整定值可靠度不高，在现场还需进一步调试，因而这种方法应用得并不广泛。另一类方法是工程整定法，这类方法直接在系统中进行调试。

下面介绍几种常见的工程整定法。

1）衰减曲线法

衰减曲线法是在临界比例度法的基础上提出来的，对于某些不允许或不能出现等幅振荡的系统，可考虑采用衰减曲线法。该方法是以在纯比例作用下获取 4∶1 或 10∶1 的衰减振荡曲线为参数整定依据的，其整定步骤如下：

（1）先将控制器设置为纯比例作用（$T_I = \infty$，$T_D = 0$），并将比例度预置在较大的数值（一般为 100%）上。在工况稳定的前提下将控制系统投入自动运行状态。在系统稳定后，加入阶跃干扰，观察被控变量记录曲线的衰减比，然后逐步减小比例度，每改变一次比例度 δ，加一次阶跃干扰，直至出现如图 4-6-1 所示的 4∶1 衰减曲线。记下此时的比例度 δ_s 及衰减振荡周期 T_s。

（2）根据表 4-6-2 中的经验公式，可算出控制器的各个整定参数值，最后依据计算结果设置控制器参数值，观察系统的响应过程，若曲线不够理想，再适当调整控制器参数值，直到符合要求为止。

表 4-6-2　4∶1 衰减曲线法整定控制器参数经验公式

控制规律	控制器参数		
	$\delta / \%$	$T_I / \min$	$T_D / \min$
P	δ_s		
PI	$1.2\delta_s$	$0.5T_s$	
PID	$0.8\delta_s$	$0.3T_s$	$0.1T_s$

对于多数过程控制系统，可认为 4∶1 衰减过程即为最佳过渡过程。但是，有些实际生产过程（如锅炉燃烧等控制系统）对控制系统的稳定性要求较高，认为 4∶1 衰减振荡仍过于激烈，为了减缓振荡，缩短过渡过程稳定时间，整定可按 10∶1 的衰减比进行，参见图 4-6-1。

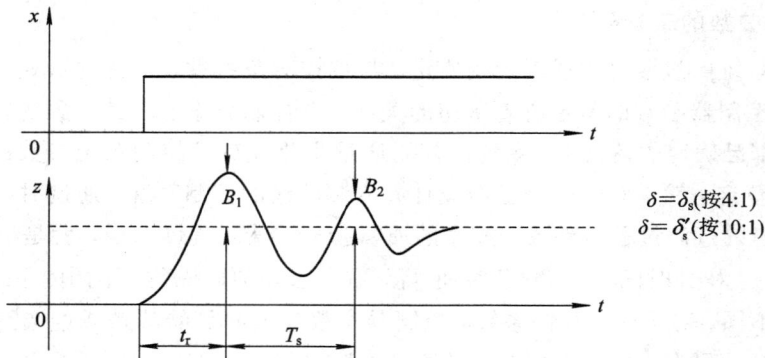

图 4-6-1　衰减曲线法 4∶1 或 10∶1 过程曲线

10∶1 衰减曲线法整定控制器参数的步骤与 4∶1 衰减曲线法的完全相同，仅仅是采用公式有些不同。此时需求取 10∶1 衰减时的比例度 δ_s' 和从 10∶1 衰减曲线上求取过渡过程达到第一个波峰时的上升时间 t_r（因为曲线衰减很快，振荡周期不容易测准，故改为测上升时间）。有了 δ_s' 及 t_r 两个实验数据，查表 4-6-3 即可求得控制器应该采用的参数值。

表 4 - 6 - 3　10∶1 衰减曲线法整定控制器参数经验公式

控制规律	控制器参数		
	$\delta/\%$	T_I/min	T_D/min
P	δ'_s		
PI	$1.2\delta'_s$	$2t_r$	
PID	$0.8\delta'_s$	$1.2t_r$	$0.4t_r$

衰减曲线法测试时的衰减振荡过程时间较短，对工艺影响也较小，且这种整定方法不受对象特性阶次的限制，一般工艺过程都可以应用，因此这种整定方法应用较为广泛，几乎适用于各种场合。

用衰减曲线法整定控制器参数时，必须注意以下几点：

（1）加干扰前，控制系统必须处于稳定状态，且应校准控制器的刻度和记录仪，否则得不到准确的 δ_s、T_s 或 δ'_s、t_r 值。

（2）所加干扰的幅值不能太大，要根据生产操作的要求来定，一般为给定值的 5% 左右，而且必须与工艺人员共同商定。

（3）对于反应快的系统，如流量、管道压力和小容量的液位控制等，要在记录曲线上得到准确的 4∶1 衰减曲线比较困难。一般被控变量来回波动两次达到稳定，就可以近似地认为达到 4∶1 衰减过程了。

（4）如果过渡过程波动频繁，难以记录准确的比例度、衰减周期或上升时间，则应改用其他方法。

2）临界比例度法

临界比例度法是一种比较成熟、常用的控制器参数整定方法，在大多数控制系统中能得到良好的控制品质。首先控制器在纯比例作用下，通过现场实验找到等幅振荡过程（即临界振荡过程），并得到此时的临界比例度 δ_k 和临界振荡周期 T_k，再通过简单的计算求出衰减振荡时控制器的参数。其具体步骤如下：

（1）置控制器积分时间 $T_I=\infty$，微分时间 $T_D=0$，根据广义过程特性选择一个较大的比例度，并在工况稳定的前提下将控制系统投入自动运行状态。

（2）将给定值作一个小幅度的阶跃变化，观察、记录曲线。从大到小地逐步改变比例度 δ，每改变一次比例度 δ，都通过改变给定值加阶跃干扰，直至系统产生等幅振荡（即临界振荡）为止，如图 4-6-2 所示。记下此时的比例度 δ_k 和振荡周期 T_k。

（3）根据 δ_k 和 T_k 这两个实验数

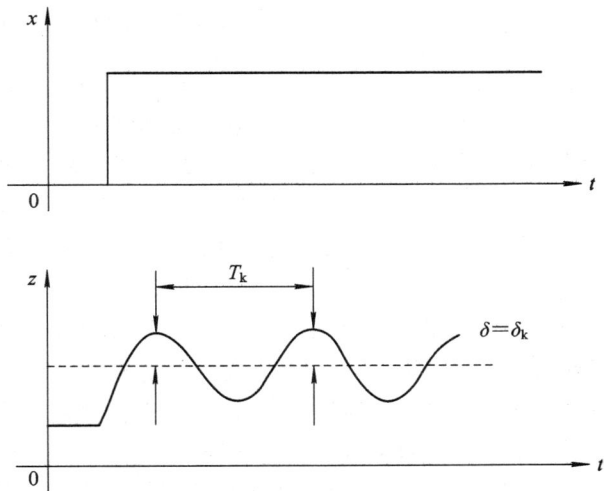

图 4 - 6 - 2　临界振荡过程曲线

据，按表 4-6-4 所列的经验公式，计算出使过渡过程呈 4:1 衰减振荡时控制器的各参数 δ、T_I、T_D 整定参数值。

根据上述计算结果设置控制器参数值，观察系统的响应过程，若过渡过程曲线不够理想，还可适当微调控制器参数值，直到达到满意的 4:1 衰减振荡过程为止。

表 4-6-4 临界比例度法整定控制器参数经验公式表

控制规律	控制器参数		
	$\delta/\%$	T_I/min	T_D/min
P	$2\delta_k$		
PI	$2.2\delta_k$	$0.85T_k$	
PID	$1.7\delta_k$	$0.5T_k$	$0.125T_k$

临界比例度法简单、方便，容易掌握和判断，可用于大多数流量、液位、压力、温度控制系统上。但此法有一定限制，从工艺上看，被控变量不允许承受等幅振荡的波动；其次是对象应为高阶对象或具有纯滞后，否则在纯比例作用下系统将不会出现等幅振荡。

3) 经验法

经验法是工人、技术人员在长期生产实践中总结出来的一种整定方法，在现场得到广泛的应用，各种对象的参考整定参数如表 4-6-5 所示。表 4-6-5 内参数（按 4:1 衰减比）给出参考范围。

表 4-6-5 控制器参数的经验数据表

被控变量	被控对象特点	$\delta/\%$	T_I/min	T_D/min
液位	一般液位质量要求不高	20~80		
压力	对象时间常数一般较小，不用微分作用	30~70	0.4~3.0	
流量	对象时间常数小，参数有波动，并有噪声。比例度较大，积分时间较小，不使用微分作用	40~100	0.1~1	
温度	多容过程，对象容量滞后较大，比例度要小，积分时间要大，应加微分作用	20~60	3~10	0.5~3.0

经验凑试法可根据经验先将控制器的参数设置在某一数值上，然后直接在闭环控制系统中施加干扰信号，在记录仪上观察被控变量的过渡过程曲线形状。若曲线不够理想，则以控制器参数 δ、T_I、T_D 对系统过渡过程的影响为理论依据，按照规定的顺序对比例度 δ、积分时间 T_I 和微分时间 T_D 逐个进行反复凑试，直到获得满意的控制质量。

具体步骤如下：

(1) 置控制器积分时间 $T_I=\infty$，微分时间 $T_D=0$，选定一个合适的 δ 值作为起始值，将系统投入自动运行状态。通过改变给定值给系统施加阶跃干扰，观察被控变量曲线的形状。若曲线振荡频繁，则加大比例度 δ；若曲线超调量大且趋于非周期过程，则减小 δ；再次加给定干扰，观察曲线，反复进行，直至出现 4:1 过渡过程曲线。

(2) δ 值调整好后，如要求消除余差，则要引入积分作用。一般积分时间可先取为衰减周期的一半（或按表 4-6-2 给出的经验数据范围选取一个较大的 T_I 初始值，将 T_I 由大到小进行整定)。在积分作用引入的同时，将比例度增加 $10\%\sim20\%$ 以补偿积分加入所引起的稳定性下降。观察记录曲线的衰减比和消除余差的情况，如不符合要求，再适当改变 δ 和 T_I 值，直至出现 4:1 过渡过程曲线。

（3）如果系统需要引入微分作用，则在 δ 和 T_I 值调整好后再加入微分作用。适当加入微分会提高系统稳定性，因此，在加入微分时，可适当减小 δ 和 T_I 值。微分时间 T_D 也要在表 4-6-5 给出的范围内凑试，并由小到大加入。若曲线超调量大且衰减缓慢，则需增大 T_D；若曲线振荡厉害，则应减小 T_D，直至出现 4:1 过渡过程曲线。

经验法适用于各种控制系统，特别是外界干扰作用频繁、记录曲线不规则的控制系统。但此法主要是靠经验，经验不足者会花费很长的时间。

过程控制系统投运时，必须整定控制器的参数，才能获得满意的控制质量。同时，在生产过程中，如果负荷变化很大或工艺操作条件改变，被控对象的特性就发生变化，控制器参数必须重新整定。

五、项目考核

项目考核采用步进式考核方式，考核内容如表 4-6-6 所示。

表 4-6-6 项目考核表

学号		1	2	3	4	5	6	7	8	9	10	11
姓名												
考核内容进程分组	简单控制系统投运前的准备工作(20 分)											
	简单控制系统的投运(20 分)											
	衰减曲线法整定控制器参数(20 分)											
	临界比例度法整定控制器参数(20 分)											
	经验凑试法整定控制器参数(20 分)											
扣分	安全文明											
	纪律卫生											
总 评												

六、思考题

（1）简述简单控制系统投运前要准备哪些工作。

（2）简述简单控制系统投运的操作过程。

（3）简述如何运用衰减曲线法整定控制器参数。

（4）简述如何运用临界比例度法整定控制器参数。

（5）简述如何运用经验凑试法整定控制器参数。

项目七　液位控制系统的投运和 PID 整定实训

一、学习目标

1. 知识目标

（1）掌握液位控制系统投运前的准备工作。

（2）掌握液位控制系统的投运。

（3）掌握衰减曲线法整定液位控制系统 PID 参数。

2. 能力目标

（1）初步具备液位控制系统投运前准备工作的能力。

（2）初步具备液位控制系统投运的能力。

（3）初步具备衰减曲线法整定液位控制系统 PID 参数的能力。

二、必备知识与技能

1. 必备知识

（1）简单控制系统投运前的准备工作。

（2）简单控制系统投运的相关知识。

（3）简单控制系统衰减曲线法整定控制器参数的相关知识。

2. 必备技能

（1）简单控制系统投运前准备工作的能力。

（2）简单控制系统投运的能力。

（3）简单控制系统衰减曲线法整定控制器参数的能力。

三、理实一体化教学任务

理实一体化教学任务如表 4-7-1 所示。

表 4-7-1　理实一体化教学任务

任　　务	内　　容
任务一	液位控制系统投运前的准备工作
任务二	液位控制系统的投运
任务三	衰减曲线法整定液位控制系统参数

四、理实一体化步骤

1. 装置的开启，系统投运(开车)

(1) 检查设备管路设置，用打开或关断相应阀门的方法对二阶水箱液位系统管路进行设置，现场装置上电。

(2) 将旁路阀打开。

(3) 检查仪表柜仪表的接线。(二阶液位测量值与控制器测量值连接，控制器的操作值与控制阀连接)。

(4) 连接仪表柜与上位机的通信线。

(5) 设备、仪表柜上电。

(6) 开上位机，打开工控组态的二阶液位控制工程，进入运行状态，进入控制系统，控制器设置为手动方式。

(7) 检查信号通信是否正常。

(8) 启动磁力泵。

(9) 将控制器切到"手动"，并使控制器的输出为50%左右，将旁路阀关小。(通过调整挡板的位置，找到合适的工作点。合适工作点是阀门开度在50%左右，液位也在50%左右)

2. 控制器参数整定

(1) 将控制器参数设置为 $P=200\%$，$I=10\ 000$ s，$D=0$ s。

(2) 调整设定值，使"设定值"等于"测量值"。

(3) 调整比例度使系统出现4:1衰减，并记录此时的比例度 δ_s 周期 T_s。

(4) 将控制器参数 $\delta=1.2\delta_s$，积分时间 $T_I=0.5T_s$，观察系统的过渡过程，如果不是4:1衰减，微调积分时间 T_I，直至出现4:1衰减振荡。

(5) 将控制器参数 $\delta=0.8\delta_s$，积分时间 $T_I=0.3T_s$，$T_D=0.1T_s$，观察系统的过渡过程，如果不是4:1衰减，微调微分时间 T_D，直至出现4:1衰减。

3. 控制系统的投运

控制系统投运的步骤(1)～(5)同控制器参数整定的步骤(1)～(5)。

(6) 控制器参数不变，将"手动"切到"自动"。

说明：此时的控制系统过渡过程为4:1衰减振荡。

4. 控制装置的停运(停车)

(1) 关停现场装置。

(2) 关停控制器。

(3) 上位机退出运行状态。

(4) 打开旁路阀。

五、项目考核

项目考核采用步进式考核方式，考核内容如表4-7-2所示。

表 4 - 7 - 2 项 目 考 核 表

考核内容	考核标准	学号	1	2	3	4	5	6
		姓名						
二阶控制系统的平衡、投运(10分)	对象设置(3分),二阶平衡(5分),无扰动手动切换到自动(2分)							
纯比例作用下,调整比例度直到出现4:1衰减曲线,观察控制系统过渡过程,记录曲线的参数 δ_s 和周期 T_s(25分)	干扰量适中,无操作失误(5分),出现4:1衰减曲线过程(15分),记录曲线的参数 δ_s 和周期 T_s(5分)							
将比例度设置为 $1.2\delta_s$,积分时间为 $0.5T_s$,观察控制系统过渡过度渡过程曲线。微调积分时间直到出现4:1衰减曲线(20分)	干扰量适中,无操作失误,积分加入正确(10分),出现4:1衰减曲线过程(10分)							
将设置比例度为 $0.8\delta_s$,积分时间为 $0.3T_s$,微分时间为 $0.1T_s$,观察控制系统过度渡过程曲线。微调控制器参数直到出现4:1衰减曲线(25分)	干扰量适中,无操作失误,微分加入正确(10分),出现4:1衰减曲线过程(15分)							
系统投运,装置的关停(10分)	系统投运正确(10分)							
曲线对比分析(10分)	分析过程和得到的结论正确(10分)							
扣分	安全文明							
	纪律卫生							
总 评								

考核内容标准进程分组(左侧竖排标注)

六、思考题

(1)液位控制系统投运前要做好哪些准备工作?
(2)液位控制系统如何投运?
(3)液位控制系统的 P 参数如何整定?
(4)液位控制系统的 PI 参数如何整定?
(5)液位控制系统的 PID 参数如何整定?

模块五　复杂控制系统

　　简单控制系统结构简单，使用方便，而且投资少、维护方便，投运和整定的步骤简单，在生产过程中，应用十分广泛，所以它也是过程控制系统中最简单、最基本的一种形式。然而，随着工业的发展，生产工艺的改进，生产过程的大型化和复杂化必然导致对操作条件的要求更加严格、变量之间的关系更加复杂，这些问题的解决都是简单控制系统所不能胜任的。因此相继出现了各种复杂的控制系统。

　　所谓复杂控制系统，是相对于简单控制系统而言的，是指具有多个变量或两个以上测量变送器或两个以上控制器或两个以上控制阀的控制系统。采用复杂控制系统对提高控制品质、扩大自动化应用范围起着关键性的作用。

　　依照系统的结构形式和所完成的功能来分，常用的复杂控制系统有串级、比值、均匀、分程、选择、前馈等控制系统。

　　本模块主要介绍串级控制系统、均匀控制系统、比值控制系统和前馈控制系统的基本原理、目的、结构及应用。

项目一　串级控制系统

一、学习目标

1. 知识目标

（1）掌握串级控制系统的结构及特点。

（2）掌握选择主、副变量的依据。

（3）掌握选择主、副控制器的方法。

（4）熟悉串级控制系统的投运方法。

（5）熟悉串级控制系统控制器参数的整定方法。

2. 能力目标

（1）基本具备选择系统副变量的能力。

（2）基本具备判断系统主、副对象特性的能力。

（3）基本具备判断控制器正、反作用的能力。

（4）初步具备串级控制系统控制器参数整定和投运的能力。

二、必备知识与技能

1. 必备知识

（1）简单控制系统基本组成的知识。

（2）负反馈作用的知识。

（3）定值系统与随动系统的知识。

（4）闭环系统的相关知识。

2. 必备技能

（1）分析、判断简单控制系统的能力。

（2）判断控制器给定方式的能力。

（3）判断控制器正、反方式的能力。

（4）选择控制阀开关形式的能力。

（5）分析定值系统与随动系统的能力。

三、理实一体化教学任务

理实一体化教学任务如表 5-1-1 所示。

表 5-1-1　理实一体化教学任务

任　务	内　容
任务一	串级控制系统的结构、术语
任务二	串级控制系统的工作过程
任务三	串级控制系统的特点
任务四	串级控制系统的实施内容与方法
任务五	串级控制系统控制器参数的整定
任务六	串级控制系统的投运

四、理实一体化步骤

1. 概述

简单控制系统能解决工业生产过程中的大量参数定值控制问题。但是对于多输入/多输出系统、大滞后系统和干扰较大的系统等，简单控制系统就很难控制，在无法满足工艺的控制要求时，可采用复杂控制系统。

串级控制系统是复杂控制系统中应用最多的一种控制形式。它是在简单控制系统的基础上发展起来的。下面通过具体例子来说明串级控制系统的基本结构和一些相关概念。

加热炉是石油化工生产中经常使用的设备，对出口温度的控制都比较严格，为了控制加热炉的出口温度，可选择出口温度作为被控变量，燃料油流量作为操纵变量，构成如图 5-1-1 所示的简单控制系统。

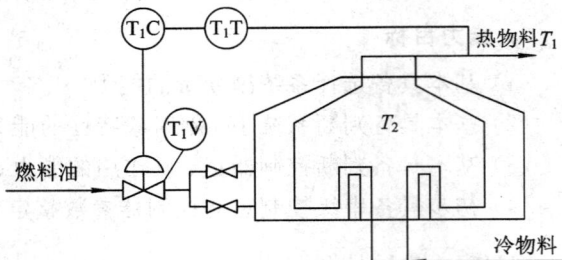

图 5-1-1　加热炉出口温度控制系统

下面对图 5-1-1 的控制方案进行分析。加热炉运行过程中，可能存在的影响炉出口温度的因素有冷物料的流量波动、成分变化和温度变化，燃料油热值的变化、温度和压力波动，烟囱挡板位置的变化及抽力的改变等。但是加热炉这个被控对象具有控制通道时间常数大和容量滞后大的特点，所以控制作用不及时，系统克服干扰的能力较差，控制效果不理想，不能满足工艺生产要求。

为了减小控制通道时间常数，可选择加热炉炉膛温度作为被控变量，燃料油流量作为操纵变量，构成如图 5-1-2 所示的控制系统。然而此系统对于冷物料的流量波动、温度变化、燃料油热值的变化和压力波动这些干扰能够及时、有效地予以克服，稳定了炉膛温度，但是它不能稳定出口温度，所以该方案也不能满足控制要求。

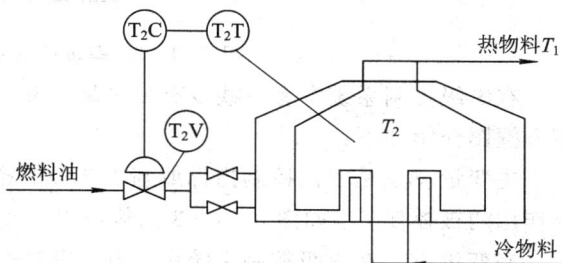

图 5-1-2　加热炉炉膛温度控制系统

在实际生产中，可根据炉膛温度变化先控制燃料油流量，然后根据加热炉出口温度与给定值的偏差作进一步的控制，以稳定热物料出口温度。根据这样的控制目的，可设计一个以加热炉出口温度为主要被控变量、炉膛温度为辅助变量的控制系统，如图 5-1-3 所示。

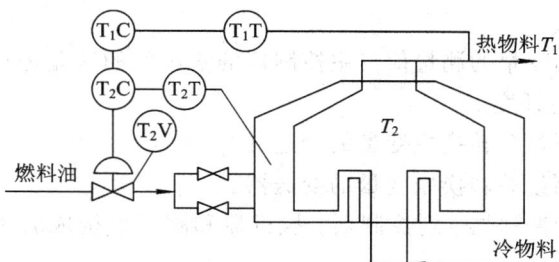

图 5-1-3　串级控制系统

在该控制系统中，包含两个温度控制器 T_1C 和 T_2C，其中 T_1C 的输出值作为 T_2C 的给定值，T_2C 的输出作为控制阀的控制信号，控制燃料油流量，达到改变炉膛温度和控制出口温度的目的。控制系统的方框图如图 5-1-4 所示，从图中可以看出两个控制器串联工作。串级控制系统是一个控制器的输出作为另一个控制器的给定值的双闭环定值控制系统。

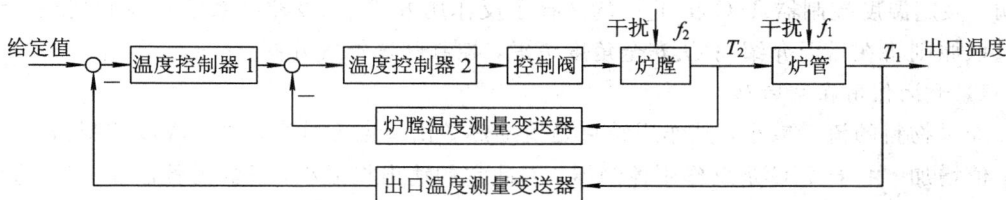

图 5-1-4　加热炉串级控制系统方框图

串级控制系统的典型方框图如图 5-1-5 所示。

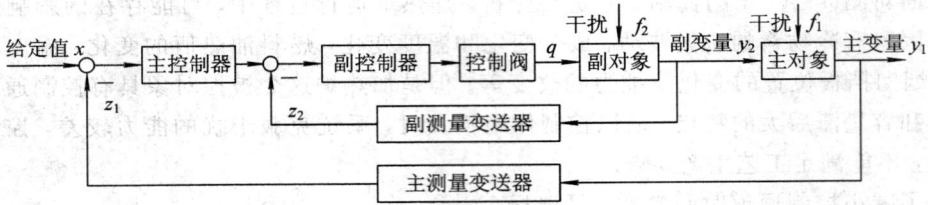

图 5-1-5　串级控制系统的典型方框图

在串级控制系统中有一些专有的名词，为了在后面讲述方便，对照串级控制系统的典型方框图介绍如下：

主变量 y_1：是工艺控制指标或与工艺控制指标有直接关系，是在串级控制系统中起主导作用的被控变量。如图 5-1-3 加热炉串级控制方案中的出口温度 T_1。

副变量 y_2：在串级控制系统中，为了更好地稳定主变量或因其他某些要求而引入的辅助中间变量。如图 5-1-3 加热炉串级控制例子中，炉膛的温度 T_2。

主对象：由主变量表征其主要特征的生产设备。如图 5-1-3 所示加热炉串级控制的例子中从炉膛温度检测点到加热炉出口温度检测点这段局部设备。

副对象：由副变量表征其特征的生产设备。如图 5-1-3 所示加热炉串级控制的例子中，从执行器到炉膛温度检测点的这段局部设备。

主控制器：根据主变量的测量值与给定值的偏差进行工作的控制器，其输出作为副控制器的给定值。

副控制器：根据副变量的测量值与主控制器的输出值的偏差进行工作的控制器，其输出直接改变控制阀阀门开度。

主测量变送器：测量并转换主变量的变送器。

副测量变送器：测量并转换副变量的变送器。

副回路：由副测量变送器、副控制器、执行器和副对象构成的闭合回路，也称副环或内环。

主回路：由主测量变送器、主控制器、副回路和主对象构成的闭合回路，也称主环或外环。

2. 串级控制系统的工作过程

从上面内容可知串级控制系统比简单控制系统的控制效果好，那么串级控制系统是如何克服干扰、提高控制质量呢？下面以加热炉出口温度-炉膛温度串级控制系统为例加以说明。假定温度控制器 T_1C 和 T_2C 均选择了反作用方式（串级控制系统的控制器正、反作用选取原则将在后面介绍）；从安全角度考虑，控制阀选择气开阀。

1）干扰作用在主回路

如果物料的流量减小，其作用结果是使加热炉出口温度升高。这时温度控制器 T_1C 的测量值增加，由于 T_1C 是反作用控制器，因此它的输出将减小，即温度控制器 T_2C 的给定值减小。此时，副对象没有受到干扰影响，副变量不变，因此温度控制器 T_2C 的输入偏差信号增加，由于温度控制器 T_2C 也是反作用，于是其输出减小，气开阀阀门开度也随之减小，使燃料油供给量减少，加热炉出口温度慢慢降低靠近到给定值。在这个控制过程中，副回路是随动控制系统，这就使炉膛温度为了稳定主变量（加热炉出口温度）是随时变化的。在串级控制系统中，当干扰作用于主对象时，副回路的存在可以及时改变副变量的数值，以达到稳定主变量的目的。

2）干扰作用在副回路

假定燃料油压力增加，则使副变量升高，暂时对主变量不产生影响。对于温度控制器 T_2C 来说，它的输入是副变量的测量值与温度控制器 T_1C 的输出之差，主变量暂不变化，所以 T_1C 的输出是不变的，此时副变量升高，显然温度控制器 T_2C 的输入是增加的，因温度控制器 T_2C 是反作用，故其输出减小，关小控制阀。在此控制过程中，由于控制通道时间常数小，因此控制及时。在燃料油压力幅值不大的情况下，它们的影响几乎波及不到主变量，就被副回路克服了；当燃料油压力幅值较大时，在副回路快速及时的控制下，会使其干扰影响大大削弱，即便影响到加热炉出口温度（主变量），偏离给定值的程度也不大。此时温度控制器 T_1C 的测量值增加，其输出就会减小（温度控制器 T_1C 是反作用），即温度控制器 T_2C 的给定值减小，从而使温度控制器 T_2C 的输出减小；再适度地关小控制阀，减小燃料流量，经过主控制器的进一步控制，燃料油压力的影响很快被消除，使主变量回到给定值。由此可见，副对象的时间常数较小，串级控制系统能够很好地克服作用到副回路上的干扰。

3）干扰同时作用于主、副回路

当干扰即物料的流量和燃料油压力分别作用于主、副回路时，会有两种可能，一种可能是物料的流量和燃料油压力的影响使主、副变量同方向变化。假设使主、副变量都增加，这时温度控制器 T_1C 输出减小，温度控制器 T_2C 的测量值增加，因此反作用温度控制器 T_2C 的输出会大大减小，使控制阀的开度大幅度减小，大大减少了燃料流量，以阻止加热炉炉膛温度和出口温度上升的趋势，使主变量出口温度渐渐恢复到给定值。如果干扰使主、副变量都减小，情况类似，共同的作用结果是使阀门开度大幅度增加，以大大增加燃料流量。由此可知，当两种干扰的作用方向相同时，两个控制器配合工作，阀门的开度有较大的动作变化，抗干扰能力更强，控制质量也更高。另一种可能是物料的流量和燃料油压力的影响使主、副变量向相反方向变化，即对于主、副变量的影响是一个增加、另一个减小。这种情况是有利于控制的，因为一定程度上部分干扰作用相互抵消了，没有被抵消的部分，可能使主变量升高，也可能使主变量降低，这取决于物料的流量和燃料油压力幅值的强弱，但比较前一种情况，对主变量的干扰程度已有所降低，因偏差不大，控制阀稍加动作，即可使系统平稳。

串级控制系统对于作用在主回路上的干扰和作用在副回路上的干扰都能有效地克服，但主、副回路各有其特点，副回路中副对象时间常数小，副回路能迅速地动作，然而控制不一定精确，所以其特点是先调、粗调、快调；主回路中主对象时间常数大、动作滞后，但主控制器能进一步消除副回路没有克服掉的干扰，所以主回路的特点是后调、细调、慢调。当对象滞后较大，干扰幅值比较大而且频繁，采用简单控制系统得不到满意的控制效果时，可采用串级控制系统。

3. 串级控制系统的特点

（1）对于进入副回路的干扰具有很强的抑制能力。由于副回路的存在，当干扰进入副回路时，副控制器能及时控制，并且又有主控制器进一步控制来克服干扰，因此总的控制效果比简单控制系统好。

图 5-1-6 所示是串级控制系统的方框图,将它进行等效变换,副回路等效副回路 $G'_{p2}(s)$ 作为主回路的一个环节,其等效副回路 $G'_{p2}(s)$ 的传递函数为

$$G'_{p2}(s) = \frac{Y_2(s)}{X_2(s)} = \frac{G_{c2}(s)G_v(s)G_{o2}(s)}{1 + G_{c2}(s)G_v(s)G_{o2}(s)H_{m2}(s)} \qquad (5-1-1)$$

当进入副回路的干扰为 $F_2(s)$ 时,方框图等效转化为图 5-1-7。

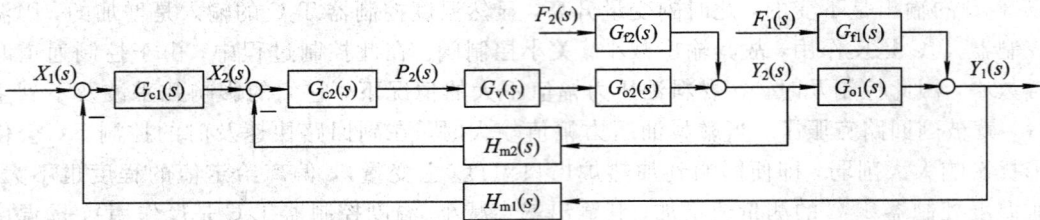

$G_{c1}(s)$、$G_{c2}(s)$—主、副控制器的传递函数;$G_{o1}(s)$、$G_{o2}(s)$—主、副被控对象的传递函数;$H_{m1}(s)$、$H_{m2}(s)$—主、副测量变送器的传递函数;$G_{f1}(s)$、$G_{f2}(s)$—作用于主、副对象干扰通道的传递函数

图 5-1-6　串级控制系统方框图

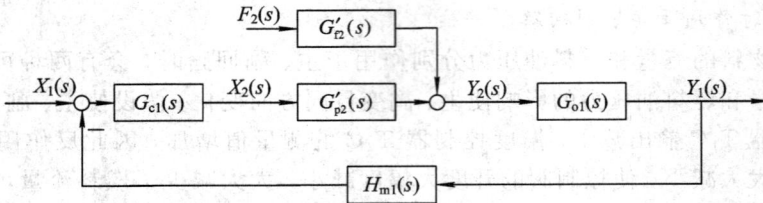

图 5-1-7　串级控制系统等效方框图

$$G'_{f2}(s) = \frac{G_{f2}(s)}{1 + G_{c2}(s)G_{o2}(s)G_v(s)H_{m2}(s)} \qquad (5-1-2)$$

若没有副回路的控制作用,则副变量与干扰 F_2 的关系为

$$Y_2(s) = G_{f2}(s)F_2(s) \qquad (5-1-3)$$

而在串级控制系统中,副变量与干扰 F_2 的关系为

$$Y_2(s) = G'_{f2}(s)F_2(s) = \frac{G_{f2}(s)}{1 + G_{c2}(s)G_{o2}(s)G_v(s)H_{m2}(s)}F_2(s) \qquad (5-1-4)$$

比较式(5-1-3)和式(5-1-4)可知,在串级控制系统中的干扰影响仅为简单控制系统中的 $1/(1 + G_{c2}G_{o2}G_vH_{m2})$,由于副回路的控制作用大大减弱了干扰 f_2 对 y_2 的影响,所以说对进入副回路的干扰具有较强的抑制能力。因此串级控制系统的抗干扰能力大大强于简单控制系统。此外,当干扰作用于副回路且在它还没有对主变量产生影响之前,副回路先检测到这种干扰,立即进行"粗调",即使副回路的控制作用没有完全消除这种干扰而波及主变量时,干扰的程度也已被削弱,所以主控制器再作进一步的"细调"即可。

(2)减少控制通道的惯性,改善对象特性。

设副回路中的各环节传递函数为

$$G_{o2}(s) = \frac{K_{o2}}{T_{o2}s + 1} \qquad (5-1-5)$$

$$G_{c2}(s) = K_{c2} \qquad (5-1-6)$$

$$G_v(s) = K_v \qquad (5-1-7)$$

$$H_{m2}(s) = K_{m2} \qquad (5-1-8)$$

则副回路等效对象为 $G'_{p2}(s)$ 为

$$G'_{p2}(s) = \frac{Y_2(s)}{X_2(s)} = \frac{K_{c2}K_v \dfrac{K_{o2}}{T_{o2}s+1}}{1 + K_{c2}K_v K_{m2}\dfrac{K_{o2}}{T_{o2}s+1}} = \frac{K_{c2}K_v K_{o2}}{T_{o2}s + K_{c2}K_v K_{o2}K_{m2} + 1}$$

$$= \frac{\dfrac{K_{c2}K_v K_{o2}}{1 + K_{c2}K_v K_{o2}K_{m2}}}{\dfrac{T_{o2}}{1 + K_{c2}K_v K_{o2}K_{m2}}s + 1}$$

$$(5-1-9)$$

设

$$K'_{p2} = \frac{K_{c2}K_v K_{o2}}{1 + K_{c2}K_v K_{o2}K_{m2}} \qquad (5-1-10)$$

$$T'_{p2} = \frac{T_{o2}}{1 + K_{c2}K_v K_{p2}K_{m2}} \qquad (5-1-11)$$

则式(5-1-9)可等效为

$$G'_{p2}(s) = \frac{K'_{p2}}{T'_{p2}s + 1} \qquad (5-1-12)$$

由上面推导可知,一般情况下 $1 + K_{c2}K_v K_{o2}K_{m2} > 1$ 都是成立的,因此可得 $T'_{p2} < T_{o2}$, $K'_{p2} < K_{o2}$。

等效对象时间常数 T'_{p2} 的减小,使过程动态特性有显著改善,调节作用加快,并且随着 K_{c2} 的增大,时间常数的减小更加明显,使控制更为及时。另外,等效对象时间常数 T'_{p2} 的减小还可使系统的工作频率得到提高。

等效对象放大系数 K'_{p2} 的减小,可以通过主控制器 K_{c1} 的增加来进行补偿,因此系统总的放大系数并未受到影响,控制质量也就不受影响。

如果串级控制系统副对象为非线性,由于 $1 + K_{c2}K_v K_{o2}K_{m2} > 1$,则

$$K'_{p2} \approx \frac{1}{K_{m2}}$$

副变量的测量变送为线性,K'_{p2} 为常量,与副对象的放大系数无关。如果主对象为线性,则整个控制通道可近似为线性。

(3)具有一定的自适应能力。

在串级控制系统中,主回路是一个定值控制系统,副回路是一个随动控制系统,主控制器可以根据生产负荷和操作条件的变化,不断修改副控制器的给定值,这就是一种自适应能力的体现。如果对象存在非线性,那么在设计串级控制系统时,可将这个环节包含在副回路中,当操作条件和生产负荷变化时,仍然能得到较好的控制效果。

4. 串级控制系统的实施

串级控制系统特点发挥的好坏，与整个系统的设计、整定和投运有很大关系，下面对串级控制系统实施过程中涉及的环节进行阐述，即明确在串级控制系统的实施过程中要完成的任务。

1）副变量的选择

在串级控制系统中，主变量和控制阀的选择与简单控制系统的被控变量和控制阀的选择原则相同。副变量的选择是我们在设计串级控制系统时的关键所在。那么，副变量选择的好坏直接影响整个系统的性能，在选择副变量时要考虑的原则有以下几个方面：

（1）将主要的干扰包含在副回路中，这样能充分发挥副回路的特点。例如，加热炉控制系统中，如果是燃料压力波动，使燃料流量不稳定，则选择燃料的流量为副变量，能较好地克服干扰，如图 5-1-8 所示。但如果是燃料的成分变化，那么选择炉膛温度作为副变量，才能将其干扰包含在副回路中，如图 5-1-3 所示。

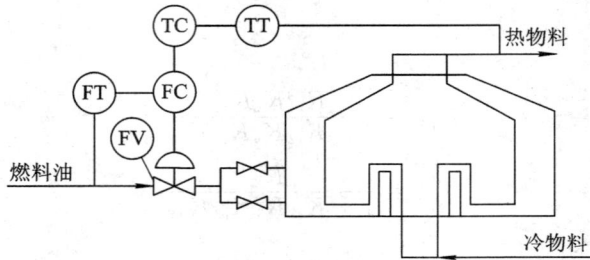

图 5-1-8　加热炉出口温度-燃料油流量串级控制系统

（2）在可能的条件下，使副回路包含更多的干扰。实际上副变量越靠近主变量，它包含的干扰就会越多，但同时控制通道也会变长；越靠近操纵变量包含的干扰就越少，控制通道也就越短。因此在选择时需要兼顾考虑，既要尽可能多地包含干扰，又不至于使控制通道太长，使副回路的及时性变差。

（3）尽量不要把纯滞后环节包含在副回路中。这样做的原因就是尽量将纯滞后环节放到主对象中去，以提高副回路的快速抗干扰能力，及时对干扰采取控制措施，将干扰的影响抑制在最小限度内，从而提高主变量的控制质量。

（4）主、副对象的时间常数不能太接近。一般情况下，副对象的时间常数应小于主对象的时间常数，如果选择副变量距离主变量太近，那么主、副对象的时间常数就相近，当干扰影响到副变量时，很快就影响到了主变量，副回路存在的意义也就不大了。此外，当主、副对象时间常数接近时，系统可能会出现共振现象，这会导致系统的控制质量下降，甚至变得不稳定。因此，副对象的时间常数要明显小于主对象的时间常数。一般主、副对象的时间常数之比在 3～10 之间。

应该指出，在具体问题上要结合实际的工艺进行分析，应考虑工艺上的合理性和可能性，分清主次矛盾，合理选择副变量。

2）主、副控制器控制规律的选择

串级控制系统主、副回路所发挥的控制作用是不同的，主、副回路各有其特点。主回路是定值控制，而副回路是随动控制。主控制器的控制目的是稳定主变量，主变量是工艺操作的主要指标,它直接关系到生产的平稳、安全或产品的质量和产量。一般情况下,对主变量的要求是较高的,要求没有余差(即无差控制),因此主控制器一般选择比例积分微分(PID)或比例积分(PI)控制规律。副变量的设置目的是为了稳定主变量,其本身可在一定范围内波动,因此副控制器一般选择比例(P)作用,积分作用很少使用,它会使控制时间变长,在一定程度上减弱了副回路的快速性和及时性。但在以流量为副变量的系统中,为了保持系统稳定,可适度引入积分作用。副控制器的微分作用是不需要的,这是因为当副控制器有微分作用时,一旦主控制器输出稍有变化,就容易引起控制阀大幅度地变化,这对系统稳定是不利的。

3) 主、副控制器正、反作用方式的选择

串级控制系统控制器正、反作用方式的选择依据也是为了保证整个系统构成负反馈,先确定了控制阀的开关形式,再进一步判断控制器的正、反作用方式。副控制器正、反作用的确定同简单控制系统一样,只要把副回路当作一个简单控制系统即可。确定主控制器正、反作用方式的方法是把整个副回路等效对象 K'_{p2} 为正,保证系统主回路为负反馈的条件是 $K_{c1} \cdot K'_{p2} \cdot K_{o1}$ 为负,因 K'_{p2} 为正,所以 $K_{c1} \cdot K_{o1}$ 为负。即主控制器的正、反作用方式由主对象的特性确定。也就是,若主对象 K_{o1} 为正,主控制器 K_{c1} 为负,则选反作用方式;若主对象 K_{o1} 为负,主控制器 K_{c1} 为正则选正作用方式。

当确定主、副控制器的正、反作用方式后,要进行验证,确保系统构成负反馈。图 5-1-9 所示为夹套式反应釜温度串级控制系统,根据生产设备的安全原则,控制阀选择气关阀,阀门气源中断时,处于打开状态,防止釜内温度过高发生危险。副对象的输入是操纵变量冷却水流量,输出是副变量夹套内水温。当输入变量增加时,输出变量下降,故副对象是反作用环节 K_{o2} 为负,保证系统副回路为负反馈的条件是 $K_{c2} \cdot K_v$

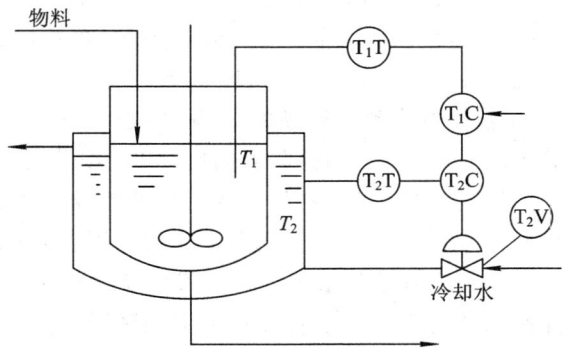

图 5-1-9 反应釜温度控制系统

$\cdot K_{o2}$ 为负,由此可判断出副控制器应该是 K_{c2} 为负,反作用。主对象的输入是夹套内水温,输出是釜内温度,经过分析,主对象为正作用,K_{o1} 为正,保证系统主回路为负反馈的条件是 $K_{c1} \cdot K_{o1}$ 为负,因此主控制器 K_{c1} 为负,应选反作用。

验证:当反应温度 T_1 升高 $\xrightarrow{\text{反作用}}$ 主控制器的输出减小,即副控制器给定值减小(相当于给定值不变,测量值增加) $\xrightarrow{\text{反作用}}$ 副控制器的输出减小 $\xrightarrow{\text{气关阀}}$ 控制阀开度增大,冷却水流量增大 $\xrightarrow{\text{导致}}$ 反应温度 T_1 降低。

所以,当干扰使釜内温度升高(高于给定值),控制系统控制作用能够使其降下来;相反,如干扰使其温度降低(低于给定值),系统也能使其升高。

5. 串级控制系统实训

1) 串级控制系统的投运方法

串级控制系统的投运和简单控制系统一样,要求投运过程要无扰动切换,投运的一般顺序是"先投副回路，后投主回路"。

(1) 主控制器置"内给定"，副控制器置"外给定"，主、副控制器均切换到"手动"。

(2) 调副控制器手操器，使主、副参数趋于稳定时，调主控制器手操器，使副控制器的给定值等于测量值，使副控制器切入"自动"。

(3) 当副回路控制稳定并且主参数也稳定时，将主控制器无扰动切入"自动"。

2) 参数整定的方法

在串级控制系统设计完成后，通常需要进行控制器的参数整定才能使系统运行在最佳状态。当整定串级控制系统参数时，首先要明确主、副回路的作用，以及对主、副变量的控制要求。整体上来说，串级控制系统的主回路是个定值控制系统，要求主变量有较高的控制精度，其控制质量的要求与简单控制系统一样。但副回路是一个随动系统，只要求副变量能快速地跟随主变量即可，精度要求不高。在实践中，串级控制系统的参数整定方法有两种：两步整定法和一步整定法。

(1) 两步整定法。这是一种先整定副控制器，后整定主控制器的方法。当串级控制系统主、副对象的时间常数相差较大，主、副回路的动态联系不紧密时，可采用此法。

① 先整定副控制器。主、副回路均闭合，主、副控制器都置于纯比例作用，将主、副控制器的比例度 δ 放在 100% 处，用简单控制系统整定法整定副回路，得到副变量按 4：1 衰减时的比例度 δ_{2s} 和振荡周期 T_{2s}。

② 整定主回路。主、副回路仍闭合。副控制器置 δ_{2s}，用同样方法整定主控制器，得到主变量按 4：1 衰减时的比例度 δ_{1s} 和 T_{1s}。

③ 依据两次整定得到的 δ_{2s} 和 T_{2s} 及 δ_{1s} 和 T_{1s}，按所选的控制器类型、利用表 4-6-2 中计算公式，算出主、副控制器的比例度、积分时间和微分时间。

(2) 一步整定法。两步整定法虽然能满足主、副变量的要求，但是在整定的过程中要寻求两个 4：1 的衰减振荡过程，比较麻烦。为了简化步骤，也可采用一步法进行整定。

一步整定法就是根据经验先将副控制器的参数一次性设定好，不再变动，然后按照简单控制系统的整定方法直接整定主控制器的参数。在串级控制系统中，主变量是直接关系到产品质量或产量的指标，一般要求比较严格；而对副变量的要求不高，允许在一定的范围内波动。

在实际工程中，证明这种方法是很有效的，经过大量实践经验的积累，总结出对于在不同的副变量情况下，副控制器的参数，如表 5-1-2 所示。

表 5-1-2　副控制器的参数经验值

副变量类型	温度	压力	流量	液位
比例度/%	20～60	30～70	40～80	20～80
放大系数 K_{c2}	5.0～1.7	3.0～1.4	2.5～1.25	5.0～1.25

五、项目考核

项目考核采用步进式考核方式，考核内容如表 5-1-3 所示。

表 5 - 1 - 3　项目考核表

	学号	1	2	3	4	5	6	7	8	9	10	11
	姓名											
考核内容进程分组	串级控制系统的结构、术语(15分)											
	串级控制系统的工作过程(15分)											
	比例微分控制规律的特点及使用场合(15分)											
	串级控制系统的特点及应用场合(15分)											
	串级控制系统的实施(20分)											
	串级控制系统的控制器参数整定及投运20分)											
扣分	安全文明											
	纪律卫生											
	总　　评											

六、思考题

（1）什么是串级控制系统？与简单控制系统相比，串级控制系统有哪些主要特点？

（2）为什么说串级控制系统由于存在一个副回路而具有较强的抑制干扰的能力？

（3）在串级控制系统设计中，副回路的设计和副参数选择应遵循哪些主要原则？

（4）设计串级控制系统时，主、副对象时间常数之比值（T_{o1}/T_{o2}）应选在 3～10 范围比较好。试问如果 T_{o1}/T_{o2} 小于 3 或大于 10 时将出现什么问题？串级控制系统中主、副控制器的正、反作用如何确定？

（5）图 5 - 1 - 10 所示为精馏塔提馏段温度与蒸汽流量的串级控制系统。生产要求一旦发生事故，应立即关闭蒸汽供应。要求：

① 画出该控制系统的方框图；

② 选择控制阀的气开、气关形式；

③ 确定控制器的正、反作用。

（6）图 5 - 1 - 11 所示为造纸厂的某工段工艺流程。当纸浆从储槽送至混合器，在混合器中加热到72℃左右，经过立筛、圆筛过滤除去杂质后送到网前箱，再去铜网脱水。从纸张的质量考虑，网前箱的温度要保持在 61℃ 左右，偏差不能超过±1℃。某造纸厂的网前箱温度控制系统采用简单控制系统，由于从混合器到网前箱的滞后纯时间为 90 s，当纸浆流量为 35 kg/min 时，温度最大偏差为 8.5℃，过渡过程时间为 450 s，控制质量很差，不

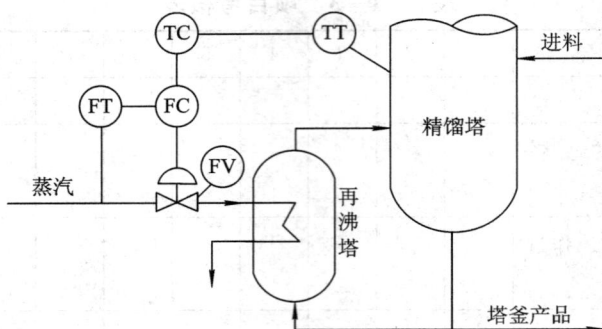

图 5-1-10　精馏塔温度-流量串级控制系统

能满足生产工艺要求，试设计一串级控制系统。

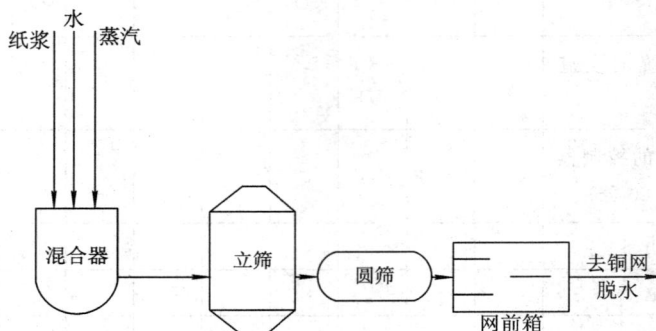

图 5-1-11　造纸厂的某工段工艺流程

项目二　均匀控制系统

一、学习目标

1. 知识目标

（1）熟悉均匀控制系统的结构及特点。

（2）熟悉选择控制器控制规律的依据。

（3）掌握控制器参数整定与简单控制系统的区别。

（4）熟悉均匀控制系统的应用场合。

（5）熟悉均匀控制系统控制器参数整定的方法。

2. 能力目标

（1）初步具备区分单变量和多变量控制系统的能力。

（2）初步具备区分均匀和定值控制系统的能力。

（3）初步具备分析控制器在系统中作用的能力。

（4）初步具备均匀控制系统控制器参数整定和投运的能力。

二、必备知识与技能

1．必备知识

（1）简单控制系统基本组成的知识。

（2）负反馈作用的知识。

（3）简单控制系统工作过程的知识。

（4）闭合回路的相关知识。

2．必备技能

（1）分析判断简单控制系统的能力。

（2）控制系统分析的能力。

（3）判断控制器正、反方式的能力。

（4）判断控制阀开关形式的能力。

三、理实一体化教学任务

理实一体化教学任务如表5-2-1所示。

表5-2-1　理实一体化教学任务

任　　务	内　　容
任务一	均匀控制系统的目的
任务二	均匀控制系统的特点
任务三	简单均匀控制系统的分析
任务四	串级均匀控制系统的分析
任务五	均匀控制系统的控制器参数整定

四、理实一体化步骤

1．均匀控制的目的和特点

在石油化工生产过程中，前一设备的出料经常是后一设备的进料，各设备的操作情况也是互相关联、互相影响的。图5-2-1所示的连续精馏多塔分离过程就是一个最能说明问题的例子。

为了保证精馏塔的稳定操作，希望进料和塔釜液位稳定，对甲塔来说，为了稳定前、后精馏塔的供求关系操作需保持塔釜液位稳定，为此必然频繁地改变塔底的排出量。而对乙塔来说，从稳定操作要求出发，希望进料量尽量不变或少变，这样甲、乙两塔间的供求关系就出现了矛盾。如果采用图5-2-1所示的控制方案，如果甲塔的液位上升，则液位控制器就会开大出料阀1，而这将引起乙塔进料量增大，于是乙塔的流量控制器又要关小阀2，其结果会使塔釜液位升高，出料阀1继续开大，如此下去，顾此失彼，两个控制系统是无法同时正常工作的，解决不了供求之间的矛盾。

解决矛盾的方法是，可在两塔之间设置一个中间储罐，既满足甲塔控制液位的要求，

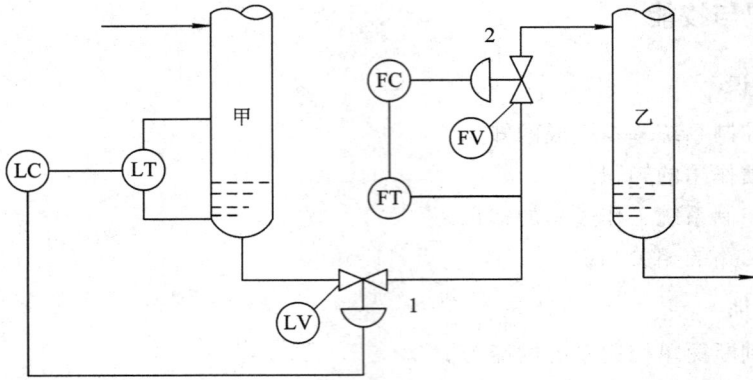

图 5-2-1 前、后精馏塔物料供求关系

又缓解了乙塔进料流量的波动。但是由此会增加设备，使流程复杂化，加大了投资。另外，有些生产过程连续性要求较高，不宜增设中间储罐。

解决供求之间的矛盾，只有冲突的双方各自降低要求。从工艺和设备上进行分析，塔釜有一定的容量，其容量虽不像储罐那么大，但是液位并不要求保持在定值上，允许在一定的范围内变化。至于乙塔的进料，如不能做到定值控制，但能使其缓慢变化，这对乙塔的操作是很有益的，较之进料流量剧烈的波动则改善了很多。为了解决前、后工序供求矛盾，达到前后兼顾、协调操作，使前、后供求矛盾的两个变量在一定范围内变化，为此组成的系统称为均匀控制系统。"均匀"并不表示"平均照顾"，而是根据工艺变量各自的重要性来确定主次。

均匀控制通常是对两个矛盾变量同时兼顾，使两个互相矛盾的变量有如下特点：

（1）两个变量在控制过程中都应该是变化的，且变化是缓慢的。因为均匀控制是指前、后设备的物料供求之间的均匀，那么，表征前、后供求矛盾的两个变量都不应该稳定在某一固定的数值。图 5-2-2(a)中把液位控制成比较平稳的直线，因此下一设备的进料量必然波动很大。这样的控制过程只能看做液位的定值控制，而不能看做均匀控制。反之，图 5-2-2(b)中把后一设备的进料量控制成比较平稳的直线，那么，前一设备的液位就必然波动很厉害，所以它只能被看做是流量的定值控制。只有如图 5-2-2(c)所示的液位和流量的控制曲线才符合均匀控制的要求，两者都有一定程度的波动，但波动都比较缓慢。

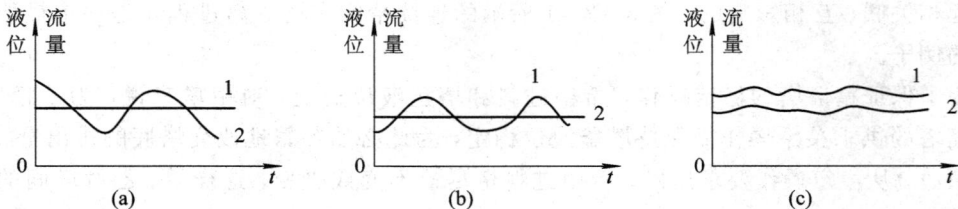

1—液位变化曲线；2—流量变化曲线

图 5-2-2 前、后设备的液位与进料量之关系

（2）前、后互相联系又互相矛盾的两个变量应保持在所允许的范围内波动。在图 5-2-1中，甲塔塔釜液位的升降变化不能超过规定的上、下限，否则就有淹没第一层塔

板或塔釜被抽干的危险。同样,乙塔进料流量也不能超越它所承受的最大负荷或低于最小处理量,否则就不能保证精馏过程的正常进行。为此,均匀控制的设计必须满足这两个限制条件。当然,这里的允许波动范围比定值控制过程的允许偏差要大得多。

2. 均匀控制方案

1) 简单均匀控制方案

简单均匀控制系统如图 5-2-3 所示,在结构组成上,它与简单控制系统是一样的,但它们对动态过程的品质指标要求是不相同的。对于简单的液位控制系统,它要求液位平稳,当有干扰出现,液位偏离给定值时,要求通过有力的控制作用,尽快使液位能够恢复到给定值。均匀控制则与其相反,液位可以在允许的范围内适度波动,所以它要求控制作用弱一些。图 5-2-3 所示均匀控制系统要协调液位和流量两个变量,它是多变量控制系统,其方框图如图 5-2-4 所示。

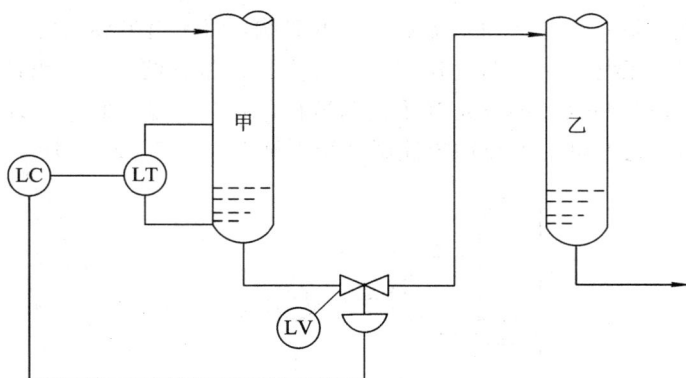

图 5-2-3　简单均匀控制系统

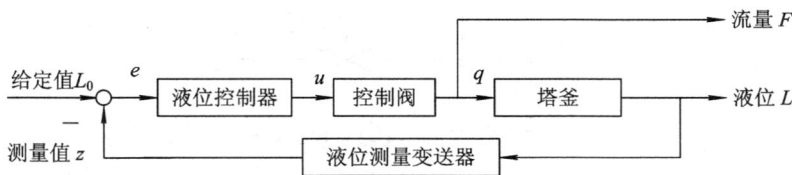

图 5-2-4　简单均匀控制系统的方框图

在均匀控制系统中,不能选用微分作用规律,这是因为微分作用规律"超前"的特点与均匀控制要求是背道而驰的。一般只选用比例作用规律,而且比例度都是整定得比较大(100%~150%);较少采用积分作用规律,若采用积分作用,积分时间也整定得比较大,即积分作用比较弱。

简单均匀控制系统最大的优点是结构简单,操作、整定和调试都比较方便,投入成本低。但是,如果前、后设备压力波动较大,尽管控制阀的开度不变,流量仍然会变化,此时简单均匀控制就不适合了。所以,简单均匀控制只适用于干扰较小、对流量控制质量要求低的场合。

综上所述,可以总结出简单均匀控制系统与简单控制系统的相同点和不同点。

(1) 相同点:结构相同。简单均匀控制系统具有与简单控制系统相同的系统结构。

（2）不同点：

① 应用的场合不同。简单均匀控制系统应用于需要同时对两个相互关联的被控变量的同时控制；而简单控制系统的被控变量是一个。

② 控制器的参数不同。由于简单均匀控制系统要兼顾到两个相互关联的被控变量，因此，控制器的比例度和积分时间常数等参数的设置要大一些；而简单控制系统的参数设置要小一些。

③ 控制器的控制规律不同。简单均匀控制系统的控制器采用 P 或 PI；简单控制系统的控制器采用 P 或 PI、PID。

④ 控制系统的目的不同。简单均匀控制系统使被控制的变量在一定范围内缓慢变化；简单控制系统使被控制的变量一定。

2）串级均匀控制方案

串级均匀控制系统如图 5-2-5 所示，与串级控制系统的结构相同。如前所述，简单均匀控制系统不能克服压力波动时对流量产生的影响，而采用串级均匀控制可以解决这个问题。串级均匀控制系统中副回路的作用就是克服设备压力波动对流量的影响，保证流量变化平缓。串级均匀控制的目的不是为了提高液位的控制质量，而是允许液位和流量都在各自许可的范围内缓慢变化。串级均匀控制系统方框图如图 5-2-6 所示。

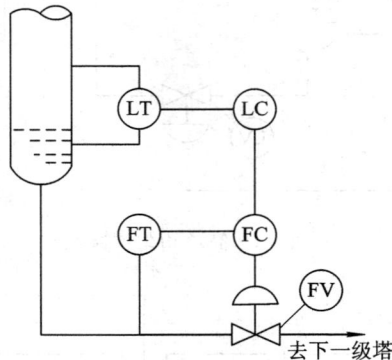

图 5-2-5　串级均匀控制系统

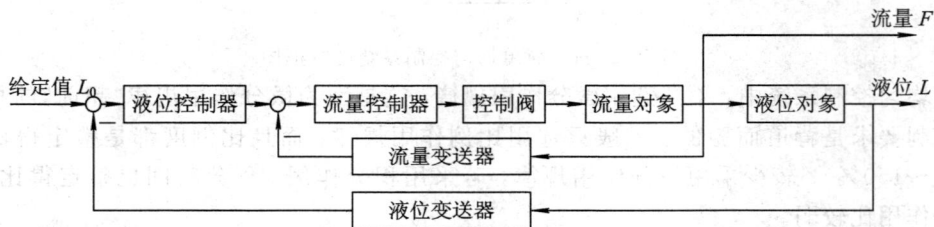

图 5-2-6　串级均匀控制系统方框图

串级均匀控制系统之所以能够使两个变量间的关系得到协调，是通过控制器参数整定来实现的。在串级均匀控制系统中，参数整定的目的不是使变量尽快地回到给定值，而是要求变量在允许的范围内作缓慢的变化。

串级均匀控制系统的优点是能克服较大的干扰，使液位和流量变化缓慢平稳，适用于设备前、后压力波动对流量影响较大的场合。

对于气相物料，前、后设备间物料的均匀控制不是液位和流量间的均匀，而是前一级设备压力与后一级设备输入流量间的均匀控制。但是两者的控制极为相似。需要注意的是，压力对象比液位对象的自衡作用要强得多，一般采用简单均匀控制方案不易满足要求，往往需要采用串级均匀控制方案。

一般情况下，简单均匀控制系统的控制器采用比例（P）控制而不采用比例积分（PI）控制，其原因是均匀控制系统的控制要求是使液位和流量在允许范围内缓慢变化，即允许被控量有余差。由于控制器参数整定时比例度较大，控制器输出引起的流量变化一般不会超出工艺要求范围，因此可以满足系统的控制要求。当然，由于工艺过程的需要，为了照顾流量参数使其变化更稳定，有时也采用比例积分（PI）控制。当液位波动较剧烈或输入流量存在急剧变化的场合、系统要求液位没有余差时，则要采用比例积分（PI）控制规律，在此情况下，加入积分（I）作用相应增大了控制器的比例度，削弱比例控制作用，使流量变化缓慢，也可以很好地实现均匀控制作用。这里要指出引入积分（I）作用的不利之处，主要是对流量参数产生不利影响，如果液位偏离给定值的时间较长而幅值又比较大，积分（I）作用产生积分饱和，会导致控制阀全开或全关，造成流量的波动较大。

串级均匀控制系统主控制器的控制规律可按照简单均匀控制系统的控制规律选择，副控制器的控制规律可以选用比例（P）控制规律，不必消除余差；为了改善系统的动态特性，可以采用比例积分（PI）控制规律。

3. 均匀控制系统实训

1）均匀控制系统的投运

（1）控制器在纯比例作用下，并对比例作用设置适当数值，参照简单控制系统和串级控制系统的投运方法，完成简单均匀控制系统和串级均匀控制系统的投运工作。

（2）加入阶跃干扰后，分别置不同的比例作用数值，观察、记录流量、液位变化曲线。

2）控制器参数整定

简单均匀控制系统的参数整定可以按照简单控制系统参数整定的方法和步骤去做，先将比例作用数值放置在不会引起变量超值但相对较大的数值，观察趋势，适当地调整比例作用数值，使变量波动小于且接近允许范围。如果加入积分作用，比例作用数值适当调整后（比例度值适当加大或比例放大系数减小），再加入积分作用，注意积分作用要弱些，由大到小逐渐调整积分时间，直到变量都在工艺范围内均匀、缓慢地变化。

串级均匀控制系统的整定方法有所不同，其整定步骤如下：

（1）先将副控制器比例作用数值放于适当值上，然后由大到小地调整比例放大倍数（比例度由小到大调整），直至副参数呈现缓慢非周期衰减过程为止。

（2）再将主控制器比例作用数值放于适当值上，然后由大到小地调整比例放大倍数（比例度由小到大调整），直至主参数呈现缓慢非周期衰减过程为止。

为避免在同向干扰作用下主变量出现过大余差，可以适当地加入积分作用，但积分时间不要太小。

五、项目考核

项目考核采用步进式考核方式，考核内容如表 5-2-2 所示。

表 5-2-2 项目考核表

学号		1	2	3	4	5	6	7	8	9	10	11
姓名												
考核内容进程分组	均匀控制系统的目的（10分）											
	均匀控制系统的特点（10分）											
	简单均匀控制系统的分析（20分）											
	串级均匀控制系统的分析（20分）											
	均匀控制系统的应用（20分）											
	均匀控制系统的控制器参数整定（20分）											
扣分	安全文明											
	纪律卫生											
总 评												

六、思考题

（1）均匀控制系统的目的是什么？

（2）能否采用 4:1 衰减曲线法对均匀控制系统的控制器参数进行整定？为什么？

（3）图 5-2-7 所示为精馏塔的精馏段，回流罐的不凝气体为下一级设备的进料，为了稳定塔压，回流罐内的压力要求稳定，下一级设备为了平稳操作要求进料流量稳定，试设计一控制系统。

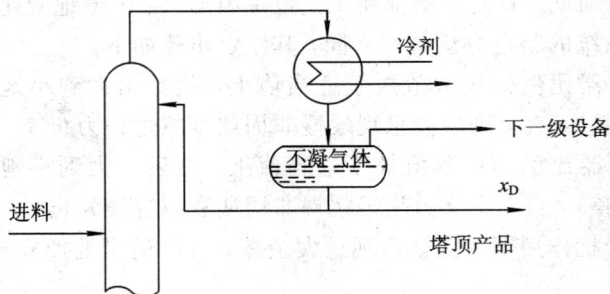

图 5-2-7 精馏塔的精馏段工艺流程图

要求：

① 画出系统控制流程图和方框图。

② 选择控制阀的气开、气关形式，并说明理由。

③ 确定控制器的正、反作用方式，并说明过程。

项目三　比值控制系统

一、学习目标

1. 知识目标

（1）熟悉比值控制系统的类型及特点。

（2）掌握仪表比值系数的计算方法。

（3）熟悉比值控制系统实施中应注意的问题。

（4）掌握相乘与相除的区别。

（5）了解比值控制系统控制器参数整定的方法。

2. 能力目标

（1）初步具备区分比值控制系统类型的能力。

（2）初步具备区分单闭环比值与串级的能力。

（3）初步具备分析控制系统工作过程的能力。

（4）初步具备分析系统中控制器作用的能力。

二、必备知识与技能

1. 必备知识

（1）乘法器的有关知识。

（2）除法器的有关知识。

（3）测量仪表的基本知识。

（4）闭环负反馈的相关知识。

2. 必备技能

（1）分析乘法器输入、输出之间关系的能力。

（2）分析除法器输入、输出之间关系的能力。

（3）判断控制器内、外给定的能力。

（4）判断控制系统定值、随动的能力。

三、理实一体化教学任务

理实一体化教学任务如表 5-3-1 所示。

表 5 - 3 - 1　理实一体化教学任务

任　务	内　容
任务一	比值控制系统的类型
任务二	比值系数的计算
任务三	比值方案的实施
任务四	比值系统设计时应注意的问题
任务五	比值控制系统的比值系数整定

四、理实一体化步骤

1. 概述

在有些生产过程中，经常需要保持两种或两种以上的物料变量成一定的比例关系，一旦比例关系失调，就会影响产品的质量或是数量，严重时会造成生产安全事故。例如，在以重油为燃料的燃烧系统中，需要重油流量与空气流量成一定的比例，才能保证最佳燃烧状态。比值过高，燃烧不完全，使碳黑增多，堵塞管道，污染环境，同时增加能耗，造成一定的经济损失；比值过低，会使喷嘴和耐火砖被过早烧坏，甚至使炉子爆炸。再如在原油脱水过程中，必须使原油流量和破乳剂流量以一定的比例混合，才能得到好的效果。这样类似的例子在各种工业生产中是大量存在的，主要是两物料流量成比例。

在需要保持比值关系的物料中，有一种物料处于主导地位，此物料称为主物料；表征这种主物料的流量称为主动流量 F_1，又称主流量。而另一种物料根据主物料进行配比，随主物料变化，因此称为从物料；表征其特征的流量称为从动流量 F_2，又称副流量。例如，在燃烧过程中，当燃料量发生增大或减小变化时，空气的流量也随之增大或减小。在此过程中，燃料量就是主动量，处于主导地位，燃料是主物料；空气的流量就是从动量，处于配比地位，空气是从物料。

比值控制系统就是要实现从动流量 F_2 与主动流量 F_1 成一定比值关系，满足如下关系式：

$$k = \frac{F_2}{F_1}$$

式中，k 为从动流量与主动流量的比值（工艺提供）。

2. 比值控制系统的类型

根据工业生产过程不同的工艺需要有定比值控制和变比值控制之分，定比值控制中经常采用的比值控制类型有三种：开环比值控制系统、单闭环比值控制系统和双闭环比值控制系统。

1）开环比值控制系统

开环比值控制是最简单的一种比值控制形式。例如，某厂生产废水中含有 30% 的 NaOH，在污水处理过程中，如果废水中含碱超标，将污染河道，可以采用稀释中和的办法，使其 pH 值等于 7，其中一个环节是将含有，30% 的 NaOH 的污水与水混合成 6%～3% 的 NaOH 废水。在此过程中，30% 的 NaOH 废水是主动流量 F_1，水是从动流量 F_2，主

动流量 F_1 波动,比值控制器输出改变,从动量流路上的阀门开度变化,使从动物料的流量跟随主动物料的流量变化,完成流量配比控制。如图 5-3-1 所示。

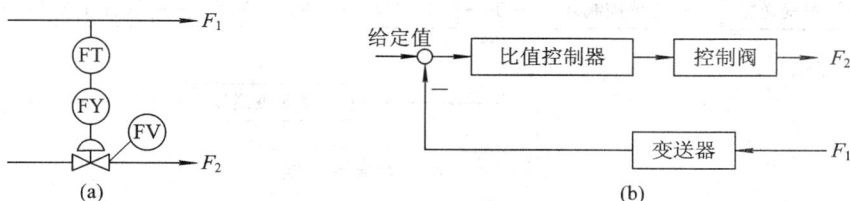

图 5-3-1　开环比值控制结构图及方框图

(a) 结构图;(b) 方框图

开环比值控制系统的优点是结构简单,操作方便,投入成本低。从动流量因阀前、后压力变化等干扰影响而波动时,无法保证两流量间的比值关系。因此开环比值控制系统适用于从动流量比较平稳且对比值要求不严格的场合。在生产中很少采用这种控制方案。

2) 单闭环比值控制系统

为了克服开环比值控制方案的不足,在开环比值控制系统的基础上,通过增加一个副流量的闭环控制系统而组成单闭环比值控制系统,如图 5-3-2 所示。

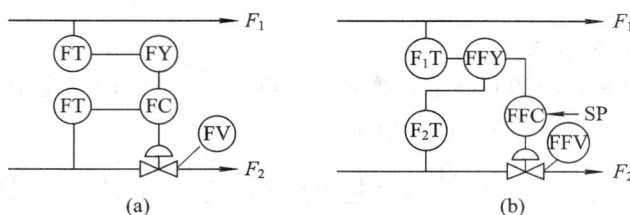

图 5-3-2　单闭环比值控制系统

(a) 乘法方案;(b) 除法方案

从图 5-3-2(a)中可以看出,单闭环比值控制系统与串级控制系统具有相类似的结构形式,但两者是不同的。单闭环比值控制系统的主动流量 F_1 相似于串级控制系统中的主变量,但主动流量并没有构成闭环系统,F_2 的变化并不影响到 F_1。尽管它亦有两个控制器,但只有一个闭合回路,这就是两者的根本区别。

图 5-3-2(a)控制系统在稳定情况下,主动流量、从动流量满足工艺要求的比值,$F_2/F_1=k$。当主动流量 F_1 变化时,经变送器送至比值控制器 FY。FY 按预先设置好的比值使输出成比例地变化,也就是成比例地改变从动流量控制器 FC 的给定值,此时从动流量控制系统为一个随动控制系统,F_2 跟随 F_1 变化,使流量比值 k 保持不变。当主动流量没有变化而从动流量由于干扰发生变化时,从动流量控制系统相当于一个定值控制系统,使工艺要求的流量比值仍保持不变。图 5-3-2(a)所示为乘法方案,其方框图如图 5-3-3 所示;图 5-3-2(b)所示为除法方案,其方框图如图 5-3-4 所示。

单闭环比值控制系统的优点是,它不但能实现从动流量跟随主动流量的变化而变化,而且还可以克服从动流量本身干扰对比值的影响,因此主、副流量的比值较为精确。另外,这种方案的结构形式较简单,实施起来也比较方便,所以得到广泛的应用,尤其适用于主物料在工艺上不允许进行控制的场合。

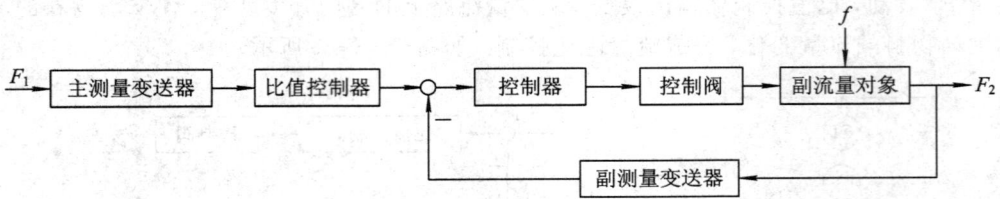

图 5-3-3 乘法方案方框图

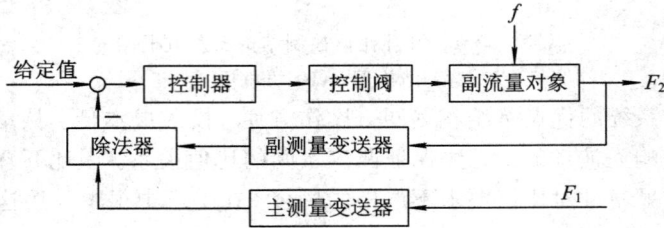

图 5-3-4 除法方案方框图

单闭环比值控制系统,虽然能保持两物料量比值一定,而在主流量变化时,总的物料量就会跟着变化。

3) 双闭环比值控制系统

在单闭环比值控制系统的基础上,增加主物料 F_1 流量的闭环定值控制系统,即构成了双闭环比值控制系统,如图 5-3-5 所示。

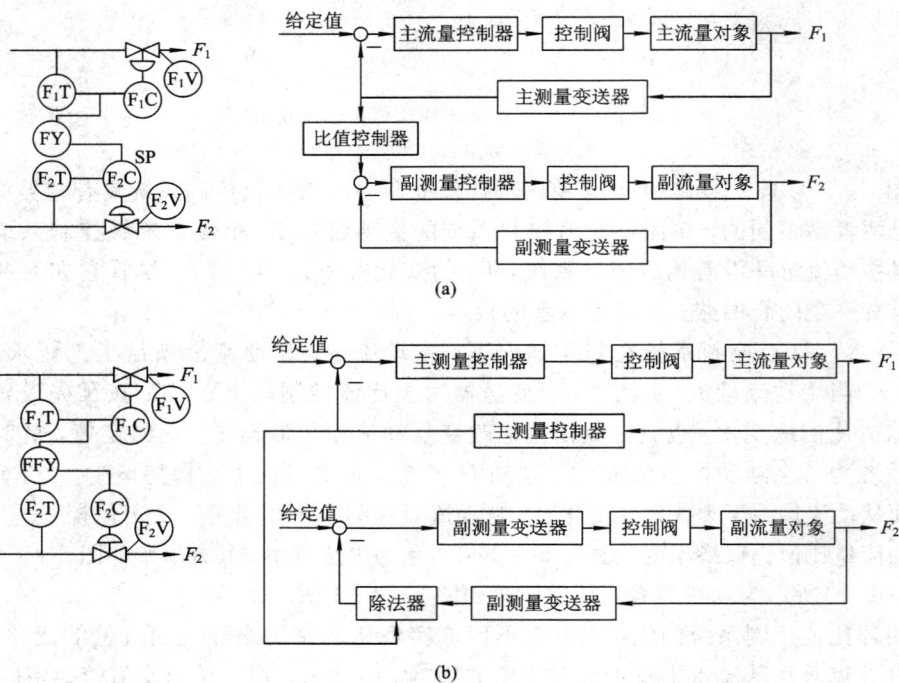

(a)

(b)

图 5-3-5 双闭环比值控制系统

(a) 乘法方案;(b) 除法方案

双闭环比值控制系统，在主、从动量上都设计了一个流量回路，无论是主物料流量波动还是从物料流量波动都能予以克服。这样不仅实现了较精确的比值关系，而且也确保了两物料总量基本不变。除此之外，双闭环比值控制系统提降负荷比较方便，只要缓慢地改变主动量控制器的给定值，即可增、减主流量，同时副流量也就自动地跟随主流量进行增、减，保持两者的比值关系不变。

双闭环比值控制系统所用设备较多，结构复杂。此方案适合于比值控制要求较高，主动量干扰频繁，工艺上不允许主动量有较大的波动，经常需要升降负荷的场合。

4）变比值控制系统

前面所述的三种比值控制方案属于定比值控制，即在生产过程中，主、从物料的流量比值关系是不变的。而有些生产过程却要求两种物料的流量比值根据第三个变量的变化而不断调整以保证产品质量，这种系统称为变比值控制系统。变比值控制系统构成方案也有乘法和除法两种，如图 5-3-6 所示。

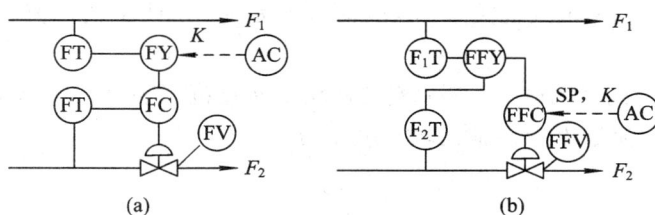

图 5-3-6　变比值控制系统
（a）乘法方案；（b）除法方案

图 5-3-7 所示为变换炉的变比值控制系统示意图，在变换炉生产过程中，半水煤气和水蒸气作为原料，在触媒的作用下，转化成二氧化碳和氢气。变换炉是关键设备，它的任务是让煤气中的一氧化碳与蒸汽中的水分在触媒作用下发生反应：$H_2O + CO \rightarrow CO_2 + H_2$，为增加一氧化碳的转化率，需要根据变化炉的温度，随时调整水蒸气和煤气的流量比值，以达到最大的转化率。从系统的结构上来看，该系统实际属于一个串级控制系统，变换炉的触媒层温度是主变量，副变量是蒸汽流量与半水煤气流量的比值，蒸汽流量同时也是操纵变量。在此系统中，蒸汽流量在保证其平稳的同时，能实现跟随主动量煤气的流量变化而变化，并保持一定的比值，该比值系数还能随变换炉触媒层的温度变化而变化。因为，蒸汽与半水煤气的流量比值是作为流量控制器的测量值，而流量控制器的给定值来自温度控制器的输出，当变换炉触媒层温度变化时，会通过调整蒸汽流量（实际是调整了蒸汽与半水煤气的比值）来使其恢复到规定的数值上。该变比值控制系统的方框图如图5-3-8所示。

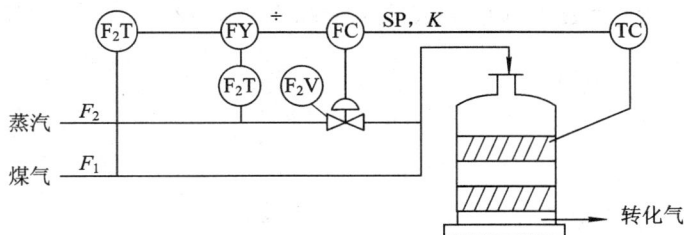

图 5-3-7　变换炉温度控制系统

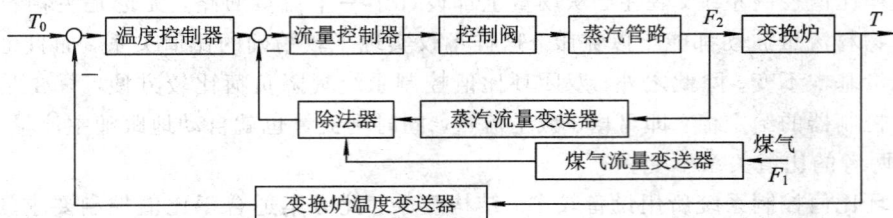

图 5 - 3 - 8　变换炉温度变比值控制系统

3. 比值方案的实施和比值系数的计算

1) 比值系数的计算

首先明确仪表的比值系数 K 和工艺中物料的比值系数 k 是不相同的。比值控制系统实施时必须把工艺比值系数 k 换算成仪表比值系数 K。

（1）流量与测量信号成线性关系。以电动仪表为例，说明工艺比值系数 k 与仪表比值系数 K 的关系。

当流量由 0 变化到最大值 F_{max} 时，变送器输出变化范围为 4～20 mA 直流信号。当控制系统稳定时，则某流量 F 所对应的输出电流为

$$I = \frac{F}{F_{max}} \times 16 + 4 \qquad (5-3-1)$$

则

$$F = \frac{(I-4)F_{max}}{16} \qquad (5-3-2)$$

由上式可得工艺要求的流量比值 k 为

$$k = \frac{F_2}{F_1} = \frac{(I_2-4)}{(I_1-4)} \frac{F_{1max}}{F_{2max}} \qquad (5-3-3)$$

由上式可折算出仪表的比值系数 K 为

$$K = \frac{I_2-4}{I_1-4} = k\frac{F_{1max}}{F_{2max}} \qquad (5-3-4)$$

式中，F_{1max}、F_{2max} 分别为主、副流量变送器的最大量程。

（2）流量与测量信号成非线性关系。用差压法测量流量，但未经过开方器运算处理时，流量与压差的关系为

$$F = c\sqrt{\Delta p} \qquad (5-3-5)$$

式中，F 为流量；c 为节流装置的比例系数；ΔP 为流体流经节流元件前、后的压差。

压差由 0 变到最大值 ΔP_{max} 时，电动仪表的输出是 4～20 mA，因此任意时刻的流量 F 对应的输出电流为

$$I = \frac{F^2}{F_{max}^2} \times 16 + 4 \qquad (5-3-6)$$

则有

$$F^2 = \frac{(I-4)F_{max}^2}{16} \qquad (5-3-7)$$

所以

$$k^2 = \frac{F_2^2}{F_1^2} = \frac{(I_2 - 4)}{(I_1 - 4)} \frac{F_{1\max}^2}{F_{2\max}^2} \tag{5-3-8}$$

可求得换算成仪表的比值系数 K 为

$$K = \frac{I_2 - 4}{I_1 - 4} = k^2 \frac{F_{1\max}^2}{F_{2\max}^2} \tag{5-3-9}$$

由此可以证明，比值系数的换算方法与仪表的结构型号无关，只与测量的方法有关。

2）比值方案的实施

比值控制系统有两种实施的方案，依据 $F_2 = kF_1$，那么就可以对 F_1 的测量值乘以比值 k 作为 F_2 流量控制器的设定值，称为相乘实施方案；而若根据 $F_2/F_1 = k$，就可以将 F_2 与 F_1 的测量值相除之后的数值作为比值控制器的测量值，这种方法称为相除实施方案。

（1）相乘实施方案。图 5-3-9 所示为采用乘法器实现的单闭环比值控制方案。如果计算所得乘法器的比值系数 K 小于 1，采用图 5-3-9(a)所示方案，乘法器是非线性，但不在控制回路中，所以不影响从动流量回路的稳定性。如果计算所得乘法器的比值系数 K 大于 1，理论计算乘法器的输出大于该仪表的量程上限，可将乘法器设置在从动流量回路中，采用图 5-3-9(b)所示方案，乘法器的比值系数 $K' = 1/K$，但是乘法器在从动流量控制回路中，影响从动流量回路的稳定性。采用相乘方案不能直接获得流量比值。

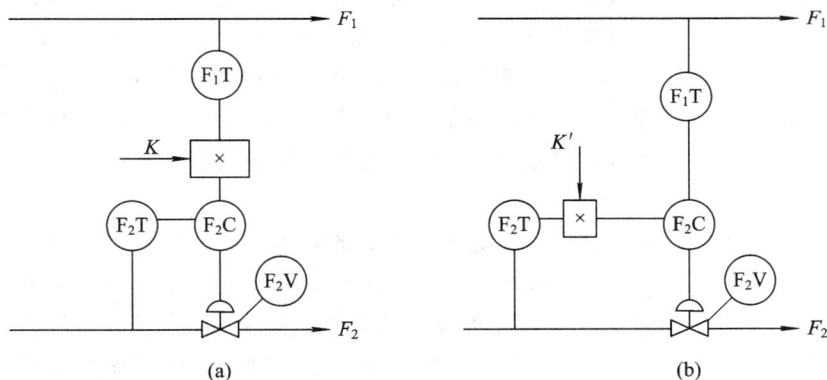

图 5-3-9　相乘方案

（2）相除实施方案。图 5-3-10 所示为采用除法器实现的比值方案。它是一个简单控制系统，控制器的测量值和设定值都是流量信号的比值，而不是流量信号本身。如果计算所得除法器的比值系数 K 大于 1，将除法器的输入信号交换，主动流量信号作为被除数，从动流量信号作为除数，除法器的比值系数 $K' = 1/K$。相除方案的优点是直观，方便直接读出比值，使用方便，可调范围大。但它也有弱点，由于除法器的放大倍数随负荷变化，是非线性的，且在控制回路中，因而影响从动流量回路的稳定性。

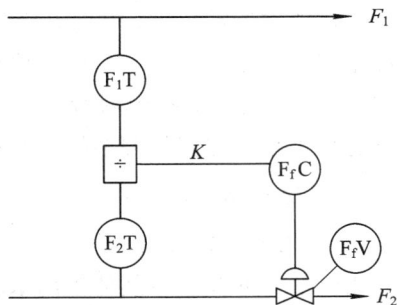

图 5-3-10　相除方案

3）比值控制中控制器控制规律选择

比值控制中控制器控制规律要根据不同的控制方案和控制要求而确定。例如，单闭环比值控制的从动流量回路控制器选用 PI 控制规律，因为它的作用是使测量等于给定值；双闭环比值控制的主、从动流量回路控制器均选用 PI 控制规律，因为它的作用是同样使测量等于给定值；变比值控制可仿效串级控制器控制规律的选用原则。

4. 比值控制系统中的其他问题

1）主动流量和从动流量的选择

在流量 F_1 不可控而流量 F_2 可控时，只能选 F_1 作为主动流量，F_2 作为从动流量；如果是都可控的情况，则要考虑以下原则：

（1）把决定生产负荷的关键性物料流量作为主流量，以便提降负荷。

（2）要考虑工艺出现波动时仍能满足比值控制，不能因为一种物料饱和而改变比值关系。

（3）从一些工艺特殊安全角度出发考虑。

2）关于开方器的选用

流量测量变送环节的非线性影响系统的动态品质。采用差压法测量流量时，静态放大系数与流量成正比，随负荷增大而增大。负荷减小时系统的稳定性提高，负荷增加时系统的稳定性下降。若将差压法测量的结果经过开方器运算，就会使变送环节成为线性环节，它的静态放大系数与负荷大小无关，系统的动态性能不再受负荷变化的影响；开方器的加入位置可以是在现场变送器上，也可以是在控制室内 DCS 系统中。所以在比值控制系统中是否采用开方器，要根据具体被控变量的控制精度和负荷变化情况确定。

3）比值控制系统中的动态跟踪问题

随着生产的发展，对比值控制系统提出了更高的要求。不仅稳态时要求物料之间的流量保持一定的比值关系，而且还要求动态时比值关系也要保持一定。对于某些生产，如从物料反应速度远小于主物料的反应速度以及工艺安全角度出发，要求主、从动流量在整个变化过程中都保持比值恒定。这种情况下，要考虑比值控制系统的动态补偿，以实现动态跟踪的目的。

4）主、副流量的逻辑提降问题

在比值控制系统中，有时两个流量的提降先后次序要满足某种逻辑关系。例如，锅炉燃烧系统，在燃料量和空气量的比值控制系统中，为了使燃料燃烧完全，在提升负荷时，要求先提空气量，后提燃料量；而在降低负荷时，要求先降燃料量，后降空气量。要实现这种有逻辑关系的比值控制系统，需要跟其他控制系统结合才能实现。

5. 比值控制系统的实训

1）比值系统的投运

比值系统的投运与其他控制系统是一样的，要做好各项检查工作，如变送器、比值计算器、控制器、控制阀和电气线路的连接以及引压管线是否良好等。投运前的比值系数不一定很准确，可以在投运过程中慢慢校准。

2）比值系数整定

比值系数整定是很重要的一个过程，如果系数整定不当，即便设计合理，也不能正常运行。在比值控制系统中，由于构成方案和工艺要求不尽相同，系数整定的过渡过程的要求也是不一样的。对于变比值的控制系统，主控制器按串级控制系统整定，尽量严格保持稳定；对于双闭环比值控制系统中的主物料回路，可以按照简单定值控制要求去整定，也就是说可以参照4∶1～10∶1的衰减曲线标准去调整系数。

对于单闭环的比值系统、双闭环从物料的控制回路和变比值的副回路来讲，它们都属于随动控制系统，也就是它们的流量是跟随主动量变化而变化的，基本要求是跟踪的速度要快，且不易有过调，因此副流量的过渡过程在振荡的边界为佳，不要按照4∶1衰减去整定。一般整定步骤如下：

（1）根据工艺要求的流量比值，进行仪表比值系数计算，然后根据计算的比值系数投运。

（2）控制器需采用比例规律，整定时先将积分时间置于最大，再由大到小调整比例度，直至系统处于振荡与不振荡的临界过程为止。

（3）适当减小放大倍数或放大比例度（一般放大20％），然后把积分时间慢慢减小，直到出现振荡与不振荡的临界过程或微振荡过程为止。

五、项目考核

项目考核采用步进式考核方式，考核内容如表5-3-2所示。

表 5 - 3 - 2　项 目 考 核 表

学号		1	2	3	4	5	6	7	8	9	10	11
姓名												
考核内容进程分组	单闭环比值系统（10分）											
	双闭环与变比值系统（10分）											
	比值系数的计算（20分）											
	差压法测流量开方器的使用（20分）											
	比值控制系统的应用（20分）											
	比值控制系统的比值系数整定（20分）											
扣分	安全文明											
	纪律卫生											
总　评												

六、思考题

(1) 什么是比值控制系统？常用比值控制方案有哪些？试比较其优缺点。

(2) 工艺比值系数与仪表比值系数有何不同？

(3) 设计比值控制系统时应注意哪些问题？

(4) 能否采用 4∶1 衰减曲线法对比值控制系统进行整定？为什么？

(5) 在某生产过程中，要求参与反应的甲、乙两种物料保持一定比值，若已知正常操作时，甲流量 $F_1 = 7 \text{ m}^3/\text{h}$，采用差压法测量并配用差压变送器，其测量范围为 $0 \sim 10 \text{ m}^3/\text{h}$；乙流量 $F_2 = 25 \text{ m}^3/\text{h}$，相应的测量范围为 $0 \sim 35 \text{ m}^3/\text{h}$，根据要求设计保持 F_2/F_1 比值的控制系统。试求在流量和测量信号分别成线性和非线性关系时，采用 DDZ—Ⅲ 型仪表组成系统时的比值系数 K。

(6) 图 5-3-11 所示为一反应器的控制方案。F_A、F_B 分别代表进入反应器的 A、B 两种物料的流量。

① 试问这是一个什么类型的控制系统？试画出其方框图。

② 系统中的主物料和从物料分别是什么？

③ 如果两控制阀均选气开阀，试决定各控制器的正、反作用。

④ 试说明系统的控制过程。

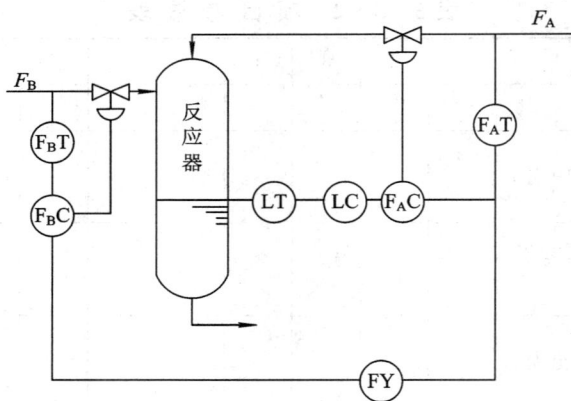

图 5-3-11　反应器的控制方案

项目四　前馈-反馈控制系统

一、学习目标

1. 知识目标

(1) 掌握前馈的特点。

(2) 掌握前馈与反馈的区别法。

(3) 熟悉前馈控制的几种结构形式。

(4) 熟悉前馈控制系统的应用场合。

2．能力目标

（1）初步具备区分前馈和反馈的能力。

（2）初步具备分析前馈控制系统的能力。

（3）初步具备分析前馈控制器数学模型的能力。

（4）初步具备系统方框图等效变换的能力。

二、必备知识与技能

1．必备知识

（1）反馈控制系统的有关知识。

（2）常规控制规律的有关知识。

（3）广义对象的基本知识。

（4）开环系统的相关知识。

2．必备技能

（1）分析控制系统工作过程的能力。

（2）绘制控制系统方框图的能力。

（3）分析数学模型的能力。

（4）判断控制系统开环、闭环的能力。

三、理实一体化教学任务

理实一体化教学任务如表 5-4-1 所示。

表 5-4-1　理实一体化教学任务

任　　务	内　　容
任务一	前馈控制的原理
任务二	前馈控制的特点
任务三	前馈控制系统的几种结构形式
任务四	前馈控制的应用

四、理实一体化步骤

1．前馈控制的原理及其特点

1）前馈控制的原理

反馈控制特点是干扰作用于系统，通过干扰通道影响被控变量，测量值与给定值比较偏差变化之后，控制器输出发生变化，控制阀开度变化，操纵变量变化，通过控制通道影响被控变量，这是反馈控制系统克服干扰对其的影响过程，所以反馈控制是根据偏差进行控制的。很显然，这种控制方式的控制作用一定是落后于干扰作用的，即控制不及时，其优点是只要被包含在反馈回路内的干扰，影响了被控变量，控制作用克服它们对被控变量的影响。然而，在一般工业控制对象上总是存在一定的容量滞后或纯滞后，当干扰出现时，往往不能很快在被控变量上显现出来，需要一定的时间才能反应，然后控制器才能发挥控制作用，而控制通道同样也会存在一定的滞后，这就必然使被控变量的波动幅度增大，偏差的持续时间变长，导致控制的过渡过程一些指标变差，不能满足生产的要求。

例如，在图 5-4-1 所示的换热器出口温度的反馈控制中，所有影响被控变量的因素，如进料流量、温度的变化，蒸汽压力的变化等，它们对出口物料温度的影响都可以通过反馈控制来克服。但是，在反馈系统中，控制信号总是要在干扰已经造成影响，被控变量偏离给定值以后才能产生，控制作用总是不及时的。特别是在干扰频繁、对象有较大滞后时，使控制质量的提高受到很大的限制。

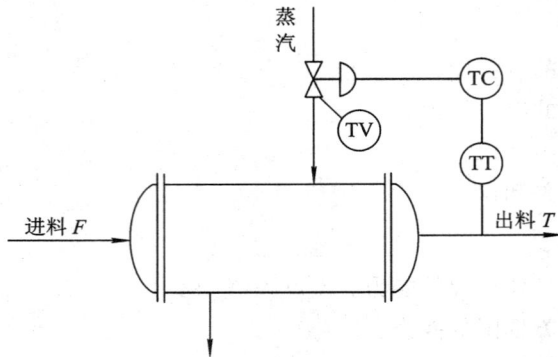

图 5-4-1　换热器温度反馈控制

如果已知影响换热器出口物料温度变化的主要干扰是进口物料温度 T_1 的变化，为了及时克服此干扰对被控变量的影响，可以测量进料温度 T_1，根据进料温度 T_1 变化的大小直接去改变加热蒸汽量的大小，这就是所谓的前馈控制。图 5-4-2 所示是换热器的前馈控制系统示意图。当进料温度 T_1 变化时，通过前馈控制器 T_1C 去开大或关小蒸汽阀，以克服进料温度变化对出口物料温度的影响。

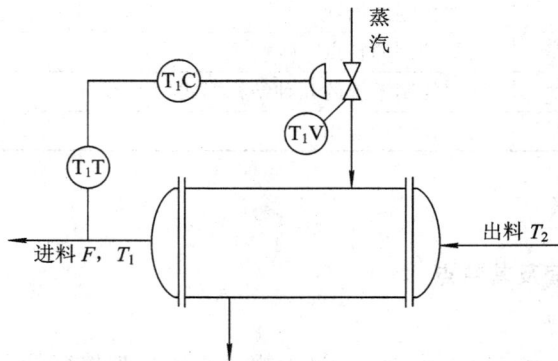

图 5-4-2　换热器的前馈控制

前馈控制是根据干扰的变化产生控制作用的。如果能使干扰作用对被控变量的影响与控制作用对被控变量的影响在大小上相等、方向上相反的话，就能完全克服干扰对被控变量的影响。图 5-4-3 就可以充分说明这一点。假设某一时刻，进料温度突然升高，必然有使换热器出口温度升高 ΔT_f 的趋势，如图 5-4-3(a)所示。那么，在入口处安装温度测量变送器，测出此干扰信号，通过前馈控制器去适度的关小蒸汽阀门，使换热器出口温度降

低 ΔT_c,如图 5-4-3(b)所示。如果测量信号准确,前馈控制器设计合适,必然能使 ΔT_f 和 ΔT_c 大小相等但方向相反。实现对干扰影响的完全补偿控制作用,保证换热器出口温度不变,即被控变量在干扰作用下不产生任何变化。

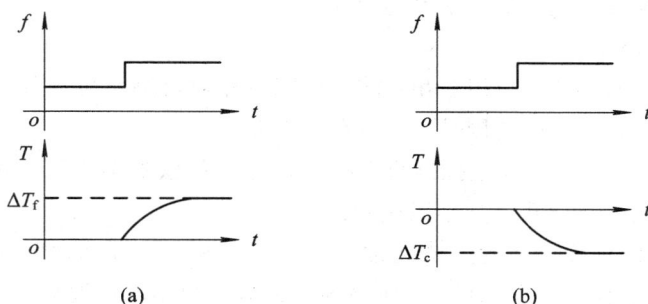

图 5-4-3　曲线变化图

(a) 干扰作用;(b) 控制作用

图 5-4-4 所示为换热器前馈控制方框图。图中,$G_c(s)$ 为前馈控制器传递函数;$G_f(s)$ 为对象干扰通道传递函数;$G_o(s)$ 为对象控制通道传递函数。根据前馈全补偿原理,被控变量在干扰作用下不产生任何变化,$T(s)=0$。换热器的传递函数为

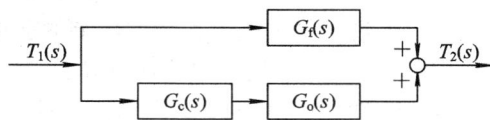

图 5-4-4　换热器前馈控制系统方框图

$$\frac{T_2(s)}{T_1(s)} = G_f(s) + G_c(s)G_o(s)$$

则前馈控制器的传递函数为

$$G_c(s) = -\frac{G_f(s)}{G_o(s)} \tag{5-4-1}$$

2) 前馈控制的特点

(1) 前馈控制是按照干扰作用的大小和方向进行控制的,控制作用及时。表 5-4-2 所示是前馈控制和反馈控制的特点比较。

表 5-4-2　前馈控制与反馈控制比较

	控制所依据的信号	检测的信号	控制作用发生的时间
反馈控制	被控变量的偏差大小	被控变量	偏差出现之后
前馈控制	干扰量的大小	干扰量	偏差出现之前

(2) 前馈控制属于开环控制系统,这是前馈控制的不足之处。反馈控制系统是一个闭环控制,反馈控制能够不断地反馈控制结果,可以不断地修正控制作用,前馈控制却不能对控制效果检验。所以应用前馈控制,必须清楚地了解对象的特性,才能够取得较好的前馈控制作用。

(3) 前馈控制器是专用控制器。与一般反馈控制系统采用通用的 PID 控制器不同,前馈控制器使用的是根据对象特性而定的"专用"控制器,由式(5-4-1)可知,前馈控制器的控制规律为对象的干扰通道与控制通道的特性之比,式中的负号表示控制作用与干扰作用

方向相反。

（4）一种前馈作用只能克服一种干扰。前馈作用只能针对一个测量出来的干扰进行控制，对于其他干扰，由于该前馈控制器无法感知，因此也就无能为力了。而在反馈控制系统中，只要是影响到被控变量的干扰都能克服。

3）前馈控制的局限性

由前馈控制的原理、特点可以看出，前馈控制虽然对可测不可控的干扰有很好的抑制作用，但同时亦存在着很大的局限性，主要有以下几点。

（1）完全补偿难以实现。前馈控制只有在实现完全补偿的前提下，才能使系统得到良好的动态品质，但完全补偿几乎是难以做到的。

① 获取实际系统传递函数的方法通常采用工程方法，要准确地掌握过程干扰通道特性及控制通道特性是不容易的，而且在建立各通道数学模型时还要做适当的简化，系统中使用的干扰通道和控制通道的传递函数不十分准确，因而前馈模型难以准确获得；并且被控对象常具有非线性特性，在不同的运行工况下，其动态特性参数会发生变化，原有的前馈模型此时就不能适应了，因此无法实现动态上的完全补偿。

② 对于过于复杂或存在特殊环节的前馈补偿器模型，有时工程上难以实现。例如，前馈补偿器传递函数中包含超前环节等。

（2）补偿的单一指向性。一个前馈补偿器只能对一个干扰实现补偿控制，而对其他的干扰无能为力，具有补偿的单一指向性。实际的生产过程中，往往同时存在着若干个干扰，如上述换热器温度系统中，物料流量、物料入口温度、蒸汽压力等的变化均将引起出口温度的变化。如果要对每一种干扰都实行前馈控制，这将使系统庞大而复杂，增加自动化设备的投资。

目前，过程系统中尚有一些干扰量由于无法对其实现在线测量而不能采用前馈控制。若仅对某些可测干扰进行前馈控制，则无法消除其他干扰对被控变量的影响。

2. 前馈控制系统的几种结构形式

1）静态前馈

前馈控制器的输出信号是按照干扰量的大小随时间而变化的，是输入和时间的函数。如不考虑干扰通道和控制通道的动态特性，即不去考虑时间因素，这时就属于静态前馈。静态前馈的传递函数为

$$G_c(s) = -K_c = -\frac{K_f}{K_o} \qquad (5-4-2)$$

由于静态前馈控制规律不包含时间因子，因此实施起来相当方便。事实证明，在不少场合，特别是 $G_f(s)$ 与 $G_o(s)$ 滞后相近时，应用静态前馈控制也可获得较高的控制质量。

2）动态前馈控制方案

静态前馈控制系统能够实现被控变量静态偏差为零或减小到工艺要求的范围内，为了保证动态偏差也在工艺要求之内，需要分析对象的动态特性，才能确定前馈控制器的规律，获得动态前馈补偿。然而工业对象特性是千差万别的，如果按动态特性设计控制器将会非常复杂，难以实现。因此可在静态前馈的基础上增加动态补偿环节，即加延迟环节或微分环节来达到近似补偿。按照这个原理设计的一种前馈控制器，即

$$G_c(s) = -\frac{G_f(s)}{G_o(s)} = -\frac{\dfrac{K_2}{T_2 s+1}e^{-\tau_2 s}}{\dfrac{K_1}{T_1 s+1}e^{-\tau_1 s}} = -K\frac{T_1 s+1}{T_2 s+1} \tag{5-4-3}$$

有三个能够调节的参数分别是 K、T_1 和 T_2。K 为控制器的放大倍数，起静态补偿作用，T_1 和 T_2 是时间常数，通过调整它们的数值，实现延迟作用和微分作用的强弱控制。与干扰通道相比，当控制通道反应快时，给它加强延迟作用；当控制通道反应慢时，给它加强微分作用。根据两个通道的特性适当调整 T_1、T_2 的数值，使两个通道控制节奏相吻合，便可实现动态补偿，消除动态偏差。

3）前馈-反馈控制方案

由于人们对被控对象的特性很难准确掌握，以及受到单纯前馈补偿精度限制，因此单纯前馈控制效果不理想，在生产过程中很少使用。前面比较过前馈和反馈的优缺点，如果能把两者结合起来构成控制系统，取长补短，协同工作，一起克服干扰，能进一步提高控制质量，这种系统称为前馈-反馈控制系统。下面以图 5-4-5 所示加热炉控制为例说明前馈-反馈系统的结构及特点。

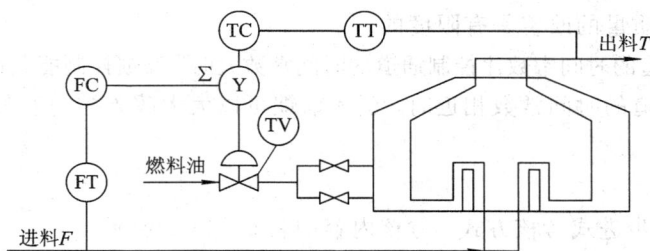

图 5-4-5　加热炉前馈-反馈控制系统

当主要干扰为加热炉进料流量波动，而与此同时又存在其他影响加热炉出口温度的干扰时，相应的前馈-反馈控制系统如图 5-4-5 所示，在此系统中采用前馈通道来控制进料流量波动对被控变量的影响，可以产生及时的控制作用；采用反馈通道克服其他干扰，如燃料热值变化和燃料压力变化对被控变量的影响，同时通过反馈通道能不断地检测被控变量的偏差情况，以产生进一步的校正作用，提高控制质量。图 5-4-6 所示为反馈-前馈控制系统的方框图。

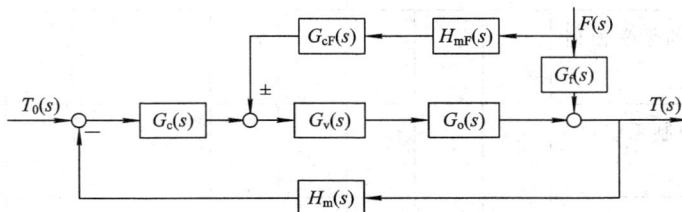

图 5-4-6　加热炉前馈-反馈控制系统方框图

综上所述，前馈-反馈控制系统具有以下优点：

（1）发挥了前馈控制系统及时的优点。

（2）保持了反馈控制能克服多个干扰影响和具有对控制效果进行校验的长处。

（3）反馈回路的存在，降低了对前馈控制模型的精度要求，为工程上实现比较简单的模型创造了条件。

3. 前馈控制的应用

1）前馈的应用场合

（1）系统中存在频繁且幅值大的干扰，这种干扰可测但不可控，对被控变量影响比较大，采用反馈控制难以克服，但工艺上对被控变量的要求又比较严格，可以考虑引入前馈回路来改善控制系统的品质。

（2）当采用串级控制系统仍不能把主要干扰包含在副回路中时，采用前馈-反馈控制系统，可获得更好的控制效果。

（3）当对象的控制通道滞后大，反馈控制不及时，控制质量差时，可采用前馈-反馈控制系统，以提高控制质量。

2）通道特性对前馈应用的影响

由于被控对象的干扰通道和控制通道特性不相同，在采用前馈控制时，会产生不同的效果：

（1）当干扰通道的时间常数明显小于控制通道时间常数时，干扰会很快作用到被控变量，就会使得前馈控制器输出很快达到极值，但仍无法大部分补偿干扰的影响。在这种情况下，前馈对控制质量的改善是有限度的。

（2）当干扰通道的时间常数比控制通道的时间常数大时，反馈控制能获得较好的控制效果。

（3）当两个通道的时间常数相近时，引入前馈可以大大改善控制质量。

五、项目考核

项目考核采用步进式考核方式，考核内容如表 5-4-3 所示。

表 5-4-3 项 目 考 核 表

	学号	1	2	3	4	5	6	7	8	9	10	11
	姓名											
考核内容进程分组	前馈控制的原理（10分）											
	前馈控制的特点（20分）											
	前馈控制与反馈控制的区别（20分）											
	前馈控制器的数学模型（20分）											
	前馈-反馈控制系统（20分）											
	前馈控制系统的应用（10分）											
扣分	安全文明											
	纪律卫生											
	总　评											

六、思考题

(1) 与前馈控制相比，反馈控制有什么优点？

(2) 与反馈控制相比，前馈控制有什么优点？

(3) 前馈控制在什么情况下控制效果最好？

(4) 试论述在实际过程控制系统中一般不单独使用前馈控制方案的理由。

(5) 什么是欠补偿？什么是过补偿？怎样的补偿才能够达到最优的控制效果？

(6) 试分析前馈-反馈控制系统和前馈-串级控制系统的特点和应用场合。

(7) 试叙述前馈控制系统的整定方法。

(8) 图 5-4-7 所示为蒸汽加热器，工艺要求出口物料温度稳定在 90℃±1℃。已知主要干扰为进口物料流量的波动，采用简单控制系统控制质量不能满足工艺要求。

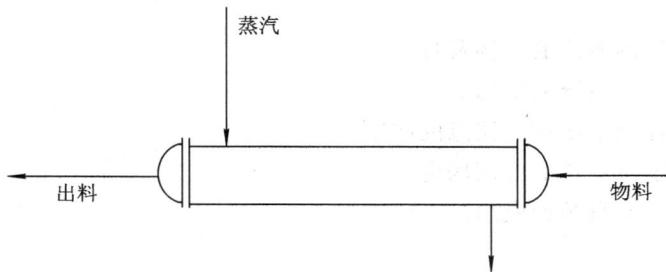

图 5-4-7　蒸汽加热器的工艺流程图

要求：① 制定合理的控制方案，并画出带控制点工艺图。

② 若物料温度不允许过低，否则易结晶，试确定控制阀的气开、气关型式。

③ 画出控制系统的方框图。

④ 确定温度控制器的正、反作用。

⑤ 如果进口物料流量的增加，分析控制系统的工作过程。

模块六　其他控制系统

项目一　分程控制系统和阀位控制系统

一、学习目标

1. 知识目标

(1) 掌握分程控制系统的结构及特点。

(2) 掌握阀位控制系统的结构。

(3) 熟悉分程控制系统中应注意的问题。

(4) 掌握分程控制系统的应用场合。

(5) 了解阀位控制系统的应用。

2. 能力目标

(1) 初步具备分析分程控制器正、反作用的能力。

(2) 初步具备分析分程控制阀工作区间的能力。

(3) 初步具备分析阀门定位器作用的能力。

(4) 初步具备分析阀位控制系统的能力。

二、必备知识与技能

1. 必备知识

(1) 简单控制系统基本组成的知识。

(2) 控制器正、反作用的知识。

(3) 常规控制规律的知识。

(4) 控制阀的相关知识。

2. 必备技能

(1) 分析阀门定位器作用的能力。

(2) 分析控制系统的负反馈能力。

(3) 判断控制器正、反方式的能力。

(4) 判断控制阀开关形式的能力。

三、理实一体化教学任务

理实一体化教学任务如表 6-1-1 所示。

表 6 - 1 - 1 理实一体化教学任务

任 务	内 容
任务一	分程控制系统的结构
任务二	分程控制系统的类型
任务三	分程控制系统应用的场合
任务四	分程控制系统中应注意的问题
任务五	阀位控制系统

四、理实一体化步骤

1. 分程控制系统

1）概述

分程控制系统是将一个控制器的输出分成若干个信号范围，由各个信号段去控制相应的控制阀，从而实现了一个控制器对多个控制阀的控制，有效地提高了过程控制系统的控制能力，其方框图如图 6 - 1 - 1 所示。

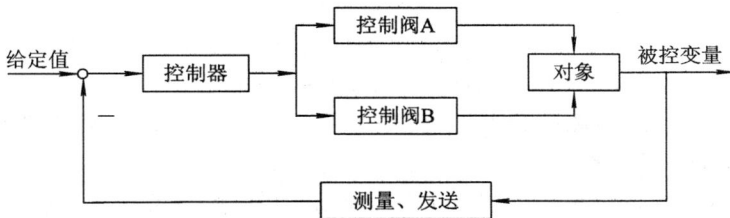

图 6 - 1 - 1 分程控制系统方框图

在图 6 - 1 - 1 中，是把控制器的输出信号分成两段，利用不同的输出信号分别控制两个控制阀，如控制阀 A（简称 A 阀）在控制器的输出信号为 0％～50％范围内工作，控制阀 B（简称 B 阀）则在控制器输出信号为 50％～100％范围内工作，每个控制阀的动作信号范围都是相同的。

分程控制系统，就控制阀的气开、气关形式可分为两类：一类是控制阀同向动作，即随着控制器输出信号的增加或减小，控制阀均逐渐开大或逐渐减小，同向分程控制的两个控制阀同为气开式或同为气关式，其动作过程如图 6 - 1 - 2 所示。另一类是控制阀异向动作，即随着控制器输出信号的增加或减小，控制阀中一个逐渐开大，另一个逐渐减小，异向分程控制的两个控制阀一个为气开式，另一个为气关式，如图 6 - 1 - 3 所示。分程控制中控制阀同向或异向的选择，要根据生产工艺的实际需要来确定。

为了实现分程控制，一般需要在每个控制阀上引入阀门定位器。阀门定位器相当于一台放大系数可变且零点可调的放大器。借助于它对信号的转换功能，多个控制阀在分别接收控制器输出的不同信号段后，均被调整为 0％～100％，使之走完全行程。

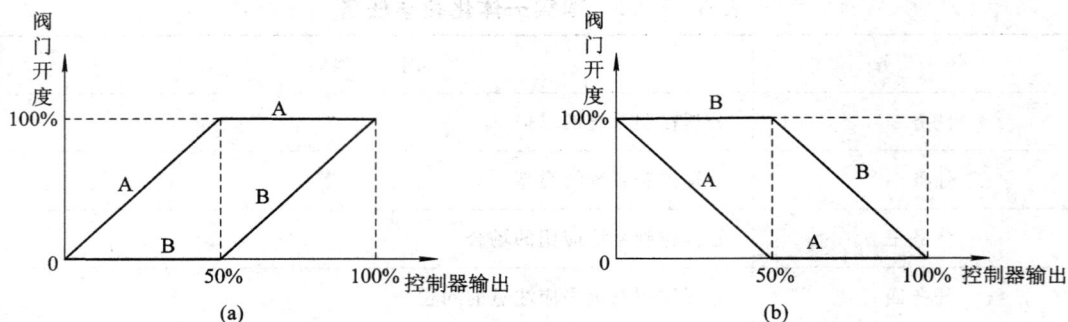

图 6-1-2 控制阀同向动作

（a）A、B 阀为气开形式；（b）A、B 阀为气关形式

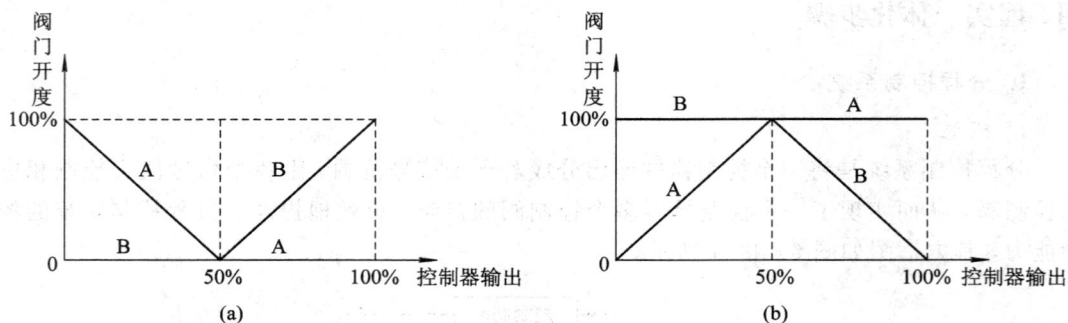

图 6-1-3 控制阀异向动作

（a）A 阀为气关形式，B 阀为气开形式；（b）A 阀为气开形式，B 阀为气关形式

2）分程控制的应用场合

（1）用于扩大控制阀的可控范围，以改善控制品质。控制阀有一个重要指标是阀的可控范围 R，即

$$R = \frac{C_{\max}}{C_{\min}} \qquad\qquad (6-1-1)$$

式中，$C_{\max}$ 为最大流量系数；$C_{\min}$ 为最小流量系数。

通常，国产控制阀的可控范围 R 为 30，在绝大部分场合下能满足生产要求。但有些场合需要控制阀的可调控范围很宽，这时若采用一个控制阀就满足不了生产上流量大范围变化的要求。这种情况下，可将两个口径不同的控制阀当作一个控制阀使用，从而扩大阀的可控范围。分程控制用于扩大控制阀可调范围时，总是采用两个同向动作的分程控制阀并联安装在同一流体不同管线上，如图 6-1-4 所示。

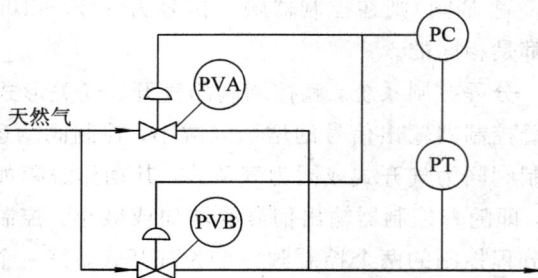

图 6-1-4 扩大阀的可控范围的分程控制

在图 6-1-4 中，若 $C_{A\max}=4$，$C_{B\max}=100$，且两阀的可控范围相等，$R=30$，忽略大阀

的泄漏量,当采用分程控制后,其最小流量系数为

$$C_{min} = \frac{4}{30} \approx 0.133$$

最大流量系数为

$$C_{max} = C_{Amax} + C_{Bmax} = 4 + 100 = 104$$

因此两阀组合在一起的可控范围将扩大到

$$R = \frac{104}{0.133} \approx 782 \gg 30$$

在图 6-1-4 所示的控制方案中,控制阀 A 和控制阀 B 从安全角度考虑采用气开阀,在控制过程中压力控制器实际上只控制其中之一(控制阀)的开度,所以此分程控制系统实质上是简单控制系统,压力控制器的正、反作用方式为反作用。当压力高时,控制 A 阀;当压力低时,控制 B 阀。所以压力高控制器的输出减小,A 阀工作在 0%~50%;压力低控制器的输出增加,B 阀工作在 50%~100%。为了流量的变化平缓和控制及时、有效,在 A

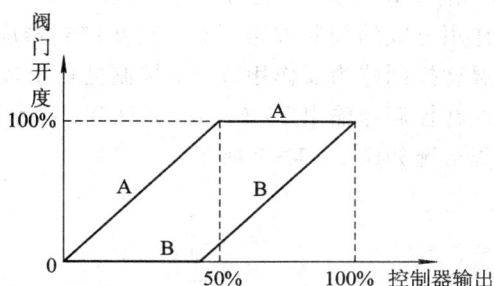

图 6-1-5 控制阀动作示意图

阀接近全开时,B 阀已有一定的开度,如图 6-1-5 所示。分程控制阀的分程范围一般取 0%~50% 和 50%~100% 均分的两段分压。但在实际过程中,要结合控制阀的特性及工艺要求来决定。

(2)用于控制两种不同的介质,以满足工艺生产的要求。

在某些间歇式生产的化学反应过程中,有时需要加热,有时又需要移走热量,为了满足这些特殊要求,一方面需配置蒸汽和冷水两种传热介质;另一方面需设计一个分程控制系统。图 6-1-6 所示为一间歇聚合反应器的温度分程控制系统。

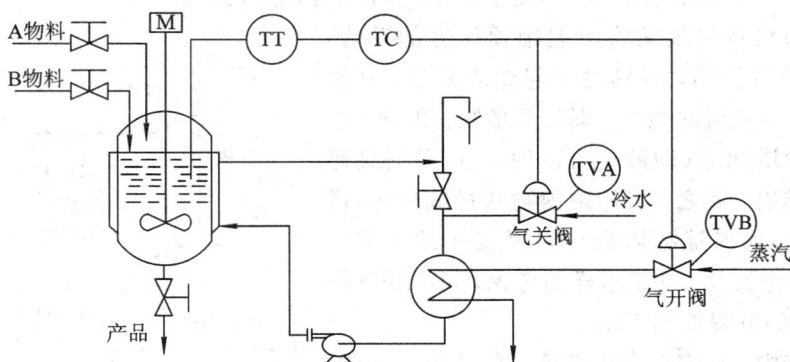

图 6-1-6 反应器温度分程控制系统

当反应物料投入设备后,开始需加热升温,以引发反应。此时通入蒸汽使循环水被加热,循环热水再通过反应器夹套为反应物加热,以使反应物温度慢慢升高。一旦达到反应温度后,由于放出大量反应热,若不及时移走热量,会使反应越来越剧烈,严重时会有爆

炸的危险。这时，反应器夹套中流过的将不再是热水而是冷水，这样一来，反应所产生的热量就不断被冷水所移走，从而达到维持反应温度不变的目的。在该系统中，利用A、B两个控制阀分别控制冷水和蒸汽两种介质，以满足工艺上需要冷却和加热的不同要求。下面进行分析和讨论。

① 选择控制阀气开、气关形式。从安全的角度考虑，一旦出现气源故障，为避免反应器温度过高而引起事故，冷水阀将全开，蒸汽阀将全关，因此，冷水阀A选择气关式，蒸汽阀B选择气开式。

② 确定分程区间。分程控制系统实质是简单控制系统，根据简单控制系统控制器正、反作用方式的判断方法判断，温度控制器应为反作用方式。未反应前温度低，需加热，由于温度控制器为反作用方式，控制器输出较大，此时控制器控制蒸汽的流量，蒸汽阀B应工作在控制器输出50%～100%区间。冷水阀A应工作在控制器输出0%～50%区间。其分程情况如图6-1-7所示。

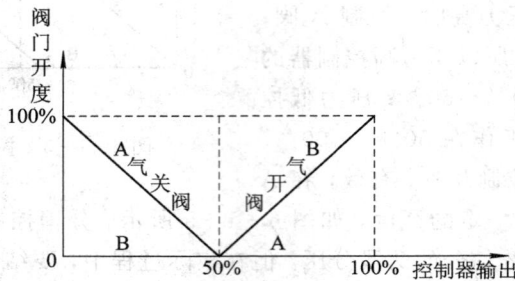

图6-1-7 控制阀A、B的分程图

（3）用于保证生产过程的安全和稳定。有些生产过程，尤其在各类炼油或石油化工中，许多存放各种油品或石油化工产品的储罐都建在室外，为避免这些原料或产品与空气相接触而氧化变质或引起爆炸，常在储罐上方充以氮气，使其与空气隔绝，通常称之为氮封。采用氮封技术的工艺要求是保持储罐内的氮气压力为微正压。

储罐中物料量的增减将引起罐顶压力的升降，故必须及时进行控制，否则将引起储罐变形，甚至破裂，造成浪费或引起燃烧、爆炸等危险。因此，当储罐内物料量增加时（即液位升高时），应及时使罐内氮气适量排出；反之，当储罐内物料量减少时（即液位下降时），为保证罐内氮气呈微正压的工艺要求，应向储罐充氮气。基于这样的考虑，可采用如图6-1-8所示的分程控制系统。

在本系统中，从安全方面考虑，A阀为气开式，B阀为气关式，控制器为反作用方式。根据上述工艺要求，控制系统工作过程如下：

当罐内物料增加，液位上升时，储罐压力升高，测量值将大于给定值，压力控制器输出减小，于是

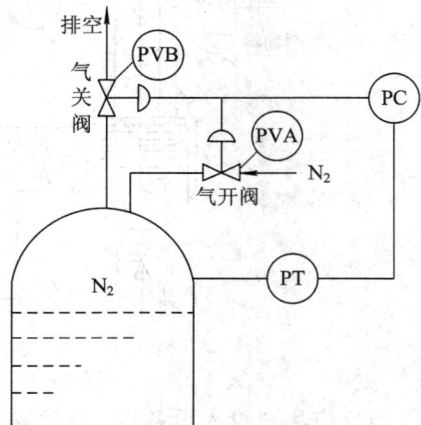

图6-1-8 储罐氮封分程控制系统图

A 阀将关闭,停止充氮气,B 阀将打开,通过放空使储罐内压力降低。反之,当罐内物料减少,液位下降时,储罐内压力降低,测量值将小于给定值,于是压力控制器输出增大,使 B 阀关闭,停止排气;而 A 阀打开,向罐内补充氮气,以提高储罐的压力。

为了防止储罐内压力在给定值附近变化时 A、B 两阀的频繁动作,可在两阀信号交接处设置一个不灵敏区,如图 6 - 1 - 9 所示。通过阀门定位器的调整,当控制器的输出压力在这个不灵敏区变化时,A、B 两阀都处于全关位置。加入这样一个不灵敏区后,将会使控制过程变化趋于缓慢,系统更为稳定。

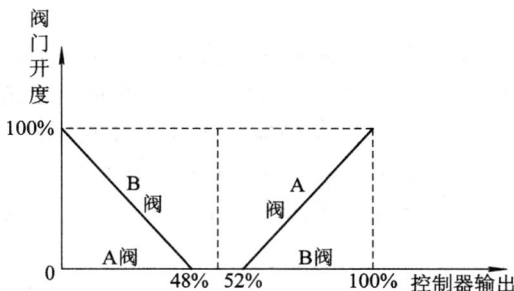

图 6 - 1 - 9　储罐氮封分程阀特性图

3)分程控制中的几个问题

(1)正确选择控制阀的流量特性。

在两个控制阀的分程点上(即由一个控制阀转到另一个控制阀的交替点),系统要求其流量的变化要平缓,否则对系统的控制不利。但由于控制阀的放大系数不同,造成分程点上流量特性的突变,尤其是大、小阀并联动作时显得尤为突出。如两控制阀均为线性阀,其突变情况非常严重,如图 6 - 1 - 10 所示。当均采用对数阀时,突变情况要好一些,如图 6 - 1 - 11 所示。

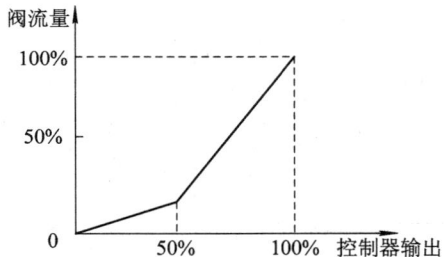

图 6 - 1 - 10　线性阀流量特性图

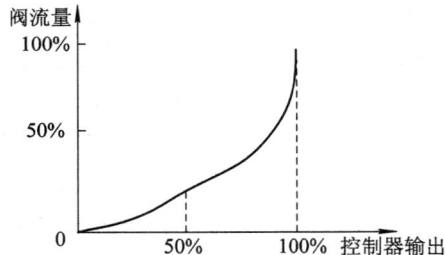

图 6 - 1 - 11　对数阀流量特性

在分程控制中,控制阀流量特性的选择非常重要,为使总的流量特性比较平滑,一般尽量选用对数阀。如果两个控制阀的流通能力比较接近且阀的可控范围不大时,可选用线性阀。

(2)控制阀泄漏的问题。

在分程控制中,阀的泄漏量大小是一个很重要的问题。当分程控制系统中采用大、小阀并联时，若大阀泄漏量过大，小阀将不能充分发挥其控制作用，甚至起不到控制作用。因此，要选择泄漏量较小或没有泄漏的控制阀。

（3）控制规律的选择及参数整定问题。

分程控制系统本质上仍是一个简单控制系统，有关控制器控制规律的选择及其参数整定可参考简单控制系统的处理。但当两个控制通道特性不相同时，应照顾正常情况下的对象特性，按正常工况整定控制器的参数，另一阀只要在工艺允许的范围内工作即可。

2. 阀位控制系统的结构与应用

1）概述

一个控制系统在受到外界干扰时，被控变量将偏离原先的给定值而发生变化，为了克服干扰的影响，通过对操作变量进行调整，使被控变量靠近给定值。对一个系统来说，可供选择作为操纵变量的可能是多个，选择操纵变量既要考虑它的经济性和合理性，又要考虑它的快速性和有效性。但是，在有些情况下，所选择的操纵变量很难做到两者兼顾。阀门控制系统就是在综合考虑控制变量的快速性、有效性、经济性和合理性的基础上发展起来的一种控制系统。

阀位控制系统的原理结构如图 $6-1-12$ 所示。在阀位控制系统中，选用了两个操纵变量为蒸汽量 F_2 和物料量 F_1，其中操纵变量 F_2 从经济性和工艺的合理性考虑比较合适，但是对克服干扰的影响不够及时、有效。操纵变量 F_1 却正好相反，其快速性、有效性均较好，但经济性、工艺的合理性较差。

这两个操纵变量分别由两支控制器来控制。其中操纵变量 F_1 的为主控制器 TC，操纵变量 F_2 的为阀位控制器 VPC。主控制器的给定值即产品的质量指标，阀门控制器的给定值是操纵变量管线上控制阀的阀位，阀位控制系统也因此而得名。

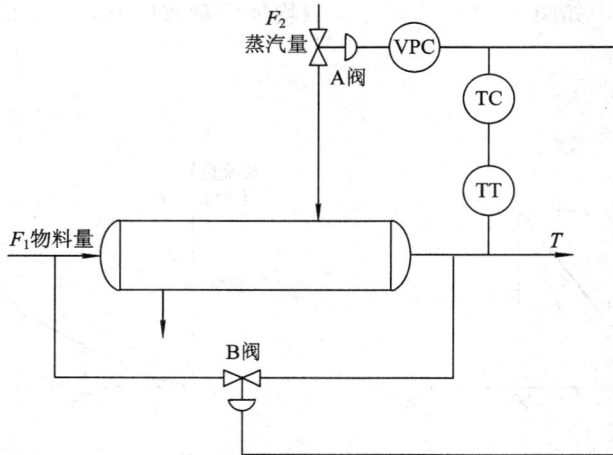

图 $6-1-12$ 阀位控制系统结构原理图

2）阀位控制系统的工作原理

如图 $6-1-12$ 的阀位控制系统，假定 A 阀、B 阀均选为气开阀，主控制器 TC（温度控制器）为正作用，阀位控制器 VPC 为反作用。在系统稳定的情况下，被控变量 T 等于主控制器的设定值，A 阀处于某一开度，控制 B 阀处于阀位控制器 VPC 所设置的小开度。

当系统受到外界干扰使物料出口温度上升时，温度控制器的输出将增大，这一增大的信号分为两路：一路去 B 阀；另一路去 VPC。送往 B 阀的信号将使 B 阀的开度增大，这会将物料出口温度拉下来；送往 VPC 的信号是作为后者的测量值，在阀位控制器 VPC 所设置值不变的情况下，测量值增大，VPC 的输出将减小，A 阀的开度将减小，蒸汽量则随之减小，出口温度也将因此而下降。这样 A、B 两只阀动作的结果都将会使温度上升的趋势减低。随着出口温度上升趋势的下降，温度控制器的输出逐渐减小，于是 B 阀的开度逐渐减小，A 阀的开度逐渐加大。这一过程一直进行到温度控制器及阀位控制器的偏差都等于 0 时为止。温度调节器偏差等于 0，意味着出口温度等于给定值，即阀位调节器偏差等于零，也意味着控制阀 B 的阀压与阀位控制器 VPC 的设定值相等。而 B 阀的开度与阀压是有着一一对应关系的，也就是说，B 阀最终会回到 VPC 的设定值所对应的开度。

由上面的分析可以看到：本系统利用操纵变量 F_1 的有效性和快速性，在干扰一旦出现影响到被控变量偏离给定值时，先行通过对操纵变量 F_1 的调整来克服干扰的影响。随着时间的增长，对操纵变量 F_1 的调整逐渐减弱，而控制出口温度的任务逐渐转让给操纵变量 F_2 来担当。最终 B 阀停止在一个很小的开度（由阀位控制器 VPC 的设定值来决定）上，从而维持控制的合理性和经济性。

五、项目考核

项目考核采用步进式考核方式，考核内容如表 6-1-2 所示。

表 6-1-2 项 目 考 核 表

学号		1	2	3	4	5	6	7	8	9	10	11
姓名												
考核内容进程分组	分程控制系统的结构（10 分）											
	分程控制系统的类型（20 分）											
	分程控制系统应用的场合及系统分析（30 分）											
	分程控制系统中注意的问题（20 分）											
	阀位控制控制系统结构（10 分）											
	阀位控制控制系统的应用（10 分）											
扣分	安全文明											
	纪律卫生											
总评												

六、思考题

（1）什么叫分程控制？怎样实现分程控制？

（2）在分程控制中需注意哪些主要问题？为什么在分程点上会发生流量特性的突变？如何解决？

（3）在某化学反应器内进行气相反应，控制阀 A、B 用来分别控制进料流量和反应生成物的流量。为了控制反应器内压力，设计了图 6-1-13 所示的控制系统流程图。试画出其方框图，并确定控制阀的气开、气关形式及控制器的正、反作用方式和分程特性图。

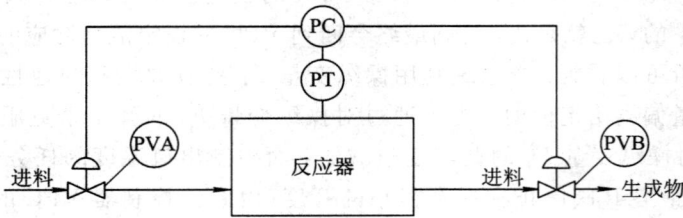

图 6-1-13　反应器压力控制系统流程图

（4）图 6-1-14 所示，冷水与热水混合生成温水，根据对水温的要求，可以分别调节水管中的热水量和冷水量，即水温高时，可以调节冷水量；当水温低时，可以调节热水量。试设计一个过程控制系统，画出流程控制图，并确定控制阀的气开、气关形式及控制器的正、反作用方式和分程特性图。

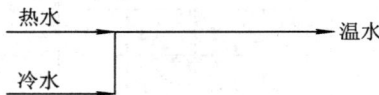

图 6-1-14　热水与热水混合

（5）如图 6-1-15 所示，在某生产过程加热器中，冷物料通过换热器用热水（工业废水）和蒸汽对其进行加热，当用热水加热不能满足出口温度要求时，再同时使用蒸汽加热，从而减少能源消耗，提高经济效益。试设计一个过程控制系统，画出其流程控制图，并确定控制阀的气开、气关形式及控制器的正、反作用方式和分程特性图。

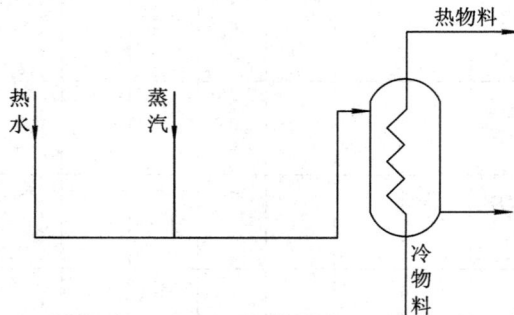

图 6-1-15　加热器工艺流程

（6）什么是阀位控制系统？

（7）图 6-1-16 所示为精馏塔塔压分程控制系统原理图，A 阀为气开形式，B 为气关形式，试确定控制器的正、反作用方式，确定 A 阀与 B 阀的工作信号段，并画出其分程特性图。

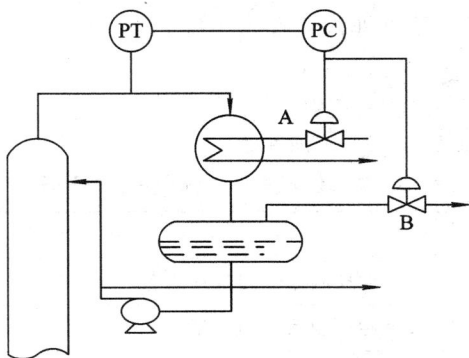

图 6-1-16　塔压分程控制系统原理图

项目二　选择性控制系统

一、学习目标

1. 知识目标

（1）熟悉选择控制系统的作用。

（2）熟悉选择性控制系统的类型。

（3）初步掌握选择性控制系统的设计。

（4）了解积分饱和及其防止方法。

2. 能力目标

（1）初步具备分析具体选择性控制系统的能力。

（2）初步具备确定选择器类型的能力。

（3）初步具备分析积分饱和现象的能力。

（4）初步具备分析控制系统故障的能力。

二、必备知识与技能

1. 必备知识

（1）简单控制系统基本组成的相关知识。

（2）控制器正、反作用的知识。

（3）常规控制规律的知识。

（4）安全保护系统的相关知识。

2. 必备技能

（1）分析选择器输入与输出关系的能力。

（2）分析控制系统的负反馈的能力。

（3）判断控制系统开环、闭环的能力。

（4）判断控制阀开、关形式的能力。

三、理实一体化教学任务

理实一体化教学任务如表 6-2-1 所示。

表 6-2-1　理实一体化教学任务

任　　务	内　　　　容
任务一	选择性控制系统的基本概念
任务二	选择性控制系统的类型
任务三	选择性控制系统的设计
任务四	积分饱和及其防止
任务五	选择性控制系统的应用

四、理实一体化步骤

1. 基本概念

在这些大型生产过程中，除了要求控制系统在生产处于正常运行情况下，能够克服外界干扰，维持生产的平稳运行外，还要考虑出现事故情况下系统的安全问题。当生产操作达到安全极限时，控制系统应能采取相应的保护措施，促使生产操作离开安全极限，返回到正常情况；或者使生产暂时停止下来，以防事故的发生或进一步扩大。这种非正常工况时的控制系统属于安全保护性措施，安全保护性措施有两类：一类是硬保护措施；另一类是软保护措施。

所谓硬保护措施就是联锁保护系统，当生产工况超出一定范围时，联锁保护系统采取一系列相应的措施，如产生声和光警报、自动到手动的切换、联锁保护等，使生产过程处于相对安全的状态。但这种硬保护措施经常使生产停车，停运后需要少则数小时、多则数十小时系统才能重新恢复生产，这对生产影响太大，造成的经济损失也比较严重。于是，人们在实践中探索出许多更为安全、经济的软保护措施来减少停车造成的损失。

所谓软保护措施，就是通过一个特定设计的自动选择性控制系统，当生产短期内处于不正常工况时，既不使设备停车又起到对生产进行自动保护的目的。即用一个控制不安全情况的控制方案自动取代正常生产情况下工作的控制方案，用取代控制器代替正常控制器，直至使生产过程重新恢复正常，而后又使原来的控制方案重新恢复工作，用正常控制器代替取代控制器。这种操作方式一般会使原有的控制质量降低，但能维持生产的继续进行，避免了停车，此方法称为选择性控制或取代控制，也称超驰控制——一种既能保证对生产过程正常控制，又能在短期内出现生产异常时对系统起到保护的控制方案，即软保护法。

选择性控制系统构成应具备两方面，一是生产操作上有一定的选择规律；二是在组成控制系统的各个环节中，必须包含具有选择性功能的选择单元。

2．选择性控制系统的类型

1）被控变量的选择性控制系统

下面以锅炉为例说明这类选择性控制系统的结构及工作过程。

在锅炉的运行中，蒸汽负荷随着用户需要而经常波动。在正常情况下，通过控制燃料量来保证蒸汽压力的稳定。当蒸汽用量增加时，为保证蒸汽压力不变，必须在增加供水量的同时，相应地增加燃料气量。然而，燃料气的压力也随燃料气量的增加而升高，当燃料气压力过高而超过某一安全极限时，会产生脱火现象。一旦脱火现象发生，燃烧室内由于积存大量燃料气与空气的混合物，就会有爆炸的危险。为此，锅炉控制系统中常采用如图6-2-1所示的蒸汽压力与燃料气压力的选择性控制系统，以防止脱火现象产生。

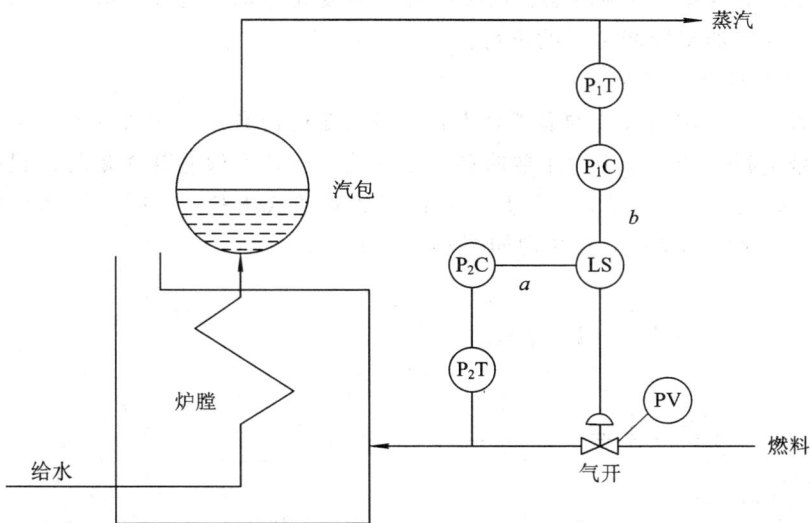

图6-2-1　锅炉蒸汽压力与燃料气压力的选择性控制系统

在图6-2-1中，采用一台低选器(LS)来确定控制阀的输入信号，低选器能自动地选择两个输入信号中较低的一个作为它的输出信号。系统中蒸汽压力控制器为正常控制器，燃料气压力控制器为取代控制器。正常控制器与取代控制器的输出信号通过选择器，在不同工况下自动选取后送至控制阀，以维持蒸汽压力的稳定以及防止脱火现象的发生。该系统的方框图如图6-2-2所示。

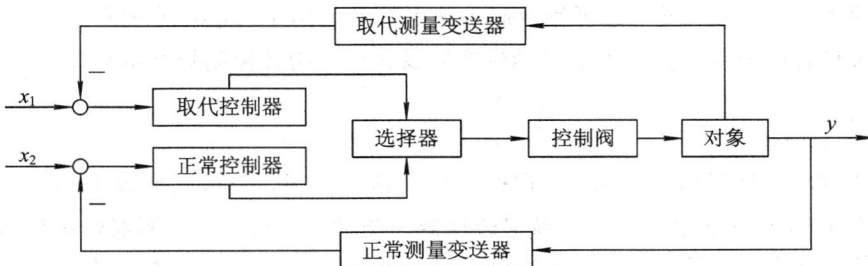

图6-2-2　选择性控制系统方框图

从安全角度考虑,燃料气控制阀应为气开式。在正常情况下,燃料气压力低于给定值,由于 P_2C 是反作用方式,其输出 a 将是高信号,而蒸汽压力控制器 P_1C 的输出 b 则为低信号。此时,低选器选中 b 信号来控制阀,从而构成了一个以蒸汽压力作为被控变量的简单控制系统。而当燃料气压力上升到超过脱火压力时,由于 P_2C 是反作用方式,其输出 a 将是低信号,a 被低选器选中,这样便取代了蒸汽压力控制器,防止脱火现象的发生,构成了一个以燃料气压力为被控变量的简单控制系统。当燃料气压力恢复正常时,蒸汽压力控制器 P_1C 的输出 b 又成为低信号,经自动切换,蒸汽压力控制系统重新恢复运行。

对于被控变量的选择性控制系统,当生产处于正常情况时,选择器选择正常控制器的输出信号送给执行器,实现对生产过程的自动控制,此时取代控制器处于开路状态。当生产过程处于非正常情况时,选择器则选择取代控制器代替正常控制器对生产过程进行控制,此时正常控制器处于开路状态。当生产过程恢复正常时,通过选择器的自动切换,仍由原来的正常控制器来控制生产的进行。

2)测量值的选择性控制系统

测量值的选择性控制系统的显著特点是:多个变送器共用一个控制器,选择器对变送器的输出信号进行选择。其用途主要有两个,一是选出几个检测变送信号的最高或最低信号用于控制,如图 6-2-3 所示;二是为防仪表故障造成事故,对同一检测点采用多个仪表测量,选出可靠的测量值,其结构如图 6-2-4 所示。

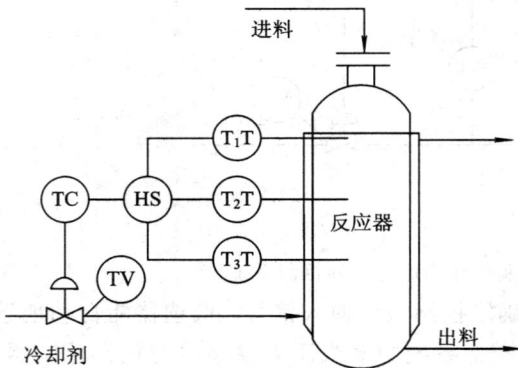

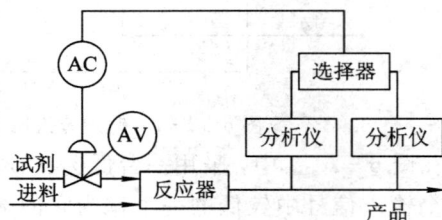

图 6-2-3 温度选择性控制系统图　　图 6-2-4 成分选择性控制系统

3. 选择性控制系统的设计

从上面的介绍可以知道,选择性控制系统可等效为两个(或多个)简单控制系统。选择性控制系统设计的关键是选择器类型的选择以及多个控制器控制规律的确定,下面对其加以讨论。

1)选择器的选型

选择器有高选器和低选器。在选择器具体选型时,根据生产处于不正常情况下,取代控制器的输出信号为高或低来确定选择器的类型。如果取代控制器输出信号为高时,则选用高值选择器;如果取代控制器输出信号为低时,则选用低值选择器。其选型过程可按如下步骤进行。

（1）控制阀的气开、气关形式的选择同简单控制系统。

（2）确定正常控制器和取代控制器的正、反作用方式。

（3）考虑事故时的保护措施，根据取代控制器的输出信号类型，确定选择器的类型。

举例说明，液氨蒸发器作为一个换热设备，在工业生产中应用很多。图 6-2-5 所示为液氨蒸发器的选择控制系统。

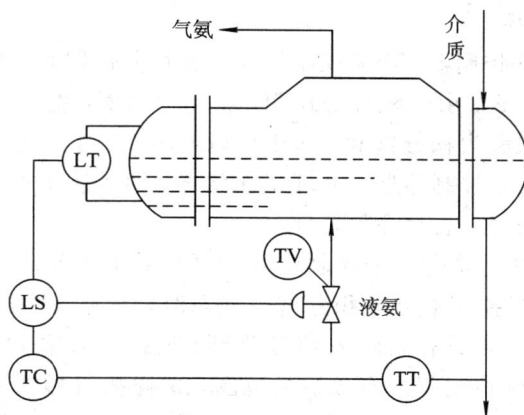

图 6-2-5　液氨蒸发器的选择控制系统

液氨的汽化需要吸收大量的汽化热，因而，它常用来冷却物料。在正常工况下，控制阀由温度控制器 TC 的输出来控制，这样可以保证被冷却物料的温度稳定在某个给定值上。但是，蒸发器需要有足够的汽化空间来保证良好的汽化条件及避免出口氨气带液，为此又设计了液位控制系统。在液面达到高限的工况下，即便被冷却物料的温度高于给定值，也不再增加液氨量，而由液位控制器 LC 取代温度控制器 TC 进行控制，这样既保证了必要的汽化空间又保证了设备安全。

（1）选择控制阀。由于发生事故时应使控制阀处于关闭状态，故选气开型，即控制阀的符号为"＋"。

（2）确定控制器的正、反作用方式。无论是液位控制器（取代控制器）工作还是温度控制器（正常控制器）工作，系统均为简单控制系统，所以控制器的正、反作用方式的确定同简单控制系统。

温度控制器正作用方式确定：当控制阀的开度增大时，温度下降，温度对象的符号为"－"。所以温度控制器的符号为"＋"，属正作用方式。

液位控制器正作用方式确定：当控制阀的开度增大时，液位升高，液位对象的符号为"＋"。所以液位控制器的符号为"－"，属反作用方式。

（3）确定选择器的类型。由于液位控制器是反作用方式，当液位高于安全限时，液位控制器的输出降低，因此选择器应选低选器。

2）控制规律的确定

在选择控制系统中，正常控制器可以按照简单控制系统的设计方法处理。对取代控制器而言，只要求它在非正常情况时能及时采取措施，故一般选用 P 控制规律，以实现对系统的快速保护。

3）控制器的参数整定

选择性控制系统在对其控制器进行参数整定时，可按简单控制系统的整定方法进行。这里着重说明一下取代控制器的参数整定。当系统出现故障，取代控制器投入工作时，由于要产生及时的自动保护作用，要求取代控制器必须发出较强的控制信号，因此，比例度δ要小一些。

4. 积分饱和及其防止

对于在开环状态下的控制器，当其控制规律中有积分作用时，如果给定值和测量值之间一直存在偏差信号，那么，由于积分的作用，将使控制器的输出不停地变化，直至达到输出的极限值，这种现象称为积分饱和。从中可以看出，产生积分饱和有三个条件，一是控制器具有积分作用；二是控制器处于开环工作状态，即其输出没有被送往控制阀；三是控制器的输入，即偏差信号一直存在。

在选择性控制系统中，总有一个控制器处于开环状态，若此控制器有积分作用，就会产生积分饱和现象。当控制器处于积分饱和状态时，其输出将达到最大或最小的极限值，该极限值已超出执行器的有效输入信号范围。所以，当这个控制器被重新选中时，必须使它的输出信号回到控制阀的有效输入范围，这样执行器才开始动作。但是这个过程需要一定的时间，导致控制阀不能及时进行切换。为此，常采用以下方法防止积分饱和。

（1）限幅法。该方法就是用高低值限幅器，使控制器的输出信号被限制在工作区间内。

（2）外反馈法。所谓外反馈法，就是采用外部信号作为控制器的积分反馈信号。这样，当控制器处于开环工作状态时，由于积分反馈信号不是输出信号本身，就不会形成对偏差的积分作用，从而可以防止积分饱和问题的出现。如图6-2-6所示，选择性控制系统的两个比例积分控制器输出分别为p_1、p_2，通过选择器选中其中之一送至控制阀，送往控制阀的信号又同时引回到两个控制器的积分环节。

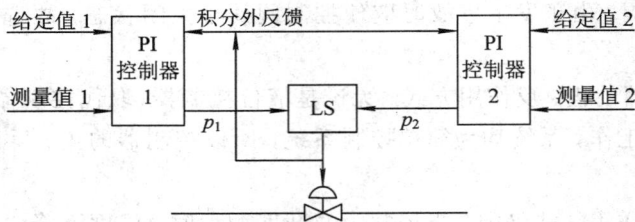

图6-2-6　积分外反馈原理图

（3）积分切除法。当控制器被选中处于闭环状态时，具有比例积分作用；若控制器未被选中处于开环状态时，将积分作用自动切除，使之只有比例作用，具有这种功能的控制器称为PI-P控制器。

五、项目考核

项目考核采用步进式考核方式，考核内容如表6-2-2所示。

表 6 - 2 - 2　项 目 考 核 表

学号		1	2	3	4	5	6	7	8	9	10	11
姓名												
考核内容进程分组	选择性控制系统的基本概念(10分)											
	选择性控制系统的类型(25分)											
	选择性控制系统的设计(30分)											
	积分饱和及其防止(10分)											
	选择性控制系统的应用(25分)											
扣分	安全文明											
	纪律卫生											
总　评												

六、思考题

(1) 什么是选择性控制？与简单控制系统相比，其结构上有什么不同？

(2) 试述选择性控制系统的基本原理。

(3) 在选择性控制系统中，如何确定选择器的类型？

(4) 图 6 - 2 - 7 所示为一冷却器，用以冷却经五段压缩后的裂解气，采用的冷剂为来自脱甲烷塔的釜液。在正常情况下，要求冷剂流量维持恒定，以保证脱甲烷塔的平稳操作。但是裂解气冷却后的出口温度 T 不得低于

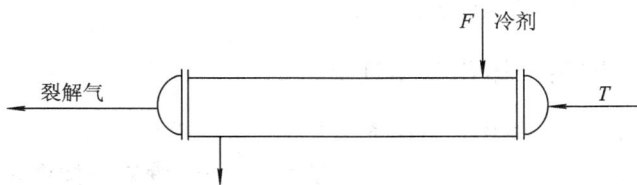

图 6 - 2 - 7　冷却器的工艺流程

15℃，否则裂解气中所含的水分就会生成水合物而堵塞管道。根据上述要求，试设计一控制系统，并画出控制系统的原理图和方框图，确定控制阀的气开、气关形式及控制器的正、反作用，并简要说明系统的控制过程。

项目三　先进型控制系统

一、学习目标

1. 知识目标

(1) 熟悉模糊控制系统的结构和方法。

（2）熟悉自适应控制系统的作用和结构。

（3）熟悉解耦控制系统的作用和结构。

（4）熟悉纯滞后补偿控制系统的作用和原理。

（5）熟悉专家系统的作用和结构。

2. 能力目标

（1）初步具备分析模糊控制系统的能力。

（2）初步具备分析自适应控制系统的能力。

（3）初步具备分析解耦控制系统的能力。

（4）初步具备分析纯滞后补偿控制系统的能力。

（5）初步具备分析专家系统的能力。

二、必备知识与技能

1. 必备知识

（1）简单控制系统的知识。

（2）复杂控制系统的知识。

（3）方框图等效变换的知识。

（4）对象特性的相关知识。

2. 必备技能

（1）控制系统控制策略分析的能力。

（2）分析控制系统之间是否关联的能力。

（3）分析对象数学模型的能力。

（4）分析系统传递函数的能力。

三、理实一体化教学任务

理实一体化教学任务如表 6-3-1 所示。

表 6-3-1 理实一体化教学任务

任　务	内　容
任务一	模糊控制系统的结构和方法
任务二	自适应控制系统的作用和结构
任务三	解耦控制系统的作用和结构
任务四	纯滞后补偿控制系统的作用和原理
任务五	专家系统的作用和结构

四、理实一体化步骤

在工业生产过程中，一个良好的控制系统不但要保护系统的稳定性和整个生产的安全性，满足一定约束条件，而且应该给企业带来一定的经济效益。然而控制系统设计时会遇到很多困难，特别是复杂工业过程往往具有不确定性（环境结构和参数的未知性、时变性、随机性、突变性）、非线性、变量间的关联性以及信息的不完全性和大纯滞后性等，要想获得精确的数学模型十分困难。因此，对于过程控制系统的设计，必须进一步开发高级的过程控制系统，研究先进的过程控制规律等，即先进型控制系统。

1．模糊控制系统

智能控制不同于传统的控制，因而控制器不再是单一的数学解析模型，而是数学解析模型和知识系统相结合的广义模型，即在传统控制的基础上，加入了逻辑推理和启发式知识，将操作人员作为控制器的系统就是一个典型的智能控制系统。模糊控制在一定程度上模仿了操作人员的控制，它不需要精确的数学模型，主要是以操作人员的丰富实践经验为主。

1）模糊控制系统的基本结构

模糊控制的思想是将操作人员长期的实践经验加以总结和描述，得到一种定性的控制规则，基于这些规则再进行模糊推理，从而得到控制输出。模糊控制系统的基本结构如图6-3-1所示。

根据从对象中测得的数据如温度、压力等，与给定值进行比较，将偏差和偏差的变化率输入到模糊控制器，由模糊控制器推断出控制量，用它来控制对象。

由于对一个模糊控制来说，输入和输出都是精确的数值，而模糊控制原理是采用操作人员的思维，也就是按语言规则进行推理，因此必须将输入数据变换成语言值，这个过程称为精确量的模糊化；然后进行推理及控制规则的形成；最后将推理所得结果变换成实际的一个精确的控制值，即清晰化。

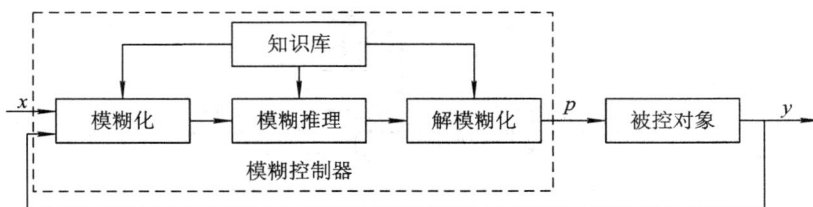

图6-3-1　模糊控制系统的基本结构

2）模糊控制的几种方法

（1）查表法。查表法是模糊控制最早采用的方法，也是应用最为广泛的一种方法。所谓查表法，就是将输入量的隶属度函数、模糊控制规则及输出量的隶属度函数都用表格来表示，这样输入量的模糊化、模糊规则推理和输出量的清晰化等都是通过查表的方法来实现的。输入模糊化表、模糊规则推理表和输出清晰化表的制作都是离线进行的，可以通过离线计算机将这三种表合并为一个模糊控制表，这样就更为简单了。其中隶属度函数类似于一般集合，这个集合可以用取值于0和1之间的实数的一个函数来表示。

（2）专用硬件模糊控制器。专用模糊控制器是用硬件直接实现上述的模糊推理的。它的优点是推理速度快，控制精度高。现在世界上已有各种模糊控制芯片供选用。但与使用软件方法相比，专用硬件模糊控制器价格昂贵，目前主有应用于伺服系统、机器人、汽车等领域。

（3）软件模糊推理法。软件模糊推理法的特点就是，模糊控制过程中，输入量模糊化、模糊规则推理、输出清晰化和知识库这四部分都用软件来实现。

2. 自适应控制系统

前面介绍过的控制系统，均指控制器有固定参数的系统。实际上，复杂的工艺过程往往具有不确定性（如环境结构和参数的未知性、时变性、随机性、突变性等）。对于这类生产过程，采用之前介绍的常规控制方案往往不能获得令人满意的控制效果，甚至还可能导致整个系统失控。为了解决被控对象的结构和参数存在不确定性时，系统仍能自动地工作于最优或接近于最优的状态，就提出了自适应控制。自适应控制是辨识技术与控制技术的结合。

自适应控制是建立在系统数学模型参数未知的基础上的，在控制系统运行过程中，系统本身不断测量被控系统的参数或运行指标，根据参数或运行指标的变化，改变控制参数或控制作用，以适应其特性的变化，保证整个系统运行在最佳状态下。一个自适应控制系统至少应包含有以下三个部分：

一是具有一个检测或估计环节，目的是监视整个过程和环境，并能对消除噪声后的检测数据进行分类。通常是指对过程的输入、输出进行测量，进而对某些参数进行实时估计。

二是具有衡量系统控制优劣的性能指标，并能够测量或计算它们，以此来判断系统是否偏离最优状态。

三是具有自动调整控制器的控制规律或参数的能力。

自适应控制系统的一般方框图如图 6-3-2 所示。

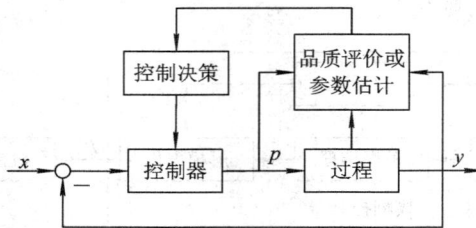

图 6-3-2　自适应控制系统框图

根据自适应控制系统设计原理和结构的不同，它主要包括增益调度自适应控制、模型参考自适应控制系统和自校正控制系统等。

1）增益调度自适应控制

增益调度自适应控制系统是一种最为简单的自适应控制系统。它主要通过监测过程的运行条件来改变控制器的参数，以此补偿系统受环境等条件变化而造成对象参数变化的影响，故称为增益调度自适应控制。这种方法的关键是找出影响被控对象参数变化的辅助变量，并设计好辅助变量与最佳控制器增益的函数关系，让控制器的参数按预编程的方式作为运行条件的函数而改变。其原理如 6-3-3 所示，根据运行条件或外部干扰信号，按照预先规定的模型或增益调度表直接去修正控制器的参数。

增益调度自适应控制结构简单，具有快速的适应能力。美中不足的是其参数补偿按开环工作方式进行，对不正确的调度没有反馈补偿功能，并且在设计时需具备较多的过程机理知识。

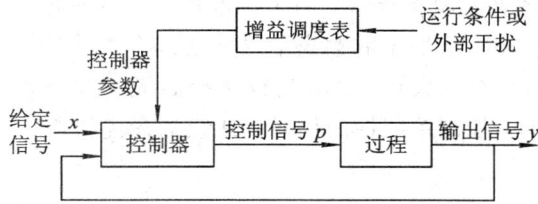

图 6 - 3 - 3　增益调度自适应控制系统框图

2）模型参考自适应控制系统

模型参考自适应控制系统主要用于随动控制。这类控制的典型特征是参考模型与被控系统并联运行，参考模型表示了控制系统的性能要求。其基本结构如图 6 - 3 - 4 所示。图中虚线框内的部分表示控制系统。

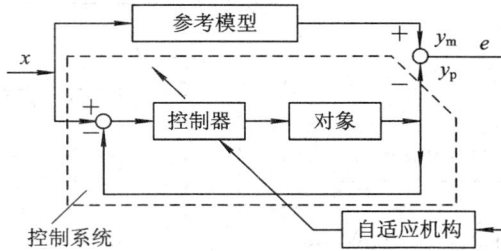

图 6 - 3 - 4　模型参考自适应控制系统结构图

可以看到，输入信号 x 有两个传递通道，一个送到控制器，对被控对象进行控制，其输出为 y_p；另一个送往参考模型，其输出为 y_m。将参考模型与被控系统并联后的输出信号，即偏差信号 $e = y_m - y_p$ 送往自适应机构，进而改变控制器的参数，直至使控制系统的性能接近或等于参考模型规定的性能。

在模型参考自适应控制系统中，不需要专用的在线辨识装置，主要是借助于目标函数来调整可调参数，其实质是设计一个稳定同时具有较高性能的自适应机构的自适应算法。这种方法的应用关键是，如何将一个实际问题转化为模型参考自适应问题。

3）自校正控制系统

自校正控制系统是自适应控制中一个相当活跃的分支。自校正控制系统的原理如图6 - 3 - 5 所示。

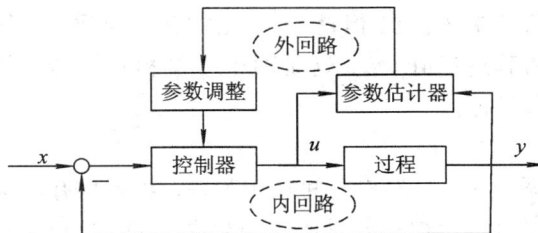

图 6 - 3 - 5　自校正控制系统原理图

由图中可以看到，自校正控制系统是在原有控制系统的基础上增加了一个外回路，外回路由参数估计器和参数调整机构组成，用来调整控制器的参数。内回路包括过程和普通线性反馈控制器。对象的输入信号 x 和输出信号 y 送入参数估计器，在线识别出其数学模型，参数调整机构根据辨识结果设计、计算自校正控制规律和修改控制器参数，在对象参数受到干扰而发生变化时，控制系统性能仍保持或接近最优状态，这种系统应用较广泛。

3. 解耦控制系统

1）系统的关联

目前的现场实际中，生产装置往往不再是单一的回路控制，通常都需要设置若干个控制回路才能对生产过程中的多个被控变量进行准确、稳定的控制。由于回路个数的增多，各控制回路之间就有可能存在某种程度的相互关联和影响，从而构成多输入多输出（MIMO）的耦合控制系统。下面以精馏塔温度控制系统为例加以说明，如图 6 - 3 - 6 所示。

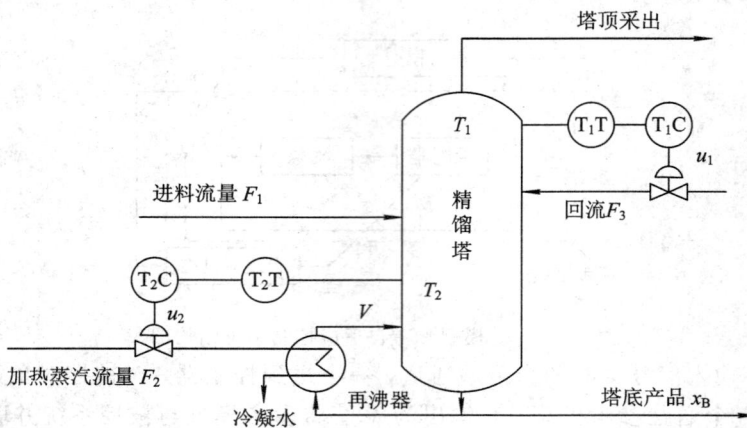

图 6 - 3 - 6　精馏塔温度控制系统

精馏塔温度控制系统中的被控变量有两个，分别是塔顶温度 T_1 和塔底温度 T_2；操作变量也有两个，即加热蒸汽流量 F_2 和回流 F_3。T_1C 为塔顶温度控制器，其输出 u_1 控制回流控制阀，控制塔顶的回流量，实现对塔顶温度 T_1 的控制。T_2C 为塔底温度控制器，其输出 u_2 控制再沸器加热蒸汽控制阀，控制加热蒸汽流量 F_2，实现对塔底温度 T_2 的控制。下面分析其耦合现象的产生。

当塔顶温度 T_1 稳定在给定值 T_{1o} 上，如果某种干扰使塔底温度 T_2 偏离给定值 T_{2o}，假设为降低，那么 T_2C 的输出 P_2 必将发生变化，其结果是蒸汽控制阀开大，增加了加热蒸汽流量 F_2，使 T_2 重新稳定在 T_{2o} 上。但是 F_2 的增加又会导致 T_1 升高。同理，当 T_1 偏离 T_{1o} 时，也会带动 T_2 偏离其给定值 T_{2o}。这是两个变量相互耦合的情况，如果这种耦合严重，将影响到系统的正常运行。

2）相对增益

在多变量过程控制系统中，虽然变量间互相关联，然而总有一个操纵变量对某一被控变量的影响是最基本的，对其他被控变量的影响是次要的，这就是操纵变量与被控变量间的搭配关系，也就是常说的变量配对。相对增益便是用来衡量一个选定的操纵变量与其配对的被控变量间相互影响的尺度。它是相对于系统中其他操纵变量对该被控变量的影响而言的，故又称其为相对放大倍数。

假设某一变量配对下的其他所有回路均为开环，找出该通道的开环增益；然后在所有其他回路都闭环的情况下，再找出该通道的开环增益。这两种情况下的开环增益之比就定义为该通道的相对增益。

如果上述两种情况下所求的开环增益没有变化，就表明该通道与其他通道间不存在耦合；反之，当两种情况下所求的开环增益不相同时，则说明了各通道间有耦合。从上述的定性分析可以看出，相对增益的值反映了某个控制通道作用的强弱和其他通道对它的耦合的强弱，因此，可作为选择控制通道和选择解耦措施的依据。

3）减少与消除耦合的途径

（1）选择正确的变量配对。相对增益能定量地给出系统的耦合程度。对那些耦合程度较低的控制系统而言，可通过被控变量与操作变量的正确配对，使控制回路的关联达到最小，这是减少耦合最为有效的手段。通常在这种方法无效的情况下，才去考虑其他的解耦方法。

（2）调整控制器参数。这种方法主要是通过调整控制器参数，将两个控制回路的工作频率错开，使两个控制器的作用强弱不同。如图 6-3-7 所示的压力和流量控制系统，如果把压力作为主要被控变量，而把流量作为次要被控变量，那么压力控制回路按正常整定，并要求能够快速地响应；对于流量控制回路，让其工作频率低一些，即比例度大一些，积分时间长一些。这样，对压力控制系统来说，控制器的输出对压力的作用是显著的，该输出引起的流量变化经流量控制器输出后对压力的效应将是相当微弱的，这样就削弱了关联作用。采用这种方法的缺陷是，次要被控变量的控制品质较差。因此，在要求较高的场合一般不宜采用。

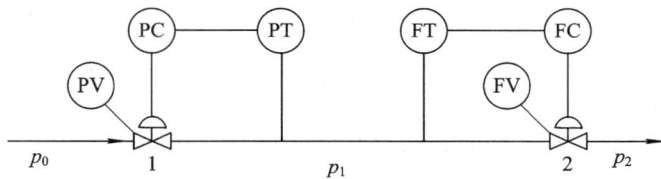

图 6-3-7 压力和流量控制系统

（3）减少控制回路。若将上一方法中次要回路控制器的比例度取无穷大，则相当于这个控制回路不存在，那么它对主控制回路的关联作用也就消失。例如，在上述的压力和流量控制系统中，就可以取消次要控制回路，这样既可节约资源，又能避免关联。但次要控制回路删除后，次要被控变量的波动范围可能很大，是否允许这样做要根据具体工艺要求而定。

（4）串接解耦装置。在控制器与执行器之间串接解耦装置，可解除系统之间的耦合。通过串接解耦装置实现解耦的方法很多，主要有前馈补偿解耦法、对角矩阵解耦法以及单位矩阵解耦法等。如前馈补偿解耦法，其基本思想是合理地选择好变量配对，其他变量看做是该通道的干扰，并按照前馈补偿的方法消除这种影响。它是根据前馈补偿的不变性原理来设计解耦网络的。图 6-3-8 所示为前馈补偿解耦控制系统方框图。

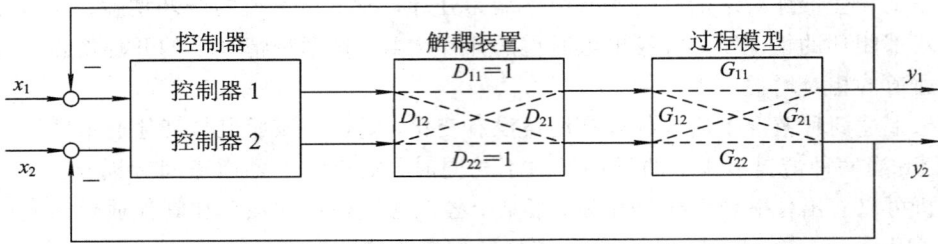

图 6-3-8　前馈补偿解耦控制系统方框图

4. 纯滞后补偿控制系统

纯滞后是工业生产过程中经常需要考虑和面对的问题。对纯滞后过程的很多讨论表明，附加纯滞后特性后，会使广义对象的可控程度明显降低。其通常的表现是，当控制作用产生后，由于过程通道中存在纯滞后，被控变量在滞后时间范围内完全没有响应，使得被控变量不能及时反应控制作用的效果，也不能及时反应系统所承受干扰的影响，进而严重地影响控制质量。纯滞后往往是由于物料或能量需要经过一个传输过程而形成的。当广义对象的纯滞后时间与其时间常数之比超过 0.5 时，被称为大纯滞后过程；其难控程度随着滞后时间与整个动态过程时间之比的增加而增加。对于这种过程，采用常规（即 PI 或 PID 方式）控制很难奏效，为了维持系统的稳定性，必须将控制作用整定得很弱，因而在很多场合得不到满意的控制效果。

由于很多生产过程中都呈现出这种纯滞后特性，因此解决这个问题就显得非常必要。目前，克服大纯滞后的方法主要有史密斯预估补偿控制法、自适应史密斯预估补偿控制法、观测补偿器控制法、采样控制法、内部模型控制（IMC）法以及达林算法等。下面简单介绍补偿方法中广泛应用的史密斯（Smith）预估补偿控制法。

史密斯预估补偿控制法是一种基于模型的补偿方法，可用于改善大纯滞后系统的控制品质，其思路是按照过程特性预估出一种模型并加入到反馈控制系统中，以补偿过程的动态特性。图 6-3-9 所示为一具有纯滞后的简单控制系统。

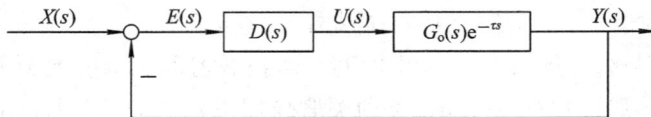

图 6-3-9　具有纯滞后的简单控制系统

在图 6-3-9 中，$D(s)$ 表示控制器部分，用于校正 $G_o(s)$ 部分；$G_o(s)e^{-\tau s}$ 表示广义被控对象的数学模型。

史密斯预估补偿控制法的原理是：与 $D(s)$ 并接一个补偿环节，用来补偿对象中的纯滞后部分，其传递函数为 $G_o(s)(1-e^{-\tau s})$，补偿后的系统如图 6-3-10 所示。

由史密斯预估器和控制器 $D(s)$ 组成的补偿回路称为纯滞后补偿器，其传递函数为 $D'(s)$，即

$$D'(s) = \frac{D(s)}{1+D(s)G_o(s)(1-e^{-\tau s})} \qquad (6-3-1)$$

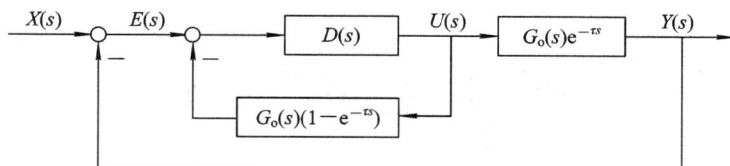

图 6-3-10 史密斯预估补偿原理图

经补偿后的系统闭环传递函数为

$$G(s) = \frac{D'(s)G_o(s)e^{-\tau s}}{1 + D'(s)G_o(s)e^{-\tau s}} = \frac{D(s)G_o(s)}{1 + D(s)G_o(s)}e^{-\tau s} \quad (6-3-2)$$

由式(6-3-1)可知,经补偿后,$e^{-\tau s}$被置于闭环控制回路之外,因此消除了纯滞后部分对控制系统的影响,同时系统的稳定性不受到影响。拉氏变换的位移定理说明,$e^{-\tau s}$仅将控制作用在时间坐标上推移了一个时间段τ,控制系统的过渡过程及其他性能指标都与对象特性为$G_o(s)$时完全相同。

尽管史密斯预估控制法能对大纯滞后过程提供很好的控制质量,但应用它的前提是要知道被控过程精确的数学模型,并且这种方法对模型的误差十分敏感。

5. 专家系统

控制理论从经典控制发展到现代控制,随之又出现了许多先进的控制技术,但是这些传统的控制理论必须依赖于被控对象严格的数学模型。然而,在很多情况下,诸多制约因素难以完成建模。20世纪80年代初,专家系统的思想和方法开始被引入控制系统的研究和工程应用中。专家系统是一种基于知识的系统,它主要面临的是各种非结构化的问题,尤其是处理定性、启发式或不确定的知识信息,经过各种推理来达到系统的任务目标。专家系统的这一特点为解决传统控制理论的局限性提供了重要启示,两者的结合产生了专家控制,它是智能控制的一个重要分支。

1)专家系统的基本构成

专家系统是一种基于知识的系统,其内部存有大量关于某一领域的专家水平的知识和经验,具有解决专项问题的能力。专家系统的主要功能取决于大量的知识以及合理、完备的智能推理机构。归根结底,专家系统是一个包含着知识和推理的智能计算机程序系统,其基本结构如图6-3-11所示。

显而易见,知识库和推理机是专家系统中的两个主要构成因素。

知识库可看做是一个存储器,它主要由规则库和数据库两部分构成。其中规则库存储着作为专家经验的判断性知识,用于问题的推理和求解;而数据库用于存储问题的状态、特性以及当前的条件等,供推理和解释机构使用。

知识库通过"知识获取"机构与领域专家相联系,形成了专家系统与领域专家的人机接口。知识获取的过程,即实现了知识库的修正、更新,知识条目的测试、精炼等。

推理机实际上是一个计算机软件系统,它通过运用知识库提供的知识,基于某种通用的问题求解模型,进行自动推理和求解。一般来说,它主要由解释程序和调度程序两部分构成,前者用于检测和解释知识库中的相应规则,决定如何使用判断性知识推导新知识;而后者则用于决定判断性知识的使用次序。

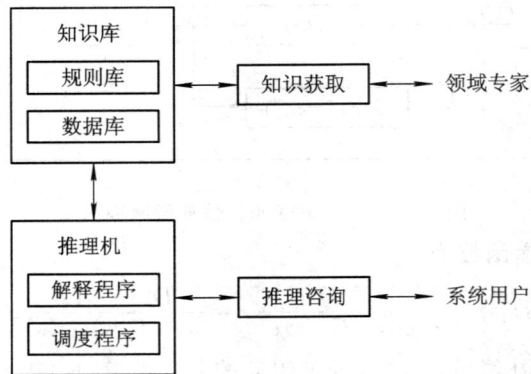

图 6 - 3 - 11　专家系统的基本构成

推理机通过"推理咨询"机构与系统用户相联系，形成了专家系统与系统用户之间的人机接口，它通过人机接口接受用户的提问，并向用户提供问题求解的结论及推理过程。

2）专家系统的特点

专家系统通过移植到计算机内的相应知识，模拟人类专家的推理决策过程。这一人工智能处理方法与常规的软件程序相比，具有如下的显著特征：

（1）专家系统是一种知识信息处理系统。其知识库内存储的知识是领域专家的专业知识和实际操作经验的总结和概括；推理机构依据知识的表示和知识推理确定问题的求解途径，并制定决策求解问题。专家系统在传统方法不易解决的问题求解中能够表现出专家的技能及技巧。

（2）专家系统具有高度灵活的问题求解能力。专家系统的两个重要组成部分——知识库和推理机，是独立构造但又相互作用的组织。系统在运行时，推理机可根据具体的问题灵活地选择相应的求解方案，具有很灵活的适应性。

（3）专家系统具有启发性和透明性。它能够运用专家的经验知识对不确定或不精确的问题进行启发和试探性地推理，同时能够向用户显示其推理依据和过程。

综上所述，先进型控制系统的特点如下。

（1）与传统的 PID 控制不同，先进型控制系统是一种基于模型的控制策略，如预测控制和推断控制。目前，基于知识的控制（如智能控制和模糊控制）正成为先进型控制系统的一个重要的发展方向。

（2）先进型控制系统通常用于处理复杂的多变量过程控制问题，如大纯滞后、多变量耦合、被控变量与操纵变量存在各种约束的过程控制等。先进型控制系统是建立在常规简单控制之上的动态协调约束控制，可使控制系统适应实际工业生产过程的动态特性和操作要求。

（3）先进型控制系统的实现需要足够的计算能力作为支持平台。由于先进型控制系统受控制算法的复杂性和计算机硬件两方面因素的影响，早期的先进控制算法通常是在上位机上实施的。随着 DCS 功能的不断增强，更多的先进控制策略可以与基本控制回路一起在 DCS 上实现。

DCS 可有效地增强先进控制的可靠性、可操作性和可维护性。从综合自动化的角度看，先进控制恰好处在承上启下的重要地位。性能良好的先进控制是在线优化得以有效实施的前提，进而可将企业领导者的经营决策、生产管理和调度的有关信息及时落实到各生产装置的实际运行中，并可真正实现综合优化控制。作为一个整体，先进型控制系统应该包括从数据采集处理、数学模型建立、先进控制策略到工程实施的全部内容。

应用先进型控制系统可以保证装置平稳操作，实现产品质量卡边操作，提高目标产品的收率，显著提高经济效益；降低能耗，提高处理量，全面提高工艺装置的自动控制水平和整体经济效益；保证物理过程和化学反应的条件，在线寻找和实现最优的生产条件，是实现"安、稳、长、满、优"的有力工具。

五、项目考核

本项目以理论知识为主，考核采用思考题的方式，考核内容参见思考题。

六、思考题

（1）模糊控制器由哪几部分构成？其各部分的主要功能有哪些？

（2）模糊控制较常规控制有何特点？

（3）什么是自适应控制？自适应控制有哪几类？

（4）什么是解耦控制？系统常用的解耦方法有哪些？

（5）什么是专家系统？试简述其基本构成及各部分的主要功能。

（6）史密斯预估控制法的基本思想是什么？

项目四　安全仪表系统

一、学习目标

1. 知识目标

（1）熟悉安全仪表系统的基本概念。

（2）熟悉安全系统的常用指标。

（3）熟悉安全仪表系统的基本组成。

（4）熟悉安全仪表系统的设计要求。

2. 能力目标

（1）初步具备分析安全仪表系统作用的能力。

（2）初步具备分析安全仪表系统工作过程的能力。

二、必备知识与技能

1. 必备知识

（1）DCS 的有关知识。

（2）PLC 的有关知识。

（3）联锁保护的有关知识。

（4）电磁阀的相关知识。

2. 必备技能

（1）表决的分析能力。

（2）紧急停车的联锁逻辑的分析能力。

（3）显性故障的分析能力。

（4）隐性故障的分析能力。

三、理实一体化教学任务

理实一体化教学任务如表 6 - 4 - 1 所示。

表 6 - 4 - 1　理实一体化教学任务

任　　务	内　　容
任务一	安全仪表系统的概念
任务二	安全等级及标准
任务三	安全系统的常用指标
任务四	安全仪表系统的基本组成
任务五	安全仪表系统的设计要求

四、理实一体化步骤

20 世纪中期以来，工业生产规模向集中大型化、智能化方向发展，尤其是化工、石油化工、电力、冶金、轨道交通等行业。随着生产规模的扩大和生产连续性的不断强化，使得能源、资金、人力资源的利用率也极大提高，一旦出现事故，就会造成生产装置的停车，其损失是严重的，有时甚至是灾难性的。因此，这种大规模生产系统的安全控制问题，比以往任何时候都变得越来越重要和紧迫了。

安全仪表系统（SIS）对生产过程进行自动监测并实现安全控制，当由于某些因素使某些工艺变量超越极限或运行状态发生异常状况时，以灯光或声响引起操作人员的注意，自动打开、关闭某些阀门或自动停车，从而保障生产安全，避免造成重大人身伤害及重大财产损失的控制系统。

1. 安全仪表系统的基本概念

安全仪表系统（Safety Interlocking System，SIS），也称紧急停车系统（Emergency Shut Down System，ESD）或仪表保护系统（IPS），是对石油化工等生产装置可能发生的危险或不采取措施将继续恶化的状态进行自动响应和干预，从而保障生产安全，避免造成重大人身伤害及重大财产损失的控制系统。在 IEC（国际电工委员会）标准中，安全系统被称为"Safety Related System"，影响安全的诸多因素，如由自动化仪表构成的自动保护系统、其他安全措施（工艺、设备设计改进、爆破膜等）、企业管理和操作人员的知识水平及规章制度等，都在安全系统的管理范畴之内。这种安全控制系统可以由电动、气动或液动等元件构成，广泛应用于化工、石化、核工业、航空业和流程工业等领域。

1）安全等级及标准

在石油化工、火力发电、钢铁和有色金属冶炼等行业选用设备、设计安全系统时，都有危险性分析和可操作性分析，要求将关系到生产安全工艺变量控制在工程设计规定的范围内。如果这种变量超出该范围，则表示不安全，需要安全系统发挥作用。在正常情况下，允许对控制系统进行手动与自动切换以及手动操作，但操作人员某些重大失误有可能造成安全事故。为了克服人为的不安全因素，要求安全系统从一般过程控制系统中分离出来。这样，当发生火灾或可燃性气体、有毒气体泄漏影响设备安全和人身安全时，安全系统就能及时发挥作用，防止事故的进一步发生，或将事故造成的损失减少到最低程度。

安全等级的划分很重要，目前国内尚无国家标准，石化行业有相关的设计导则，即《石油化工紧急停车及安全联锁系统设计导则（SHB—Z06—1999）》，它采用了 IEC 的 SIL 概念。

安全仪表系统主要的通用安全标准如下：

（1）DIN V 19250 标准是德国的标准，在这个标准中建立了一个概念：安全系统的设计等级必须符合生产过程现场的危险性等级 AK1～AK8（1～8 级）。该标准力图使它的用户必须考虑工艺现场的危险级别，并强制使用具有相应安全等级认证的安全控制设备。

（2）IEC 61508 是国际电工委员会制定的国际标准。该标准根据发生故障的可能性划分为 4 个 SIL 等级（SIL1～SIL4）。

石油化工装置的专利商通过对工艺过程危险进行安全性分析，来确定过程的安全等级。分析的内容包括：评估危险事件发生的可能性及其后果；评估除采用安全联锁系统外，其他能预防、保护及能减轻事件后果的安全措施；确认采用安全联锁系统是否合适；确定安全联锁系统需达到的安全等级；决定其他与过程安全有关的内容与设计原则等。其中，确定安全等级是通过对所有事件发生的可能性与后果的严酷度及其他安全措施的有效性进行定性的评估，从而确定合适的安全等级。

SIL 1 级用于事故可能很少发生，一旦发生后，不会立即造成界区内环境污染、人员伤亡及经济损失不大的情况。

SIL 2 级用于事故可能偶尔发生，一旦发生后，不会造成界区外环境污染、人员伤亡及经济损失较大的情况。

SIL 3 级用于事故可能经常发生，一旦发生后，会造成界区外环境污染、人员伤亡及经济损失严重的情况。

ANSI/ISA S84.01—1996 是美国对于工业过程的安全系统所制定的标准。它沿用了 IEC61508 标准，并保留了 DIN V 19250 标准。ANSI/SIA S84.01—1996 标准不包括 SIL 4 这一最高级别。S84 委员会认为 SIL 4 仅适用于医药、交通的保护性仪表这一层次，而对应的工艺流程则可以在设计中融合多个层次的保护性仪表。

由于工业应用场合工艺和生产设备的特点不同，因此潜在的危险不同，在发生危险结果之前的安全时间不同，此外还要考虑到实际事故发生的可能性及防止其发生可能性的结合，可以确定其风险等级。风险等级越高，则安全要求等级越高。DIN V 19250 把危险划分为 8 个等级（AK1～AK8），而 IEC 61508 把危险等级划分为 4 个等级（SIL 1～SIL 4），ANSI/ISA S84.01 把安全等级划分为三个等级（SIL 1～SIL 3）。

上述几种国际标准对风险的评估办法有所不同，划分等级也有所不同，但是它们之间还是可以相互比照的。SIL 等级越高，对安全仪表系统的技术指标（可靠性、故障率、无故障运行时间）的要求也越高。

大多数使用安全系统的工业应用场合属于 AK4～AK6 级，其中一般锅炉、加热炉为 4 级，石化、化工为 AK5 级，涉及人身安全要求等级的场合很少，要特殊考虑。此外还有一些特殊用途的标准，如 DIN VDE 0116 是适用于锅炉管理应用的德国标准；EN 54 的第三部分是适用于火灾检测报警系统的欧洲标准；NFPA 72 是美国的适用于火灾报警系统的'国家火灾报警标准"；NFPA 8501 是美国的适用于单烧嘴锅炉的"单烧嘴锅炉的操作标准"等。

2）安全系统的常用指标

（1）平均故障间隔时间。平均故障间隔时间（Mean Time Between Failure, MTBF）是指各次故障间隔时间 t_i 的平均值，即各段连续工作时间的平均值。即

$$MTBF = \frac{\sum_{i=1}^{n} t_i}{n}(h), \quad i = 1, 2, 3, \cdots, n \tag{6-4-1}$$

MTBF 是一个经过多次采样、检测及长期统计后求出的平均数值。

（2）平均故障修复时间。平均故障修复时间（MTTR）是指设备或系统经过维修、恢复功能并投入正常运行所需要的平均时间。即

$$MTTR = \frac{\sum_{i=1}^{n} \Delta t_i}{n}(h), \quad i = 1, 2, 3, \cdots, n \tag{6-4-2}$$

式中 Δt_i 为每次维修所花费的时间。

MTTR 也是一个统计值，它远小于 MTBF。MTBF 越大、MTTR 越小的系统可靠性越高。

（3）平均失效时间。平均失效时间（MTTF）是指大宗相同部件（或系统）中该部件（或系统）期望发生故障的时间。

（4）可用性。可用性（A）是一个概率，指系统在任何情况下都可使用的工作期，用百分数计算。即

$$A = \frac{MTTF}{MTBF} = \frac{MTTF}{MTTF + MTTR} \tag{6-4-3}$$

（5）可靠性。可靠性（R）是一个概率，指系统在规定时间间隔（t）内发生故障的概率。即

$$R(t) = \exp\left[-\left(\frac{1}{MTTF}\right)^t\right] \tag{6-4-4}$$

（6）容错。容错是指对失效的控制系统元件进行认识和补偿，并允许在继续完成分配的任务、不中断过程的情况下进行修复的能力。容错是通过冗余和故障屏蔽的结合来实现的。

（7）表决。表决是指系统中用多数原则将每个支路的数据进行比较和修正的一种机理。如 1 O O 2(1 OUT OF 2)表示 2 取 1 表决；2 O O 2(2 OUT OF 2)表示 2 取 2 表决；2 O O 3(2 OUT OF 3)表示 3 取 2 表决等。

（8）故障安全。故障安全是指 ESD 系统发生故障时，被控过程能做到安全停车。在正

常工况时，处于励磁状态；在故障工况时，处于非励磁状态。

（9）安全完整性级别。安全完整性级别是指定性分析 ESD 系统故障对生产装置和周围的人员的伤害程度。根据 IEC 61508 标准划分为 4 级。SIL 1 级适用于财产和产品的一般保护；SIL 2 级适用于主要财产和产品保护，有可能造成人身伤害；SIL 3 级适用于保护人员；SIL 4 级适用于灾难性伤害。

2. 安全仪表系统的基本组成及设计要求

装置在运行过程中，安全仪表系统时刻监视工艺过程的状态，判断危险条件，并在危险出现时适当动作，以防止危险的发生。工艺过程的控制系统可分为基本过程控制系统和安全仪表系统。基本过程控制系统是主动、动态的，安全仪表系统是被动、静态的。当危险情况出现时，安全仪表系统必须能够由静到动、正确地完成停车动作。

1) 安全仪表系统的基本组成

早期的安全仪表系统是利用继电器控制系统来实现紧急停车的联锁逻辑的。20 世纪 80 年代以来，有许多厂家的 PLC 产品成功地应用于安全仪表系统。目前所应用的安全仪表是以微处理器为基础的计算机控制系统。

但不管怎么变化，安全仪表系统的基本组成大致可分为三部分：传感器单元、逻辑运算单元和最终执行器单元逻辑运算单元。

传感器单元采用多台仪表或系统，将控制功能与安全联锁功能隔离，即传感器独立配置的原则，做到安全仪表系统与过程控制系统的实体分离。

逻辑运算单元由输入模块、控制模块、诊断回路、输出模块 4 部分组成。依据逻辑运算单元自动进行周期性故障诊断，基于自诊断测试的安全仪表系统，系统具有特殊的硬件设计，借助于安全性诊断测试技术来保证安全性。逻辑运算单元可以实现在线 SIS 的故障检测。SIS 故障有两种：显性故障（安全故障）和隐性故障（危险性故障）。显性故障（如系统断路等），由于故障出现使数据产生变化，通过比较可立即检测出，系统自动产生矫正作用，进入安全状态。显性故障不影响系统安全性，仅影响系统可用性，故又称为无损害故障（Fail To Nuisance，FTN）。隐性故障（如 I/O 短路等），开始不影响到数据，仅能通过自动测试程序方可检测出，它不会使正常得电的元件失电，故又称危险故障（Fail To Danger，FTD），系统不能产生动作进入安全状态。隐性故障影响系统的安全性，隐性故障的检测和处理是 SIS 系统的重要内容。

最终执行元件（切断阀、电磁阀）是安全仪表系统中危险性最高的设备。由于安全仪表系统在正常工况时是静态、被动的，系统输出不变，最终执行元件一直保持原有的状态，很难确认最终执行元件是否有危险或故障。因此要选择符合安全度等级要求的控制阀及配套的电磁阀作为安全仪表系统的最终执行元件。

2) 安全仪表系统的设计要求

石油化工生产装置一般存在一定的风险，但何种装置需要配置安全仪表系统，应当遵循于 2004 年 7 月正式发布实施的《石油化工安全仪表设计规范（CSH/T 3018—2003）》，进行安全仪表系统的设计。

（1）对检测元件的要求。检测元件（传感器）分开独立设置，是指采用多台检测仪表将控制功能与安全联锁功能隔离，即安全仪表系统与过程控制系统的实体分离。

传感器冗余设置，是指采用多台仪表完成相同的功能，通过冗余提高系统的安全性。

不宜采用信号分配器,将模拟信号分别接到安全仪表系统和过程控制系统。当安全仪表系统和过程控制系统共用一个传感器时,宜采用安全仪表系统供电。

(2) 对最终执行元件的要求。最终执行元件(切断阀,电磁阀)是安全仪表系统中可靠性低的设备。由于安全仪表系统在正常工况时,最终执行元件一直保持在原有的状态,很难确认最终执行元件是否有危险或故障。在正常工况时,过程控制系统是动态、主动的,控制阀动作是随控制信号的变化而变化,不会长期停留在某一位置。因此,当符合安全度等级要求时,可采用控制阀及配套的电磁阀作为安全仪表系统的最终执行元件。当安全度等级为 3 级时,可采用一台控制阀和一台切断阀串联连接作为安全仪表系统的最终执行元件。

(3) 对安全仪表系统逻辑控制器结构选择要求。安全仪表系统故障有两种:显性故障(安全故障)和隐性故障(危险故障)。当系统出现显性故障时,可立即检测出来,系统产生动作进入安全状态。显性故障不影响系统的安全性,但会影响系统的可用性。当系统出现隐性故障时,只能通过自动测试程序检测出来,系统不能产生动作进入安全状态。隐性故障影响系统的安全性,但不影响系统的可用性。因此通过对逻辑控制器结构的选择,克服隐性故障系统安全性的影响,通常选择2OO3(三取二)或者2OO4D(四取二,带诊断功能)结构。

安全仪表系统的功能通常是简单的开环控制逻辑,但必须确保其能够可靠执行。因此,在安全仪表系统的设计中,可靠性是非常重要的。

3. 安全仪表系统的应用

压缩机作为化工生产中的重要大型机组,在工艺流程中一般起到推动工艺气体流动,提高压力的作用。其设备的安全性尤为重要。全球许多厂家为压缩机都设有专用的动态监测系统,保护压缩机正常工作。

不同作用的压缩机,其连锁条件亦不同。这里简要介绍一下压缩机一般都带有的连锁条件,如图 6-4-1 所示。

(1) 润滑油压力(低连锁,停压缩机)。压缩机为转动设备,整套设备的润滑至关重要,一旦润滑油压力不足,很可能导致压缩机转动部件严重磨损,压缩机设备损坏。

(2) 轴位移(高连锁,停压缩机)。轴是压缩机的传动部件,也是压缩机动态监测的主要监测对象,轴的状态发生变化对压缩机也是致命的影响,轴位移即为轴在轴向位置上的位移变化。当移动量过大时,会造成设备的损坏。

(3) 转速(高连锁,停压缩机)。压缩机的转速是压缩机控制的主要手段之一。转速高连锁的目的是保证在控制系统出现故障,压缩机转速失控的情况下可以将压缩机进行安全停车。

(4) 吸入罐液面(高连锁,停压缩机)。压缩机为高速转动设备,它压缩的为工艺气体。在生产过程中,工艺流程要求提高气体压力但要保证温度不变。在这种情况下,当压缩机将气体压力提高(压缩机一般为分段压缩即从一段出来后进入下一段,逐级压缩提高气体压力)时,可能产生少许液态物质,每段压缩出口都有一缓冲罐对工艺气体进行气、液分离,这里的液位便是吸入罐液面。当液面过高,液态物质可能进入压缩机,在高速旋转状态下,液态物质的进入可能损伤叶片,导致设备损坏。

连锁动作:切断工艺气体进入压缩机的通道;切断压缩机的动力源(在图 6-4-1 中没

有体现）；将压缩机内工艺气体放空。

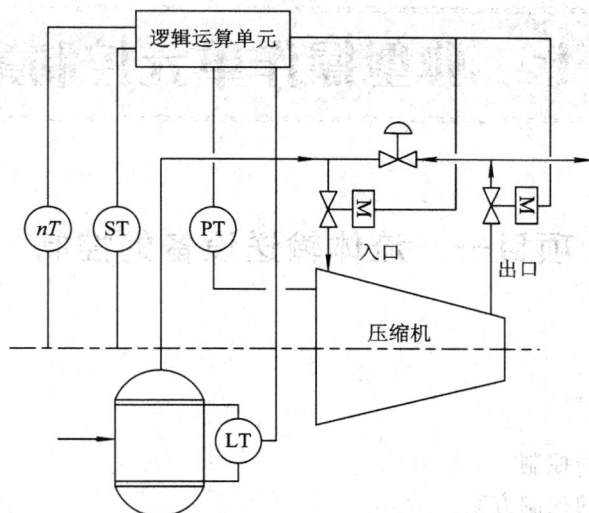

nT—压缩机的转速测量；　ST—压缩机的轴位移测量；
PT—压缩机的润滑油压力测量；LT—吸入罐液面测量

图 6-4-1　压缩机安全仪表系统

五、项目考核

本项目以理论知识为主，考核采用思考题的方式，考核内容参见思考题。

六、思考题

（1）什么是安全仪表系统？其特点是什么？
（2）安全仪表系统的设计要求是什么？
（3）安全仪表系统的基本组成是什么？

模块七　典型操作单元控制案例

项目一　流体输送设备的控制

一、学习目标

1. 知识目标

(1) 掌握离心泵的控制方案。

(2) 掌握容积泵的控制方案。

(3) 掌握离心式压缩机特性曲线。

(4) 掌握离心式压缩机防喘振控制方案。

2. 能力目标

(1) 初步具备控制系统的分析能力。

(2) 初步具备分析喘振产生过程的能力。

(3) 初步具备分析防喘振控制方案的能力。

(4) 初步具备控制系统对比的能力。

二、必备知识与技能

1. 必备知识

(1) 离心泵结构和工作原理的知识。

(2) 容积泵结构和工作原理的知识。

(3) 离心式压缩机结构的知识。

(4) 简单和复杂控制系统的相关知识。

2. 必备技能

(1) 分析、判断控制系统的能力。

(2) 分析离心泵汽蚀现象产生的能力。

(3) 分析积分饱和产生的能力。

(4) 判断控制系统开、闭环的能力。

三、理实一体化教学任务

理实一体化教学任务如表 7-1-1 所示。

表 7 - 1 - 1 理实一体化教学任务

任 务	内 容
任务一	离心泵的控制方案
任务二	容积泵的控制方案
任务三	离心式压缩机特性曲线及喘振的产生
任务四	固定极限流量控制方案
任务五	可变极限流量控制方案

四、理实一体化步骤

在生产过程中，为方便输送、控制，物料多数以液态或气态方式在管道内流动。泵和压缩机则是用来输送流体或者提高流体压头的一种重要的机械设备，其中泵是液体的输送设备，压缩机是气体的输送设备。流体输送设备自动控制的主要目的：一是为保证工艺流程所要求的流量和压力；二是为确保机泵本身的安全运转。

1. 离心泵的控制

离心泵是使用最广泛的液体输送机械。离心泵的工作原理是将机械能通过泵体内作高速旋转的叶片给液体以动能，再由动能转换成静压能，然后排出泵外。由于离心力的作用，叶轮通道内的液体被排出时，叶轮进口处在负压情况之下，液体即被吸进。这样，液体就源源不断地被吸入和送出，达到输送液体或提高液体压力的目的。

1）工作特性

（1）机械特性。对于一个离心泵，其压头 H 和流量 Q 及转速 n 之间的关系称为泵的机械特性。若以经验公式表示，则为

$$H = K_1 n^2 - K_2 Q^2 \qquad (7-1-1)$$

式中，K_1、K_2 为比例系数。

离心泵的转速和流量特性曲线如图 7 - 1 - 1 所示，由图可见，随着离心泵出口阀的开启，排出量就逐渐增大，使压头逐渐下降。如果将泵的出口阀完全关闭，由于叶轮与机壳有空隙，液体可在泵体内打循环，此时排出量 $Q = 0$，压头 H 达某一最高值，但不等于 ∞。当然，在泵运转过程中，不宜长期关闭出口阀门。

（2）管路特性。当离心泵安装在管路中，泵所提供的流量与压头应与管路所要求的流量与压头相一致。如图 7 - 1 - 2 所示，泵的出口压力必须与以下各项压头及阻力相平衡：

① 管路两端静压差相应的压头 h_p。

② 将液体提升一定高度所需的压头 h_1，即升扬高度。

③ 管路摩擦损耗压头 h_f。它与流量平方值近乎成比例。

④ 控制阀两端压头 h_v。在阀门的开度一定时，它也与流量的平方值成正比，同时还取决于阀门的开启度。其中

$$H = h_p + h_1 + h_f + h_v \qquad (7-1-2)$$

改变泵的流量，可通过改变泵的转速或改变管路阻力。

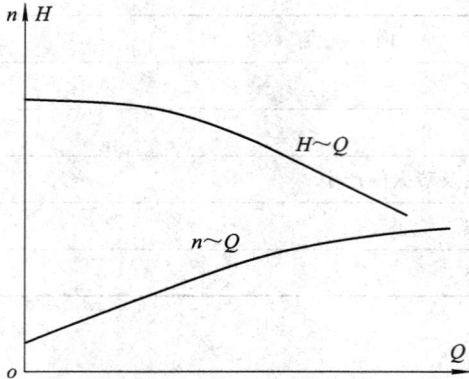

图 7-1-1　离心泵特性曲线　　　　　　　　图 7-1-2　管路特性图

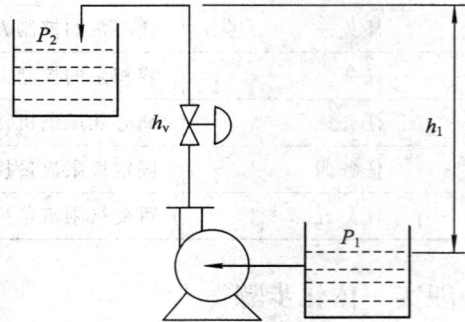

2）离心泵的控制方案

（1）改变转速的控制方案。根据式（7-1-1）可知，改变离心泵的转速，就可改变离心泵的流量。离心泵的调速，可根据带动离心泵的动力机械性能而定。如由电动机带动的离心泵，可以直接对电动机进行调速，也可以在电动机与泵轴连接的变速机构上进行调节。采用这种方案时，机械效率较高。

用蒸汽透平来带动各类离心泵，其调速就较为方便。用改变进入蒸汽透平汽量来调节透平的转速以改变泵的转速，方案如图 7-1-3 所示。

（2）改变管路特性的控制方案。根据式（7-1-1）可知，改变管路阻力，也可改变离心泵的流量，方案如图 7-1-4 所示。

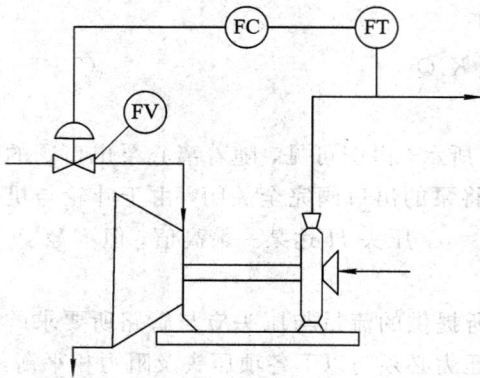

图 7-1-3　改变转速的控制方案　　　　　　图 7-1-4　改变管路特性的控制方案

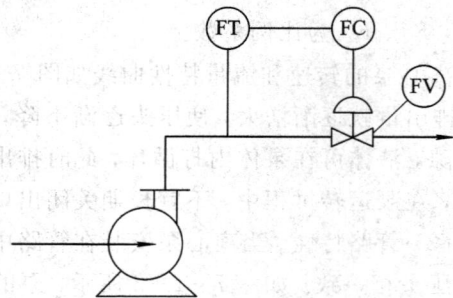

此方案控制阀应装在泵的出口管线上，不能装在吸入管线上。如果控制阀应装在泵的入口管线上，由于控制阀上压降存在，可使泵入口压头更加下降，可能使液体部分气化，当气化不断发生时，就会使压头降低，流量下降，甚至液体送不出去。这种方案因能量消耗于克服摩擦阻力，所以不经济。但由于该方案简单、方便，故使用仍较广泛。

（3）改变旁路流量的控制方案。改变旁路流量，即用改变旁路阀开启程度的方法来控

制实际的排出量,如图7-1-5所示。这种方案
控制阀口径要比第二类方案小得多,总的机械
效率低。

2. 往复泵的控制

往复泵及直接旋转泵均是正位移形式的容
积泵,是常见的流体输送设备,多用于流量较
小、压头要求较高的场合。往复泵提供的理论流
量可按下式计算:

$$Q = nAS \quad (\mathrm{m}^3/\mathrm{h}) \quad (7-1-3)$$

式中,Q为理论流量,m^3/h;n为每小时的往复次
数;A为汽缸的截面积,m^2;S为活塞冲程,m。

由计算公式(7-1-3)中可以看出,从泵体

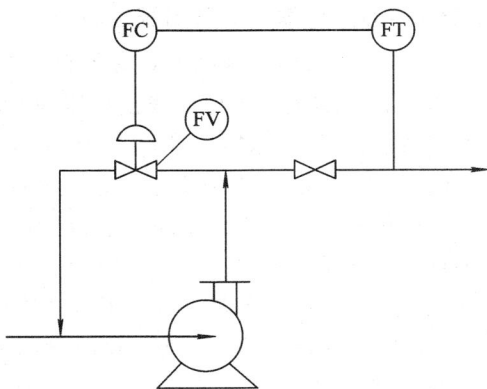

图7-1-5　改变旁路流量的控制方案

角度来说,影响往复泵出口流量变化的仅有n、A、S等三个参数,通过改变这三个参数来
控制流量时,泵的排出流量几乎与压头无关,因此不能在出口管线上安装控制阀控制流
量;否则,一旦阀门关闭,泵容易损坏。往复泵采用的流量控制方案有以下三种:

1) 改变回流量

最常用的控制方法是改变旁路返回量,如图7-1-6所示。该方案根据出口流量,改
变旁路控制阀的开度大小来改变回流量的大小,达到稳定出口流量的目的。这种利用旁路
返回量控制流量,虽然消耗功率较大,但由于控制方案简单,因此其应用较广。

2) 改变原动力机的转速

当原动力机用蒸汽机或汽轮机驱动时,只要改变蒸汽量便可控制转速,如图7-1-7
所示,从而控制往复泵的出口流量。如果泵是由电动机带动时,则可直接对电动机进行调
速,或在电动机和泵的连接变速机构上进行控制。

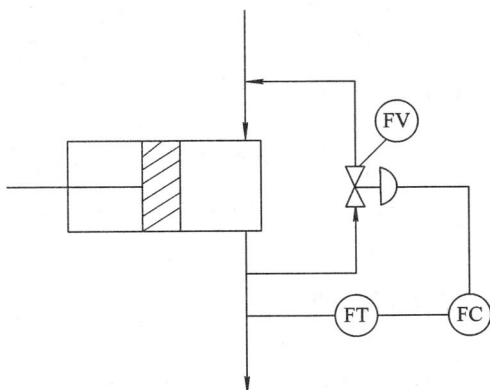

图7-1-6　改变泵的旁路阀控制流量

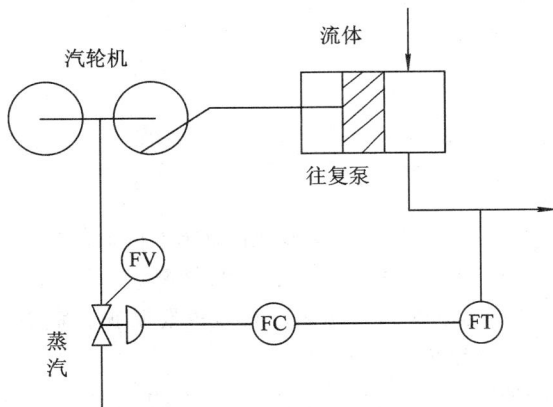

图7-1-7　改变蒸汽流量控制出口流量

3) 改变往复泵的冲程

计量泵常用改变冲程来进行流量控制。冲程的调整可在停泵时进行,也有可在运转状
态下进行。

3. 离心式压缩机的防喘振控制

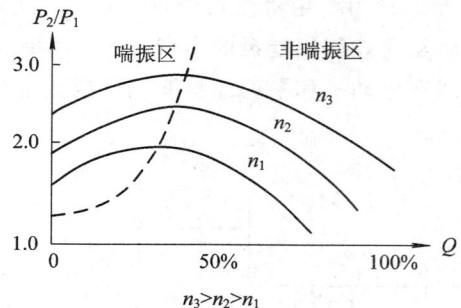

1) 离心式压缩机特性曲线与喘振

离心式压缩机的特性曲线是指压缩机的出口压力与入口压力之比(或称压缩比)和进口体积流量之间的关系曲线，即 $P_2/P_1 \sim Q$ 的关系。其中压缩比是指绝对压力之比。

图 7-1-8 是一条在某一固定转速 n 下的特性曲线。Q_B 是对应于最大压缩比 $(P_2/P_1)_B$ 情况下的体积流量，它是压缩机能否稳定操作的分界点。当压缩机正常运行工作点 A，由于某种原因压缩机减低负荷时，因 $Q_B<Q_A$，于是压缩机的工作点将由 A 至 B，如果负荷继续降低，则压缩比将下降，出口压力应减小，可是与压缩机相连接的管路中气体并不同时下降，其压力在这一瞬间不变，这时管网中的压力反而大于压缩机出口处压力，气体就会从管网中倒流向压缩机，一直到管网中压力下降到低于压缩机出口压力为止，因此工作点由 B 下降到 C。由于压缩机在继续运转，此时压缩机又开始向管网中送气，流量增加，工作点由 C 变到 D，D 点对应流量 Q_D 大于 Q_A，超过要求负荷量，系统压力被逼高，如压缩机工作点不能在 A 点稳定下来，就会不断地重复上述循环，使工作点由 A → B → C → D → A 反复、迅速地突变，这种现象称为压缩机的喘振，又称为飞动。

压缩机特性曲线随着转速不同而上下移动，组成一组特性曲线，如图 7-1-9 所示。每一条特性曲线都有一个最高点，如把各条曲线最高点连接起来得到一条表征产生喘振的极限曲线，如图中虚线所示。图中虚线的左侧是不稳定区，称为喘振(或飞动)区；在虚线的右侧则为正常运行区。

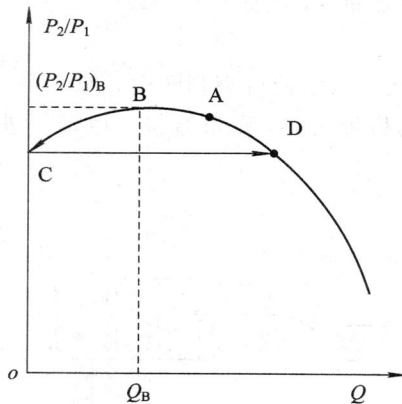

图 7-1-8　离心式压缩机固定转速下的特性　　　图 7-1-9　离心式压缩机特性曲线

喘振是一种危险现象，又是离心式压缩机固有特性，每一台离心式压缩机都有它一定的喘振区。因此只能采取相应的防喘振控制方案以防喘振的发生。

2) 防喘振控制方案

离心式压缩机产生喘振现象的主要原因是由于负荷降低，排气量小于极限值而引起的，只要使压缩机的吸气量大于或等于该工况下的极限排气量即可防止喘振。工业生产上常用的控制方案有固定极限流量法和可变极限流量法两种。

(1) 固定极限流量法控制方案。在压缩机及管网一定的条件下，设法使压缩机运行永远高于某一固定流量，使压缩机避免进入喘振区运行。这种防止产生喘振的控制方法，称为固定极限流量防喘振控制。该方案如图 7-1-10 所示。

在图 7-1-10 中，取最大转速下的极限流量作为控制器的给定值，在正常操作时，控制器的测量值大于给定值（极限流量 Q 乘以略大于 1 的系数），旁路控制阀处于关闭的状态。当减小负荷时，控制器的测量值小于给定值，将旁路阀打开，使压缩机的一部分气体打循环，使控制器的测量值与给定值相等。这样，压缩机就不会在低于极限流量的条件下工作，可防止喘振现象的发生。

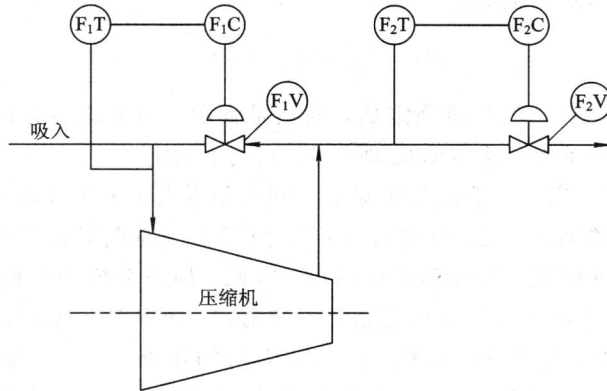

图 7-1-10 固定极限流量防喘振控制

对于这种控制方案，在转速高转速下运行是经济的，但在低转速时就显得流量给定值过大，从而浪费能量，但其结构比较简单，可靠性也较高。

（2）可变极限流量法控制方案。由于不同的转速下，压缩机的喘振极限流量是不同的，因此若按喘振极限曲线来控制压缩机，就可以使压缩机在任何转速条件下都不会发生喘振，而且节约了能量。

喘振线方程可近似用抛物线方程描述为

$$\frac{P_1}{P_2} = a + b\frac{{Q_1}^2}{T} \qquad (7-1-4)$$

式中，P_1、P_2 分别表示为入口、出口的绝对压力；Q_1 为入口气体的体积流量；T 为入口气体的绝对温度；a、b 为常数，由压缩机厂商提供。

当一台离心压缩机用于压缩不同介质气体时，压缩机系数会不同。当管网容量大时，喘振频率低，喘振的振幅大；反之，当管网容量小时，喘振频率高，喘振的振幅小。

采用可变极限流量防喘振控制对压缩机组进行保护时，控制方案应根据不同的转速，采用不同的喘振点流量（考虑安全余量）作为控制依据。由于极限流量（喘振点流量）变化，因此称为可变极限流量的防喘振控制。可变极限流量防喘振控制系统是根据模型计算设定值的控制系统。离心压缩机的防喘振保护曲线如图 7-1-11 所示，也

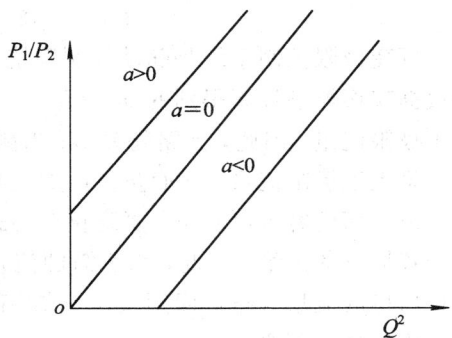

图 7-1-11 离心式压缩机的喘振线

可用模型描述：如果 $P_1/P_2 < a + b{Q_1}^2/T$，则说明流量大于喘振点处的流量，工况安全；如果 $P_1/P_2 > a + b{Q_1}^2/T$，则说明流量小于喘振点处的流量，工况处于危险状态。采用差压法

测量入口流量时，则有

$$Q_1 = K_1\sqrt{\frac{P_d}{\rho_1}} = \sqrt{\frac{P_d ZRT}{P_1 M_1}} \qquad (7-1-5)$$

式中，K_1 为流量常数；Z 为压缩系数；R 为气体常数；M_1 为相对分子质量；ρ_1 为介质密度；T 为入口介质绝对温度；P_d 为入口流量对应的差压。

因此，可以得到防喘振模型为

$$P_d \geqslant \frac{n}{bK_1^2}(P_2 - aP_1) \qquad (7-1-6)$$

式中，$n=M/(ZR)$，当被压缩介质确定后，该项是常数；当节流装置确定后，K_1 确定；a 和 b 式与压缩机有关的系数，当压缩机确定后，它们也确定。

式（7-1-6）表明，当入口节流装置测量得到的差压大于上述计算值时，压缩机处于安全运行状态，旁路阀关闭；反之，当差压小于该计算值时，应打开旁路控制阀，增加入口流量。上述计算值被用作防喘振控制器的设定值，因此，称该系统为根据模型计算设定值的控制系统。图 7-1-12 所示为防喘振控制系统的结构。图中 PY_1 是加法器，完成 P_1-aP_2 的运算；PY_2 为乘法器，完成 P_1-aP_2 与 $n/(bK_1^2)$ 的相乘运算，其输出作为防喘振控制器 P_dC 的设定值；PT_1 和 PT_2 是绝对压力变送器，测量离心压缩机的入口和出口压力；P_dT 是入口流量测量用的差压变送器，其输出作为防喘振控制器 P_dC 的测量值。

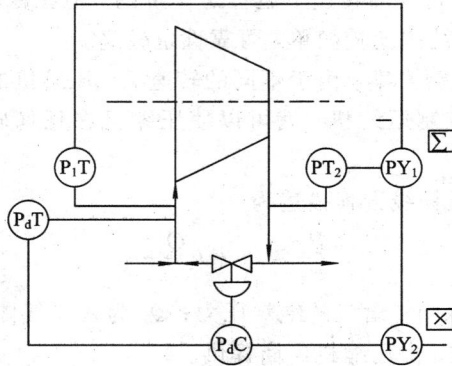

图 7-1-12 可变极限流量防喘振控制

可变极限控制系统是随动控制系统。测量值是入口节流装置测得的差压值 P_d，设定值是根据喘振模型计算得到的 $[n/(bK_1^2)](P_2 - aP_1)$。当测量值大于设定值时，表示入口流量大于极限流量，因此，旁路阀关闭；当测量值小于设定值时，则打开旁路阀，保证压缩机入口流量大于极限流量，从而防止压缩机喘振的发生。

由上面内容可以看出，要防止离心式压缩机发生喘振，只需要工作转速下的吸入流量大于喘振点的流量。因此，当所需的流量小于喘振点的流量时，例如生产负荷下降时，需要将出口的流量旁路返回到入口，或将部分出口气体放空，以增加入口流量，满足大于喘振点流量的控制要求。

五、项目考核

项目考核采用步进式考核方式，考核内容如表 7-1-2 所示。

表 7 - 1 - 2　项 目 考 核 表

学号		1	2	3	4	5	6	7	8	9	10	11
姓名												
考核内容进程分组	离心泵的控制方案类型（20分）											
	容积泵的控制方案类型（20分）											
	离心式压缩机特性曲线及喘振的产生（20分）											
	固定极限流量控制方案（20分）											
	可变极限流量控制方案（20分）											
扣分	安全文明											
	纪律卫生											
总　评												

六、思考题

（1）离心泵流量控制阀为什么安装在出口管线上？能否安装在入口？

（2）往复泵流量控制阀为什么不能安装在出口管线上？

（3）简述离心式压缩机固定极限防喘振方案？

（4）离心式压缩机是如何产生喘振的？

（5）试分析图 7 - 1 - 13 所示的离心式压缩机两种方案，说明它们在控制目的上有什么不同？

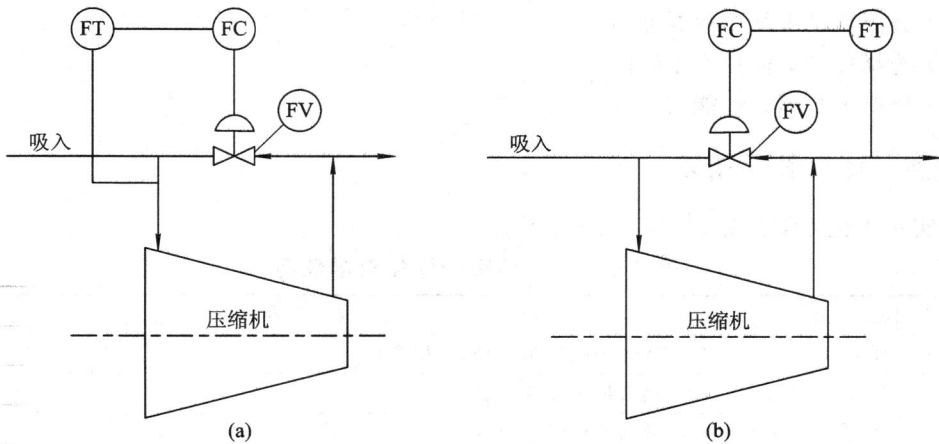

图 7 - 1 - 13　离心式压缩机两种控制方案

项目二　传热设备的控制

一、学习目标

1. 知识目标

（1）熟悉换热器的控制要求。

（2）熟悉换热器的控制方案。

（3）熟悉加热炉的控制要求。

（4）熟悉加热炉的控制方案。

2. 能力目标

（1）初步具备传热速率的分析能力。

（2）初步具备换热器控制方案的分析能力。

（3）初步具备加热炉干扰的分析能力。

（4）初步具备加热炉控制系统的分析能力。

二、必备知识与技能

1. 必备知识

（1）换热器类型及结构的知识。

（2）换热器工作原理的知识。

（3）传热设备热量平衡的知识。

（4）加热炉工艺过程的相关知识。

2. 必备技能

（1）分析换热器工作过程的能力。

（2）分析热量平衡过程的能力。

（3）选择加热炉被控变量的能力。

（4）分析干扰因素的能力。

三、理实一体化教学任务

理实一体化教学任务如表 7-2-1 所示。

表 7-2-1　理实一体化教学任务

任　务	内　容
任务一	换热器的控制（两侧无相变）
任务二	蒸汽加热器的控制
任务三	低温冷却器的控制
任务四	加热炉的简单控制
任务五	加热炉的复杂控制

四、理实一体化步骤

工业上用以实现换热目的的设备即传热设备的种类很多，在生产中主要采用的是间壁式换热器。下面主要从加热或冷却的温度范围出发，将间壁式传热设备分成为换热器、蒸汽加热器、低温冷却器、加热炉、锅炉等。

冷热流体进行热量交换的形式有两大类：一类是无相变情况下的加热或冷却；另一类是在相变情况下的加热或冷却（即蒸汽冷凝放热或液体汽化吸热）。热量传递的方式有热传导、对流和热辐射三种，而实际的传热过程很少是以一种方式单纯进行的，往往由两种或三种方式综合而成。

在石油、化工等工业生产过程中，传热设备应用很广，进行传热的目的主要有下列四种：

（1）工艺介质达到规定的温度，以使工艺过程得以顺利进行。

（2）在工艺过程进行中加入热量或除去放出的热量，使工艺过程在规定的范围内进行。例如，合成氨生产中转化反应是一个强烈的吸热反应，必须加入热量以维持转化反应。聚氯乙烯的聚合反应是一个放热反应，要用冷却水除去放出的热量，才能使反应按要求进行下去。

（3）使工艺介质改变相态。根据工艺过程的需要，有时需加热使工艺介质汽化，有时需冷却使气相物料液化。

（4）回收热量。在传热设备中，大部分是为上述第（1）种和第（2）种目的服务的。根据传热设备的传热目的，传热设备的控制主要是热量平衡的控制。在多数情况下，取温度为被控变量，控制变量可根据不同应用选择热量、载流体热量等。对于具有介质相态变化的加热器和冷凝器，由于介质在工艺流程中伴随相态变化，应根据具体情况区别对待。对于某些传热设备，为了对生产过程和设备起保护作用，还需要有约束条件的控制。

控制换热器的目的是保证换热器出口的工艺介质温度恒定在给定值上。换热器的工艺流程图如图 7-2-1 所示，若不考虑传热过程中的热损失，则热流体失去的热量应等于冷流体获得的热量，其热量平衡方程式为

$$Q = F_1 C_1 (T_{1o} - T_{1i}) = F_2 C_2 (T_{2i} - T_{2o}) \qquad (7-2-1)$$

式中，Q 为传热速率，J/s；F_1、F_2 为介质、载热体的质量流量，kg/h；C_1、C_2 为介质、载热体的平均定压比热容，J/(kg·℃)；T_{1i}、T_{2i} 为介质、载热体的入口温度，℃；T_{1o}、T_{2o} 为介质、载热体的出口温度，℃。另外，传热过程中传热的速率可按下式计算：

$$Q = K A_m \Delta T_m \qquad (7-2-2)$$

式中，K 为传热系数，W/(m²·℃)或 W/(m²·K)；A_m 为传热面积，m²；ΔT_m 为平均温差，℃或 K，与冷热流体出口、入口的温度有关。

但在载热体方面，如起相的变化（气相变为液相），则载热体放出热量为

$$Q = F_2 \lambda \qquad (7-2-3)$$

式中，λ 为饱和蒸汽的比汽化焓，J/kg。

通过改变换热器的热负荷、换热面积等方法可控制换热器介质出口温度。

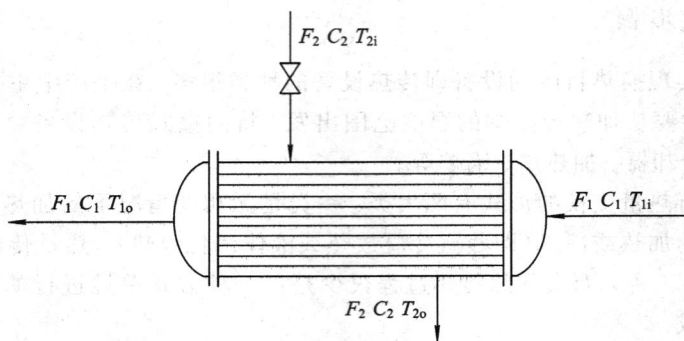

图 7-2-1 列管式换热器原理图

1. 换热器的控制(两侧无相变)的控制

1) 控制载热体流量

控制载热体的流量 F_2，如图 7-2-2 所示。如果载热体压力不稳，可另设稳压控制系统，或者采用温度对流量的串级控制系统，如图 7-2-3 所示。在这个串级系统中，温度为主变量、流量为副变量。

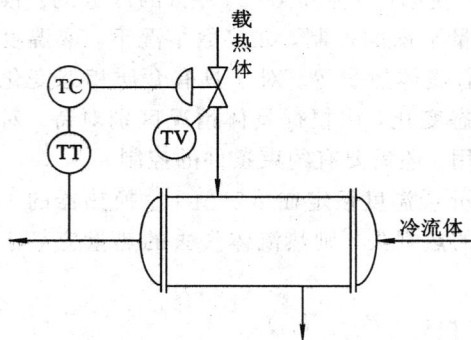

图 7-2-2 改变载热体的流量简单控制系统

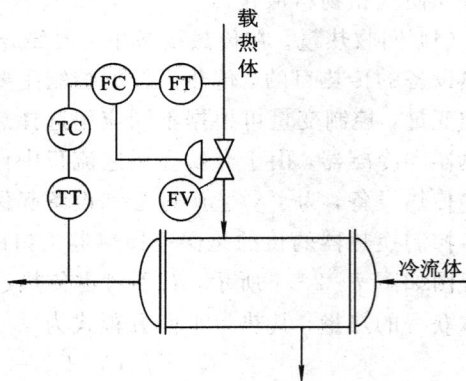

图 7-2-3 换热器的串级控制系统

2) 控制载热体旁路流量

当载热体利用工艺介质回吸热量时，可以将载热体分路，以控制冷流体的出口温度 T_{2o}。分路一般可以采用三通阀来达到。若三通阀装在入口处则用分流阀，如图 7-2-4 所示。若三通阀装在出口处，则用合流阀如图 7-2-5 所示。

3) 将工艺介质分路

如果工艺介质流量和载热体流量均不允许控制，而且换热器传热面积有较大裕量时，可将工艺介质进行分路，如图 7-2-6 所示。

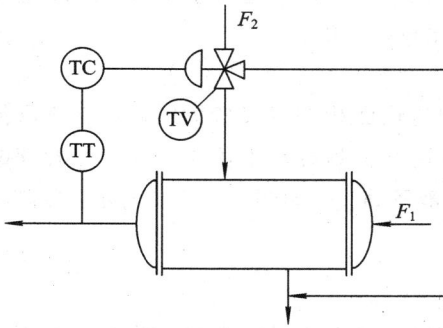

图 7-2-4　用分流阀的控制方案

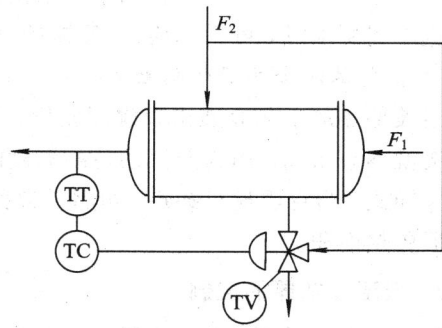

图 7-2-5　用合流阀的控制方案

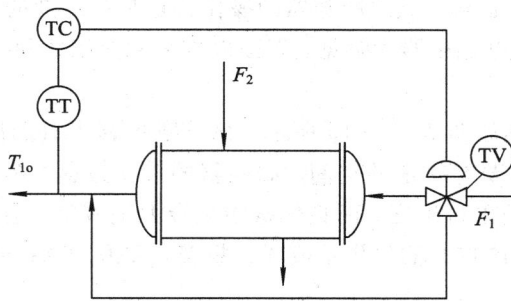

图 7-2-6　将介质分路的控制方案

2. 蒸汽加热器的控制

利用蒸汽冷凝给热的加热器是最常用的一种换热设备。在蒸汽加热器内蒸汽冷凝，由气态变成液态，放出热量，传给工艺介质。蒸汽加热器的被控变量是工艺介质的出口温度 T_{1o}。

1）控制蒸汽的流量

如果蒸汽压力比较稳定，可采用图 7-2-7 所示的简单控制方案。在这种方案控制过程中，传热面积是不变的，传热系数也基本上维持不变。

如果阀前蒸汽压力有波动，且变化较频繁，系统控制质量满足不了工艺要求时，可采用串级控制，如图 7-2-8 所示。

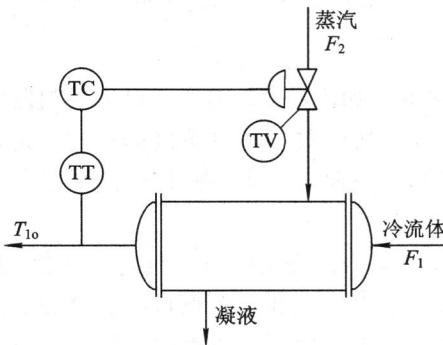

图 7-2-7　简单控制方案

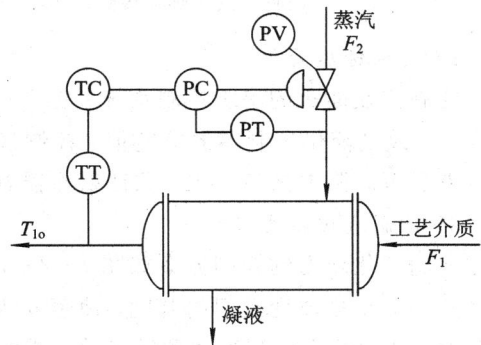

图 7-2-8　串级控制方案

在蒸汽加热器中，当主要干扰因素是负荷即工艺介质方面，且工艺要求较高，采用串级控制还达不到要求时，可采用前馈-反馈控制系统是比较有效的。

2）控制蒸汽加热器传热面积

当被加热的工艺介质出口温度较低，加热器的传热面积裕量又较大时，控制蒸汽流量的方案就不宜采用。因为蒸汽的冷凝温度降低，加热器一侧会产生负压，造成冷凝液的排放呈脉冲式。为克服这个缺点，可将控制阀装在凝液管路上，如图 7-2-9 所示，控制蒸汽加热器传热面积。

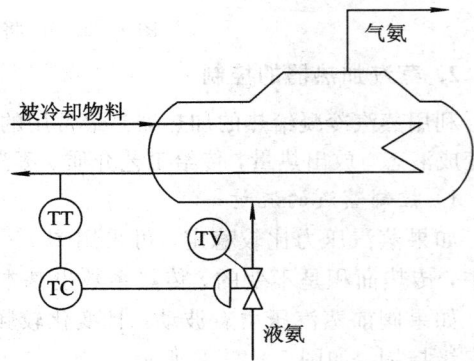

3. 低温冷却器的控制

低温冷却器采用液氨、乙烯、丙烯等作为冷却剂。当冷却剂气化时，吸收大量热由液相变为气相，通过间壁传热，使被冷却物料获得低温。以液氨为例，当它在常压下汽化时，可使物料冷却到 -30℃ 的低温。低温冷却器的操作特点是冷却剂的汽化需要有一定的蒸发空间。在这类冷却器中，以氨冷器为常见，下面以它为例介绍几种控制方案。

1）控制冷剂的流量

控制冷剂流量的方案如图 7-2-10 所示，该方案根据出口温度来控制液氨的进口流量。此方案中液氨的蒸发要有一定的空间。如液氨的液位过高，蒸发空间不足，再增加液氨流量也无法降低介质的出口温度。而且气氨中夹带大量液氨，会引起氨压缩机的操作事故。因此，这种控制方案应带有液位指示或联锁报警，或采用选择性控制方案。

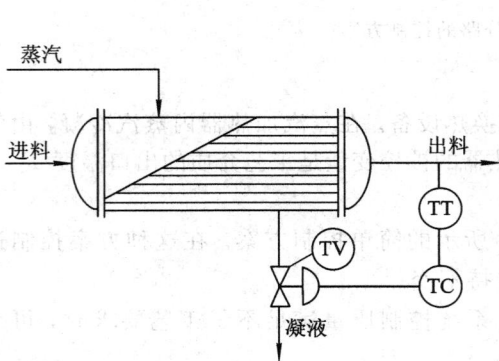

图 7-2-9　控制蒸汽加热器传热面积　　　　图 7-2-10　控制冷剂的流量

2）控制传热面积

控制传热面积的串级控制系统如图 7-2-11 所示，如出口温度变化，温度控制器的输出变化，改变液位控制器的给定值，控制液氨的流量，从而保证出口温度的恒定。此方案的特点是可以限制液位上限，保证氨冷器有足够的蒸发空间，使得气氨中不带液氨。

3）控制汽化压力

控制汽化压力的控制方案如图 7-2-12 所示，当被冷却介质的出口温度变化时，温度控制器的输出去改变阀门的开度，使蒸发压力变化，于是相应的汽化温度也改变了，传热量改变，从而使出口温度回到给定值。同时，为了保证有足够的汽化空间，在此方案中设有辅助的液位控制系统。

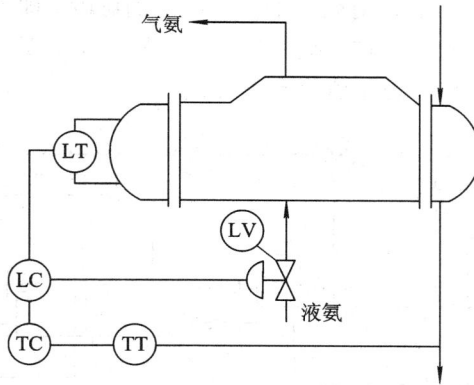

图 7-2-11　控制传热面积

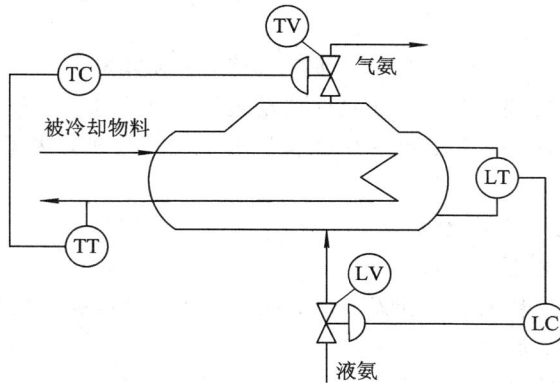

图 7-2-12　控制汽化压力

这种控制方案的最大特点是迅速、灵敏。但是由于控制阀安装在气氨出口管线上，故要求氨冷器要耐压。

4. 加热炉的控制

在生产过程中有各式各样的加热炉，按工艺用途来分有加热用炉及加热-反应用炉两类。对于加热炉，工艺介质受热升温或同时进行气化，其工艺介质温度的高低，会直接影响后面工序的工况和产品质量。另外，当炉子温度过高时会使物料在加热炉内分解，甚至造成结焦，从而烧坏炉管。加热炉平稳操作可以延长炉管使用寿命，因此加热炉出口温度必须严加控制。

影响加热炉出口温度的干扰因素有工艺介质进料的流量、温度、组分，燃料方面有燃料油（或气）的流量、压力、成分，燃料油的雾化情况，空气过量情况，喷嘴的阻力，烟囱抽力等。

常用的控制方案有以下几种。

1）简单控制方案

加热炉的简单控制方案如图 7-2-13 所示。图中主要控制系统是以炉出口温度为被控变量，燃料油（或气）流量为操作变量的温度简单控制系统。为克服工艺介质流量波动、燃料油的压力波动及雾化蒸汽波动对燃料油雾化程度的影响，即为了克服上述干扰对被控变量的影响，还必须同时设置三个辅助控制系统：工艺介质流量定值控制系统、燃料油总压的定值控制系统、雾化蒸汽压力定值控制系统。

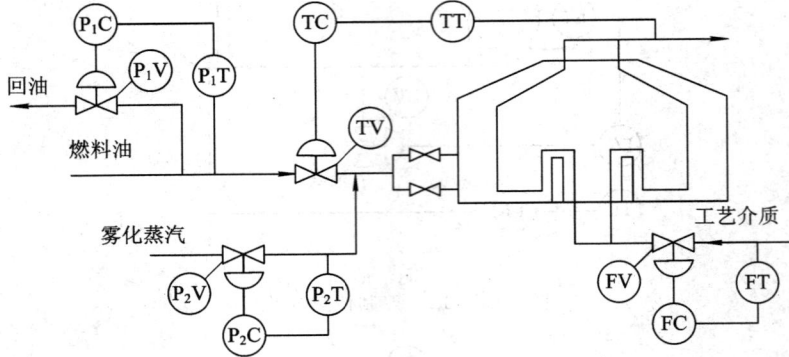

图 7-2-13　加热炉的简单控制方案

当工艺对炉出口温度要求严格，如允许波动范围为 ±(1℃～2℃)，且干扰频繁，幅值较大，或炉膛容量较大时，简单控制系统就满足不了工艺要求，为了提高控制品质，可采用串级调节系统。

2）加热炉出口温度的复杂控制方案

根据干扰情况其主要形式有以下几种。

（1）若主要干扰在燃料的流动状态方面，如阀前压力的变化，则采用炉出口温度-燃料油(或气)流量串级控制，如图 5-1-8 所示。

（2）如果燃料油流量测量比较困难，而压力测量较方便，可采用炉出口温度-燃料油(或气)阀后压力串级控制，如图 7-2-14 所示。采用该方案时，必须防止燃料喷嘴部分的堵塞，不然会使控制阀发生误动作。

（3）当主要干扰是燃料油或气的组分变化时，前两种串级控制方案的副回路无法感知，此时采用炉出口温度-炉膛温度的串级控制，如图 5-1-3 所示。

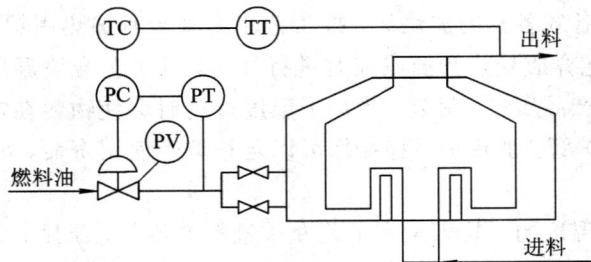

图 7-2-14　炉出口温度对燃料油阀后压力串级控制

（4）当生产负荷即进料流量变化频繁，干扰幅度又较大，且又不可控，串级控制难于满足工艺指标要求时，可采用前馈-反馈控制系统，如图 5-4-5 所示。

五、项目考核

项目考核采用步进式考核方式，考核内容如表7-2-2所示。

表 7-2-2　项 目 考 核 表

	学号	1	2	3	4	5	6	7	8	9	10	11
	姓名											
考核内容进程分组	换热器（两侧无相变）的控制类型（20分）											
	蒸汽加热器的控制类型（20分）											
	低温冷却器的控制类型（20分）											
	加热炉的简单控制方案（20分）											
	加热炉的复杂控制方案（20分）											
扣分	安全文明											
	纪律卫生											
	总　评											

六、思考题

(1) 蒸汽换热器常采用哪几种控制方案？各有什么特点？
(2) 低温冷却器常采用哪几种控制方案？各有什么特点？
(3) 蒸汽加热器常采用哪几种控制方案？各有什么特点？
(4) 简述加热炉的控制方案？

项目三　精馏塔的控制

一、学习目标

1. 知识目标

(1) 熟悉精馏塔工艺操作的基本原理。
(2) 熟悉精馏塔操作的工艺要求。
(3) 熟悉提馏段温度的控制方案。
(4) 熟悉精馏段温度的控制方案。

2. 能力目标

(1) 初步具备精馏塔工作过程的分析能力。

（2）初步具备精馏塔干扰的分析能力。

（3）初步具备提馏段温度控制方案的分析能力。

（4）初步具备精馏段温度控制方案的分析能力。

二、必备知识与技能

1. 必备知识

（1）精馏塔类型及结构的知识。

（2）精馏塔工作原理的知识。

（3）精馏塔分离度的知识。

（4）精馏塔能量平衡和物料平衡的相关知识。

2. 必备技能

（1）精馏塔平稳操作的技能。

（2）如何判断液泛现象。

（3）控制系统的分析能力。

（4）分析干扰因素的能力。

三、理实一体化教学任务

理实一体化教学任务如表 7 - 3 - 1 所示。

表 7 - 3 - 1　理实一体化教学任务

任　　务	内　　容
任务一	精馏塔工艺操作的基本原理及工艺要求
任务二	精馏塔的干扰因素
任务三	精馏塔的基本控制
任务四	精馏塔的温差控制
任务五	精馏塔塔压控制的一般方案

四、理实一体化步骤

精馏过程是石油化工生产中应用很广泛的过程，它利用混合物中各组分挥发度的不同将混合物分离成较纯组分的单元操作，多用于半成品或产品的分离和精制。

1. 精馏塔工艺操作的基本原理及工艺要求

1）基本原理

精馏塔的示意图如图 7 - 3 - 1 所示。精馏过程是一个传质、传热的过程，精馏塔每块塔板上同时发生上升蒸汽部分冷凝和回流液体部分气化的过程，这个过程是个传热过程。伴随传热过程同时发生的是，易挥发组分不断气化，从液相转入气相；而难挥发组分则不断冷凝，从气相转入液相，这种物质在相间的转移过程称为传质过程。

从整个精馏塔看，易挥发组分由下而上逐渐增加，难挥发组分自上而下逐渐增加，其塔板温度自下而上随着易挥发组分增加而逐渐降低。

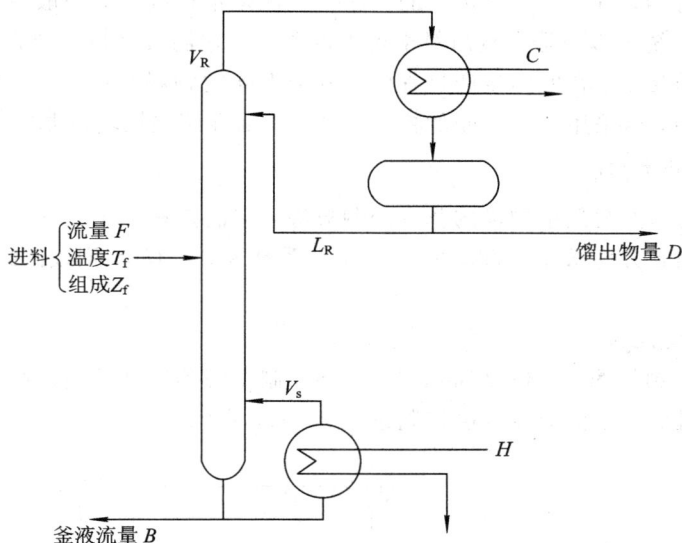

图 7 - 3 - 1　精馏塔的示意图

2）工艺要求

工艺对精馏塔的操作要求为：产品要达到规定的分离纯度，塔的生产效率要高，以达到最高的产量；能耗（指冷剂，热剂量）尽量低。为达到上述要求，精馏塔配备的自动控制系统也应当满足质量指标、物料平衡和热量平衡以及约束条件的要求。在工艺上，对精馏塔的操作要求是平稳、缓变的，如剧烈波动易出不合格的产品。

2. 精馏塔的干扰因素

在精馏塔的操作过程中，影响物料平衡和能量平衡，就影响质量指标。主要干扰因素有：

（1）进料方面的影响。进料量的波动改变了物料平衡关系和能量平衡关系，可使塔顶或塔底产品成分发生变化，影响产品的质量。进料成分波动的影响，对精馏塔控制系统来讲是不可控的干扰。进料温度下降，会使塔底轻组分含量增加。进料温度波动，最终会影响产品的成分。

（2）塔的蒸气速度和加热量波动的影响。塔内蒸气速度的波动，会引起塔内上升蒸气量的波动，从而影响分离度。塔内蒸气速度太大还会产生液泛。塔内蒸气速度的变化主要受加热量变化的影响。对于蒸汽加热的再沸器，蒸汽压力的波动往往是影响加热量的主要因素，因此，蒸汽压力常常需要保持一定。

（3）回流量及冷剂量波动的影响。回流量减小，会使塔顶温度升高，从而使塔顶产品中重组分含量增加。因此在正常操作时，除非要把回流量作为控制手段，否则总是希望将它维持恒定。冷剂压力波动是引起回流量波动的因素。对于这类干扰，以阀前压力波动影响较大，控制中用压力定值系统即可克服。

（4）塔顶（或塔底）产品量的影响。塔顶（或塔底）产品量的变化，实际上是改变了物料平衡关系。产品量变化的影响，是在回流罐（或塔底）液位保持一定的情况下，通过回流（或再沸器内沸腾的蒸气量)施加到塔内，使塔内气液比发生变化，最终使产品成分发生变化。

从上述分析可知，有些干扰是可控的，有些干扰是不可控的。一般对可控的主要干扰可采用定值控制系统加以克服；然而对不可控的干扰，它们最终将反映在塔顶馏出物与塔底采出量的产品质量上。在实际生产过程中，由于不同的物料性质、不同的精馏方法对产品纯度的要求不同，可采用各种不同的控制方法。下面介绍精馏塔的基本控制(方案)。

3. 精馏塔的基本控制

目前，最常见的方案是精馏塔的基本控制方案，它们是精馏塔设置复杂及特殊控制方案的基础。基本控制方案根据精馏塔的主要控制系统来分，有提馏段温度控制及精馏段温度控制两种。

1) 提馏段温度控制

提馏段温度控制如图 7-3-2 所示，由主要控制系统和辅助控制系统两部分组成。

(1) 主要控制系统是提馏段温度控制系统。

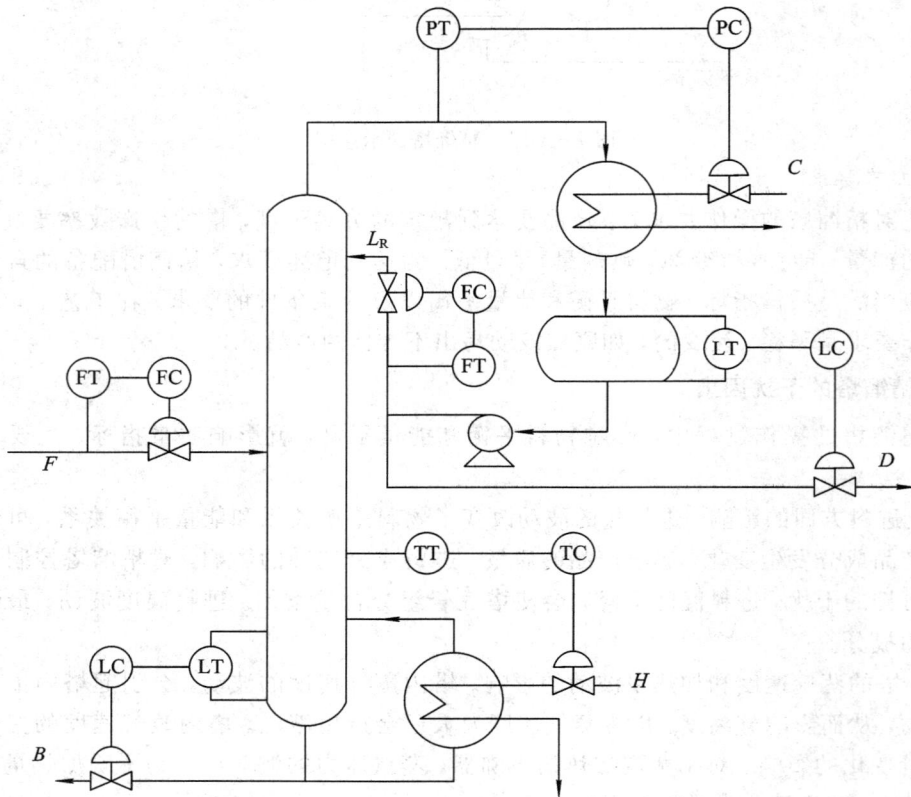

图 7-3-2 提馏段温度控制

(2) 辅助控制系统有回流量的定值控制系统、塔压控制系统、塔的进料设置定值控制系统，如不可控也可采用均匀控制系统、液位控制系统等。

对上面所述的基本控制方案，不是绝对不能变的，根据现场具体情况可以作某些改动。

采用提馏段温控的场合：

（1）塔底产品纯度比塔顶要求严格时。对成品塔，因为保证产品质量是首要的，所以当主要产品从塔底采出时，往往总是采用提馏段温度控制的方案。

（2）全部为液相进料时。全部为液相进料时，进料量或进料成分的变化首先影响塔底成分，采用提馏段温度控制具有对干扰的感知及时，控制手段有效等特点。

2）精馏段温度控制

精馏段温度控制如图 7-3-3 所示，由主要控制系统和辅助控制系统两部分组成。

（1）主要控制系统是精馏段温度控制系统。

（2）辅助控制系统有再沸器加热量的定值控制、回流罐与塔釜液位控制、进料量控制等，它们设置目的与提馏段温度控制方案相近。

精馏段温控的适用场合：

（1）塔顶产品纯度比塔底要求严格。

（2）全部为气相进料。

当塔底或提馏段塔板上温度不能很好反映组成变化时，若组分变化，板上温度变化不显著，或者由于进料含有比塔底产品更重的杂质，使测温点设在塔底温度控制质量降低，故测温点应适当向上移动。精馏段温度控制方案可以根据具体情况作适当变动。

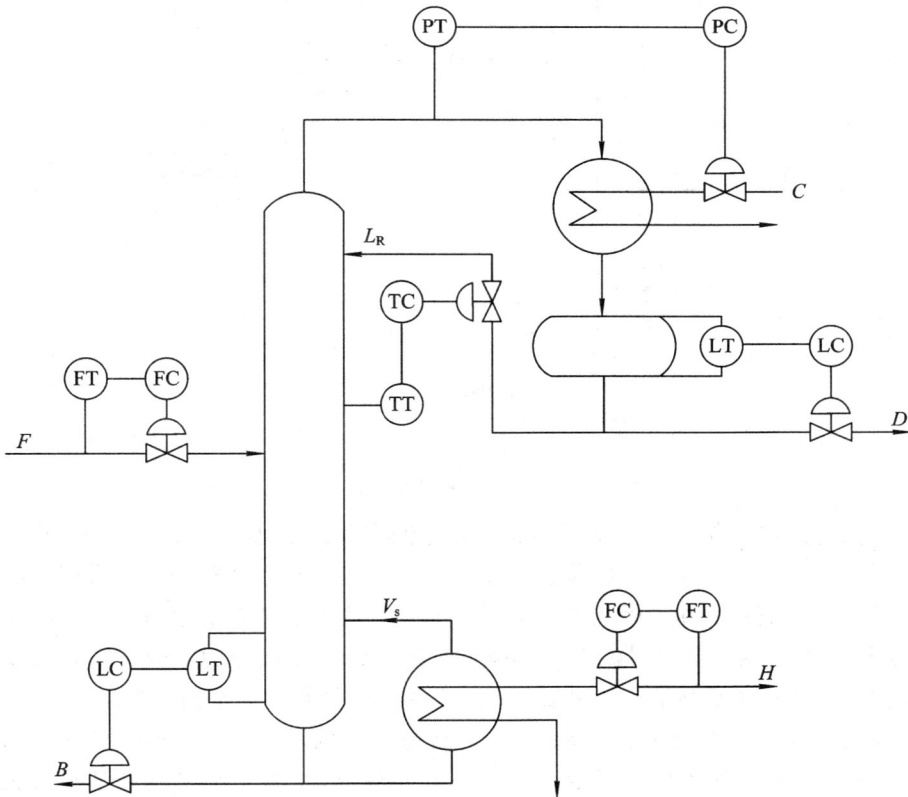

图 7-3-3　精馏段温度控制

4. 其他控制

1）温差控制

当精密精馏时，即产品纯度要求相当高，顶部产品与底部产品之间沸点相差很小，采用温度作为被控变量的反馈控制方案，会使实际产品质量有比较大的误差。为了保证温度与组分的单值对应关系，可用温差控制。温差控制系统的被控变量不是单点温度信号，而是两点温度信号之差。

图7-3-4所示为某石油化工厂乙烯精馏塔的温差控制。该塔的作用是将乙烯和乙烷分离，以得到高纯度的乙烯产品。

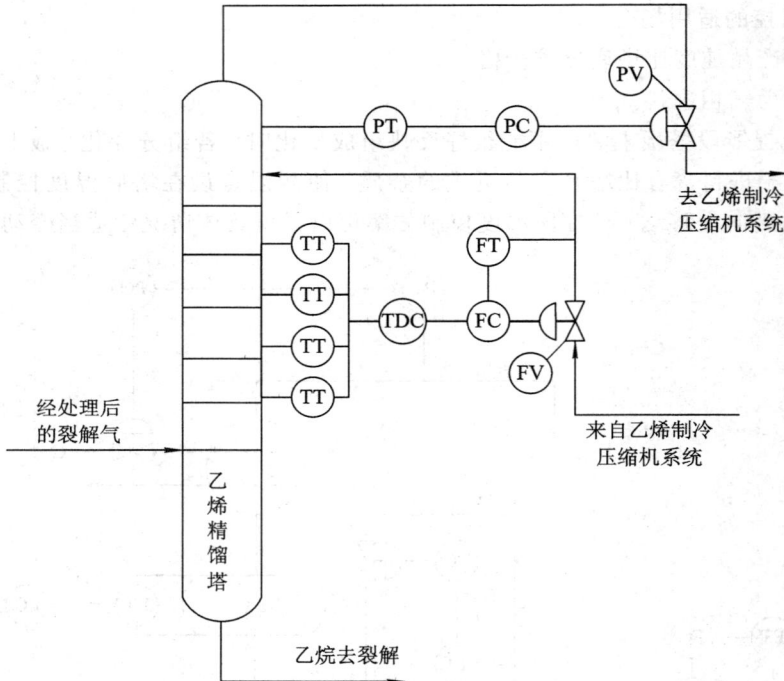

图 7-3-4　乙烯精馏塔的温差控制

由于乙烯和乙烷的相对挥发度相差很小，它们之间的温差为±2℃，因而欲使两组分分离比较困难，所以对温度参数精确度的要求和灵敏度的要求就很严格，采用一般温度与回流串级控制不能满足要求。因此设计成以温差为主变量、回流量为副变量的串级控制方案。这样，既消除了压力变化对温度的影响，保证了温度与成分的对应关系，又可大大压缩仪表量程，相对提高了测量点的灵敏度，使该塔操作能符合质量指标要求。

温差控制系统不足之处在于：温差与产品成分之间的关系不是线性，如图7-3-5所示。同一温差在不同操作条件下可以有两个不同的成分，因此，如果温差选得过大，或操作不平稳，皆会引起温差控制失常现象。这时温差增加，产品纯度降低。为此，一般将工作点选择在曲线极点的左侧，并采取措施使工作点不进入曲线极点的右侧。

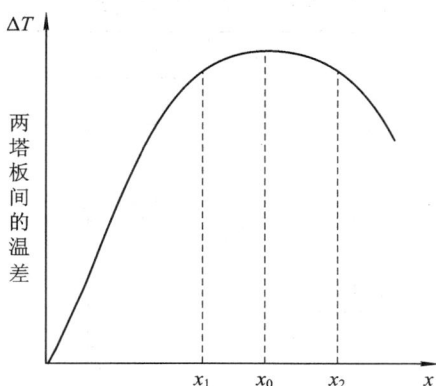

图 7-3-5　温差与产品成分之间的关系曲线

2）精馏塔塔压控制一般方案

由于稳定的精馏塔塔压有利于混合物的分离，稳定塔压是组分与温度间有一个对应的关系保证，因此塔的压力控制显得更为重要。精馏塔根据工艺过程中的物料性质，可分为常压塔、加压塔和减压塔，为此对不同操作压力的塔就参照不同的压力控制方案。

常压塔对塔顶压力恒定要求不高，仅需在冷凝器或回流罐上设置一个通大气的管道来平衡压力，以保证塔内压力接近大气压。

如果空气进入塔内，不但会影响产品的质量，而且还可能引起爆炸和火灾事故。为了避免这种情况的出现，设置的压力控制系统必须使塔内压力稍高于大气压。

常压塔塔顶压力控制一般有如图 7-3-6 所示的两种方案。一种是控制阀装在通大气的平衡管线上，它适用于塔顶馏出物中含有较多的不凝气的情况，它是以控制不凝气体的排出量来达到塔顶压力恒定。另一种是塔顶馏出物中没有或含有少量不凝性气体，它通过控制冷却置来维持塔压恒定。当塔顶馏出物中含有少量不凝气时，则要采用定期排放或分程控制；否则由于不凝气体的积聚，会使冷凝表面部分被遮盖，引起压力控制失灵。

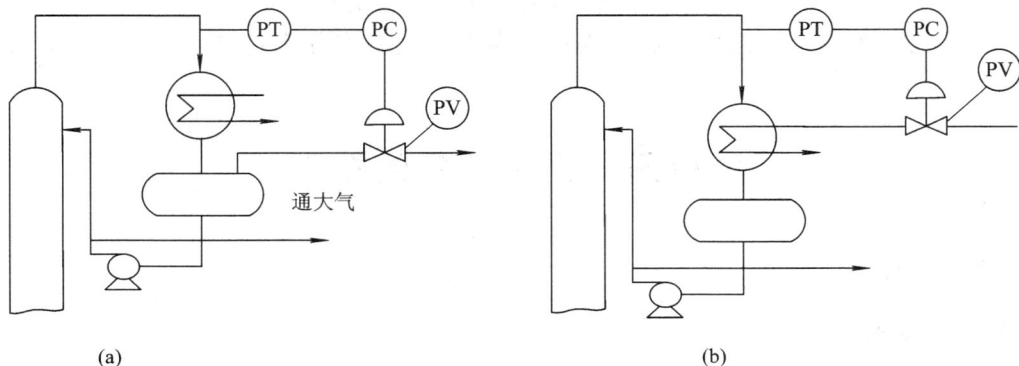

图 7-3-6　塔顶压力控制方案

五、项目考核

项目考核采用步进式考核方式，考核内容如表 7-3-2 所示。

表 7－3－2　项 目 考 核 表

学号		1	2	3	4	5	6	7	8	9	10	11
姓名												
考核内容进程分组	精馏塔工艺操作的基本原理及工艺要求（20分）											
	精馏塔的干扰因素分析（20分）											
	精馏塔的提馏段温度控制方案（20分）											
	精馏塔的精馏段温度控制方案（20分）											
	精馏塔的温差控制方案和塔压控制方案（20分）											
扣分	安全文明											
	纪律卫生											
总　　评												

六、思考题

（1）精馏塔控制的基本要求有哪些？

（2）影响精馏塔操作的干扰因素有哪些？哪些是可控的，哪些是不可控的？

（3）为什么说精馏塔既遵守物料平衡又遵守能量平衡？

（4）在什么情况下采用精馏段温度控制？在什么情况下采用提馏段温度控制？

（5）什么是灵敏板？为什么用灵敏板温度作为被控变量？

（6）精馏塔的精馏段温度控制和提馏段温度控制各有什么特点？分别适用在什么场合？

项目四　锅炉设备的控制

一、学习目标

1. 知识目标

（1）熟悉锅炉的工艺流程和控制要求。

（2）熟悉汽包液位控制方案。

（3）熟悉蒸汽质量控制方案。

（4）熟悉燃烧系统控制方案。

2. 能力目标

（1）初步具备锅炉工作过程的分析能力。

（2）初步具备"虚假"液位的分析能力。

（3）初步具备逻辑提量的分析能力。

（4）初步具备汽包液位控制方案的分析能力。

二、必备知识与技能

1. 必备知识

（1）锅炉类型及作用的知识。

（2）汽液平衡的有关知识。

（3）简单和复杂控制系统的有关知识。

（4）锅炉能量平衡和物料平衡的相关知识。

2. 必备技能

（1）锅炉平稳运行的要求。

（2）双室平衡法测量汽包液位的分析能力。

（3）简单、串级、前馈、比值和选择性控制系统的分析能力。

（4）分析锅炉干扰因素的能力。

三、理实一体化教学任务

理实一体化教学任务如表 7-4-1 所示。

表 7-4-1　理实一体化教学任务

任　　务	内　　容
任务一	锅炉的工艺流程和控制要求
任务二	汽包液位控制方案
任务三	蒸汽质量控制方案
任务四	燃烧系统控制方案

四、理实一体化步骤

1. 概述

锅炉是石油、化工、发电等工业生产过程中必不可少的重要动力设备，它所产生的高压蒸汽不仅可以作为精馏、蒸发、干燥、化学反应等过程的热源，还可以为压缩机、风机等提供动力源。锅炉种类很多，按所用燃料分类，有燃煤锅炉、燃气锅炉、燃油锅炉；有利用残渣、残油、释放气等为燃料的锅炉；也有利用化学反应中生成的热量废热锅炉等。

按所提供蒸汽压力不同，锅炉又可分为常压锅炉、低压锅炉、常高锅炉、超高压锅炉等。虽然不同类型锅炉的燃料种类和工艺条件各不相同，但蒸汽发生系统的工作原理是基本相同的。

锅炉设备的主要流程图如图 7-4-1 所示。由图可知，燃料和热空气按一定比例进入燃烧室燃烧把水加热成蒸汽，产生的饱和蒸汽经过热器，形成一定温度的过热蒸汽 D，汇集到蒸汽母管，经负荷设备控制阀供给负荷设备用。燃料产生的热量，一部分将饱和蒸汽变成过热蒸汽，另一部分经省煤器预热锅炉给水和空气预热器预热空气，最后经引风机送经烟囱排入大气。因此可以说锅炉内保持水的物料平衡和热量平衡的关系。在热量平衡中，其负荷是蒸汽带走的热量；在物料平衡中，其负荷是蒸发量。

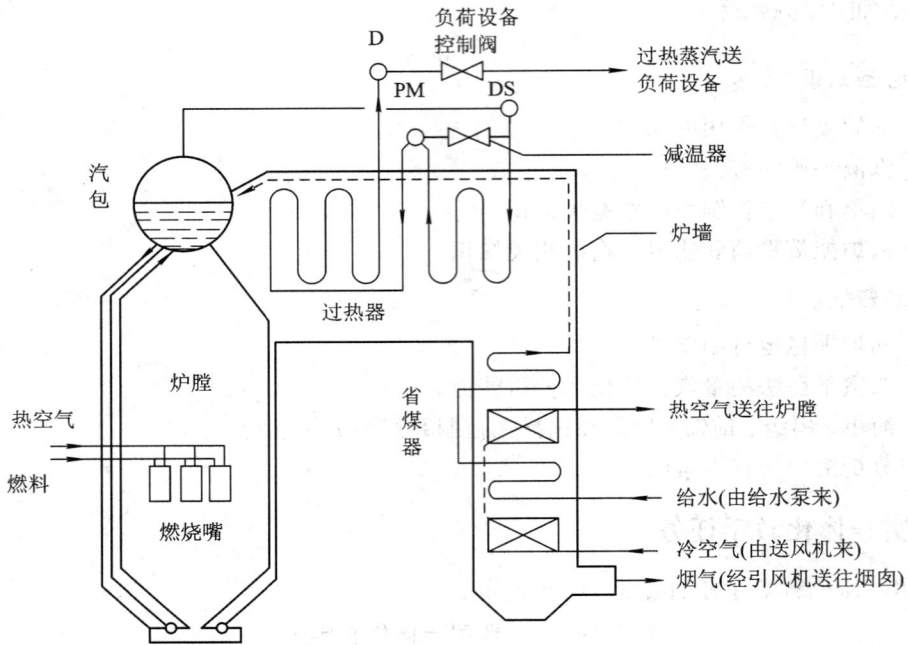

图 7-4-1 锅炉设备主要工艺流程图

在锅炉运行中，汽包液位是表征生产过程的主要工艺指标，液位过高，由于汽包上部空间变小，从而影响汽、水分离，产生蒸汽带液现象；当液位过低时，则会烧坏锅炉，以致产生爆炸事故。锅炉内热量平衡和物料平衡两者又是相互影响、相互关联的。

锅炉应提供不同压力和温度的蒸汽，满足生产负荷的不同需求，同时使燃料完全燃烧和确保锅炉的安全生产。锅炉设备的主要控制系统有三个：锅炉汽包液位的控制、过热蒸汽系统的控制和锅炉燃烧系统的控制。

2. 锅炉汽包液位的控制

1) 汽包水位的动态特性

锅炉汽包水位系统如图 7-4-2 所示。影响汽包水位变化的因素有给水量变化、蒸汽流量变化、燃料量变化、汽包压力变化等，其中最主要的是蒸汽流量和给水量的变化。

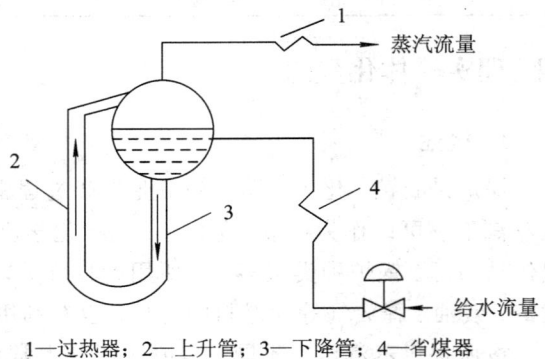

1—过热器；2—上升管；3—下降管；4—省煤器

图 7-4-2 锅炉汽包水位系统

（1）蒸汽流量对汽包水位的影响。在其他条件不变的情况下，当蒸汽流量突然增加时，从锅炉的物料平衡关系来看，蒸汽量大于给水量，水位应下降，实际上，由于蒸汽流量的增加，瞬时间必然导致汽包压力的下降。汽包内的水沸腾突然加剧，水中气泡迅速增加，由于气泡容积增加而使水位变化不会下降反而先上升，这种由于压力下降而非水量增加导致汽包水位上升的现象称为"虚假水位"现象。

虚假水位变化的大小与锅炉的工作压力和蒸发量有关。一般蒸发量为 $100 \sim 230$ t/h 的中高压锅炉，当负荷变化 10％时，虚假水位可达 $30 \sim 40$ mm。对于这种虚假水位现象，在设计控制方案时，必须加以注意。

（2）给水流量对汽包水位的影响。汽包给水流量作用下，水位的阶跃响应曲线如图 $7-4-3$ 所示。如果把汽包和给水看做单容无自衡对象，水位阶跃响应曲线如图中的 ΔL_1 所示。但由于给水温度比汽包内饱和水的温度低，进入汽包后会从饱和水中吸收一部分热量，因此当给水流量增加后，汽包中气泡总体积减小，导致水位下降。汽包中气泡总体积减小导致水位变化的阶跃响应曲线如图中的 ΔL_2 所示。当给水流量增加时，汽包水位的实际响应曲线如图中 ΔL 所示，即当给水流量作阶跃变化后，汽包水位一开始并不立即增加，有一定的滞后时间。

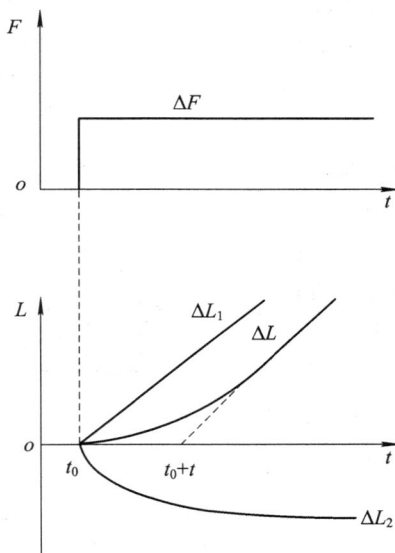

图 $7-4-3$　给水流量阶跃干扰作用下的汽包水位响应曲线

给水温度越低，滞后时间 t 越大，一般 t 在 $15 \sim 100$ s 之间。如果采用省煤器，由于省煤器本身的延迟，会使 t 增加到 $100 \sim 200$ s 之间。

2）汽包液位控制方案

锅炉汽包液位控制的目的是维持汽包中液位在工艺允许范围内，以保证锅炉的安全运行。目前，锅炉汽包液位控制常采用单冲量、双冲量及三冲量等三种控制方案，下面分别对这三种方案进行讨论。

（1）单冲量液位控制系统。单冲量液位控制系统的原理图如图 $7-4-4$ 所示，由图可知，它是一个典型的简单控制系统，适用于停留时间较长、负荷变化小的小型低压锅炉。

但对于停留时间短，负荷变化大的系统，单冲量液位控制系统就不能适应了。当蒸汽负荷突然大幅度增加时，由于汽包内蒸汽压力瞬间下降（即"假液位"现象），这时液位控制系统测量值升高，控制器将关小给水控制阀，减少给水量，等到这种暂时的闪急汽化现象一旦平稳下来，将使水位严重下降，波动很厉害，严重时会使汽包水位降到危险区内，甚至发生事故。产生假液位主要是蒸汽负荷量的波动，如果把蒸汽流量的信号引入控制系统，就可以克服这个主要干扰，这样就构成了双冲量控制系统。

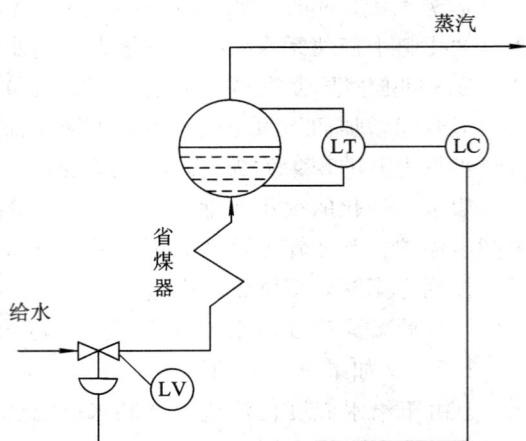

图 7 - 4 - 4　单冲量液位控制系统

（2）双冲量控制系统。图 7 - 4 - 5 所示是双冲量控制系统的原理图。这是一个前馈-反馈控制系统，借助于前馈的校正作用，可避免蒸汽量波动所产生的假液位而引起控制阀误动作，改善了控制质量，防止事故发生。

图 7 - 4 - 5 中的加法器将控制器的输出信号和蒸汽流量变送器的信号求和后，控制液位控制阀的开度，调节给水流量。当蒸汽流量变化时，通过前馈补偿直接控制液位控制阀的开度，使汽包进出水量不受假液位现象的影响而及时达到平衡，这样就克服了由于蒸汽流量变化引起假液位变化所造成的汽包水位剧烈波动。加法器具体运算如下：

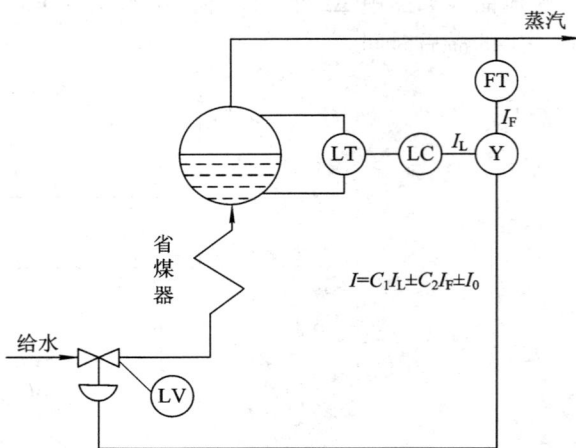

图 7 - 4 - 5　双冲量控制系统

$$I = C_1 I_L \pm C_2 I_F \pm I_0 \qquad (7 - 4 - 1)$$

式中，I 为控制器的输出；I_L 为液位控制器的输出；I_F 为蒸汽流量变送器（一般经开方）的输出；C_1、C_2 为加法器系数；I_0 为初始偏置值。

C_2 前面"±"的确定：假设液位控制阀采用气关形式，如果蒸汽量增加，要保持液位不变必须增加给水量，液位控制阀开大；因为气关控制阀，其输入信号 I 必须减小；因蒸汽量增加，其测量值 I_F 增加，所以 C_2 前面符号为"－"。

双冲量控制系统的弱点是不能克服给水压力的干扰，所以一些大型锅炉则把给水流量的信号亦引入控制系统，以保持汽包液位稳定。这样，作用控制系统共有三个变量的信号，故称为三冲量控制系统。双冲量控制系统适用于给水压力变化不大、中型的锅炉。

（3）三冲量控制系统。图 7 - 4 - 6 所示是三冲量控制系统的原理图。图中的加法器将控制器的输出信号和蒸汽流量变送器的信号求和后，作为流量控制器的给定值。加法器具

体运算如下:

$$I = C_1 I_L \pm C_2 I_F \pm I_0 \qquad (7-4-2)$$

式中，I 为流量控制器的给定值；I_L 为液位控制器的输出；I_F 为蒸汽流量变送器（一般经开方）的输出；C_1、C_2 为加法器系数；I_0 为初始偏置值。

C_2 前面"±"的确定：假设蒸汽量增加，要保持液位不变必须增加给水量，流量控制器的给定值必须增加；因蒸汽量增加，其测量值 I_F 增加，所以 C_2 前面符号为"+"。

图 7-4-6 所示控制方案属于前馈-串级控制系统，蒸汽流量作为前馈信号，汽包水位为主变量，给水流量为副变量。

有些锅炉控制系统采用比较简单的三冲量控制系统，只用一个控制器和一个加法器，加法器可接在控制器之前，如图 7-4-7(a)所示；加法器也可接在控制器之后，如图 7-4-7(b)所示。图中的加法器正、负号是根据控制阀的开、关形式和控制器的正、反作用的情况来确定的。图 7-4-7(a)的接法，当负荷变化时，汽包液位将有余差；图 7-4-7(b)的接法，汽包液位无余差。

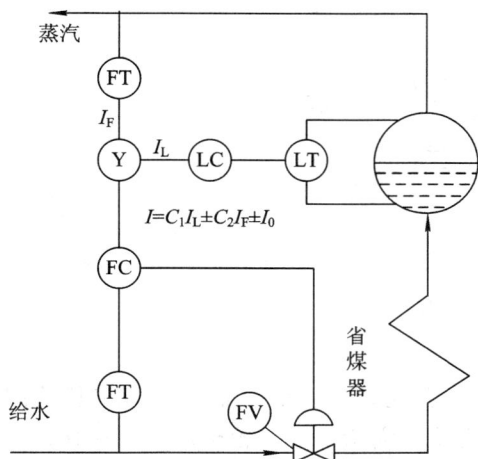

图 7-4-6　三冲量控制系统

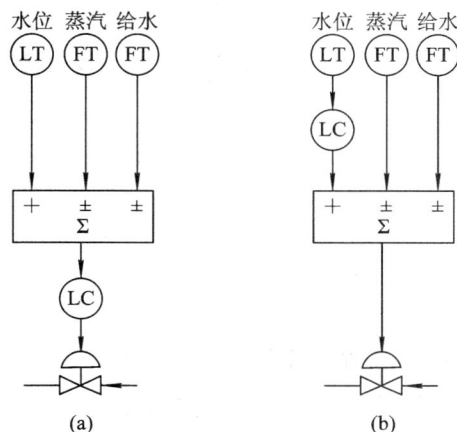

图 7-4-7　三冲量控制系统的简化接法

（a）加法器在控制器之前；（b）加法器在控制器之后

3. 过热蒸汽系统的控制

过热蒸汽系统的控制目的是保持过热器出口温度在允许范围内，并保证管壁温度不超过允许的工作温度。蒸汽过热系统包括一级过热器、减温器、二级过热器。

影响过热蒸汽温度的干扰因素很多，例如燃烧工况、蒸汽流量、减温水的流量和温度、流经过热器的烟气温度和流速等。在各种干扰作用下，过热蒸汽温度控制过程动态都有时滞和惯性且较大，这给控制带来一定的困难，所以要选择好操纵变量和合理的控制方案，才能满足工艺要求。

目前，广泛选用减温水的流量作为操纵变量，但是该通道的时滞和容量滞后太大。如果以蒸汽温度作为被控变量，控制减温水的流量组成简单控制系统往往不能满足生产上的要求。因此，应采用以减温器出口温度为副变量的串级控制系统，如图 7-4-8 所示，这对提前克服如蒸汽流量、减温水的流量和温度等干扰因素是有利的，可以减少过热蒸汽温度的动态偏差，提高过热蒸汽温度的控制质量。

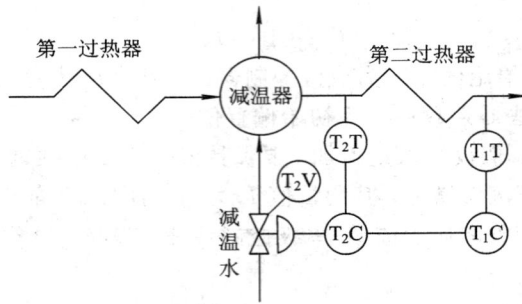

图 7-4-8　过热蒸汽温度串级控制系统

过热蒸汽温度控制有时还采用双冲量控制系统，如图 7-4-9 所示（其中 T_2Y 为微分单元）。这种控制方案实质上是串级控制系统的变形。

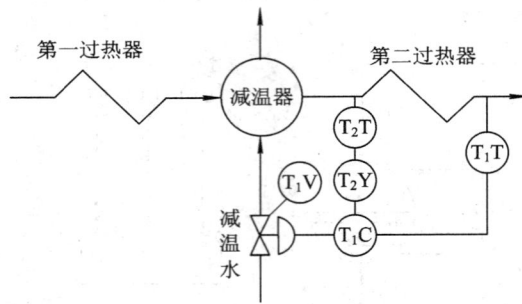

图 7-4-9　过热蒸汽温度双冲量控制系统

4. 锅炉燃烧系统的控制

锅炉燃烧系统的自动控制基本任务是，使燃料燃烧时产生的热量适应蒸汽负荷的需要。由于汽包本身为压力容器，它输出蒸汽的压力受到它所带的汽轮机和其他设备条件的限制，因此锅炉燃烧系统自动控制有三个主要作用：

（1）维持锅炉出口蒸汽压力的稳定。当负荷受干扰影响而变化时，通过控制燃料量使之稳定。

（2）保持燃料量和空气量按一定配比送入，即保持燃料燃烧良好。

（3）维持炉膛负压不变，应该使排烟量与空气量相配合。负压太小，炉膛容易向外喷火，影响环境卫生、设备和工作人员的安全；负压太大，会使大量冷空气漏进炉内，从而使热量损失增加，降低燃烧效率。一般炉膛应保持−20 Pa 左右。

下面介绍基本控制方案：

（1）因影响蒸汽压力的主要干扰因素是燃料量的波动与蒸汽负荷的变化，当燃料流量及负荷波动较小时，可以采用以蒸汽压力为被控变量、燃料量为操纵变量的简单控制系统；当燃料流量波动较大时，可以采用以燃料量为副变量的串级控制系统，如图 7-4-10 所示。

（2）为了燃料燃烧效果较好，燃料流量与空气流量的比值控制如图 7-4-11 所示。

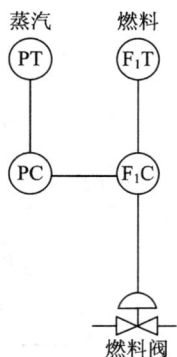

图 7-4-10 蒸汽压力-燃料流量串级控制

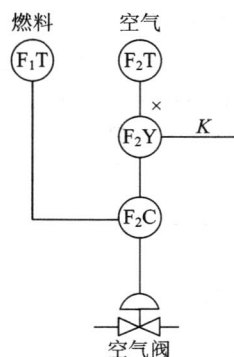

图 7-4-11 燃料与空气的比值控制

如图 7-4-12 所示的燃料系统控制方案，它包括燃料与空气的单闭环比值控制系统和蒸汽压力-燃料流量串级控制系统。

在比值控制系统中，有时负荷需要经常提降，在提降过程中，为确保生产的正常进行，希望两流量之比始终大于（或小于）或等于所要求的比值，所以提出了逻辑提量问题。在锅炉中，当负荷增加蒸汽压力下降时，燃料量也要增加，为了获得良好的燃烧效果，应先增加空气量，后增加燃料量；反之，负荷减小蒸汽压力上升时，应先减小燃料量，后减小空气量。即负荷提降过程中，比值控制系统的动作具有一定的逻辑关系。图 7-4-13 所示是具有逻辑提量的比值控制方案。

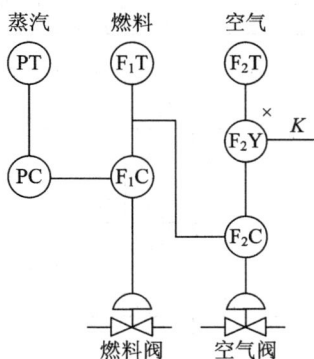

图 7-4-12 燃料系统控制方案

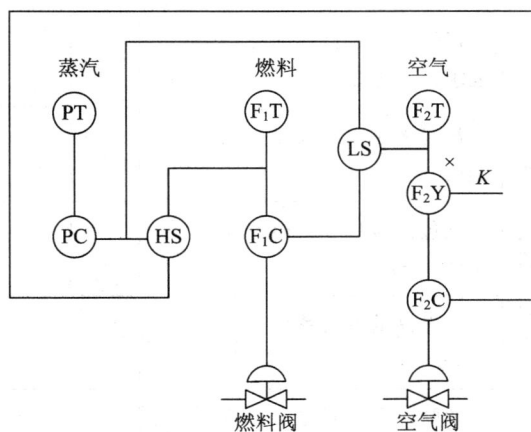

图 7-4-13 具有逻辑提量的比值控制

燃料与空气比值控制的目的是保证燃料的完全燃烧，保证燃料与空气的比值，但并不一定能保证燃料的完全燃烧，燃料的完全燃烧的程度需要用一个指标来衡量，常用烟气中的氧含量来衡量。根据烟气中的氧含量调整料与空气的比值，即燃料与空气的变比值控制，如图 7-4-14 所示。

（3）当锅炉负荷变化不大时，可采用炉膛压力作为被控变量、烟气量作为操纵变量的简单控制系统。当锅炉负荷变化较大时，应引入前馈，组成前馈-反馈控制系统，如图7-4-15所示。

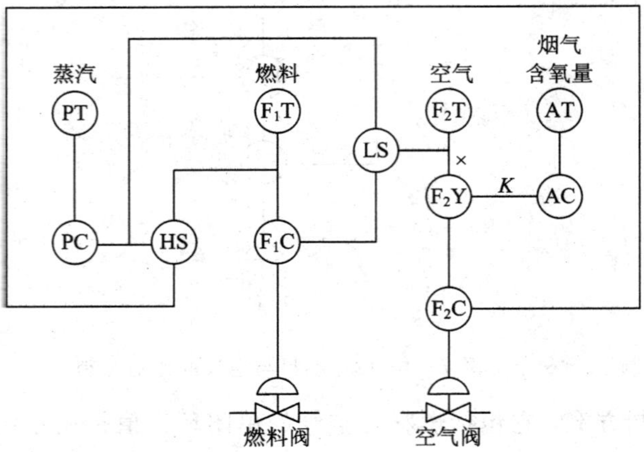

图 7-4-14　燃料与空气的变比值控制 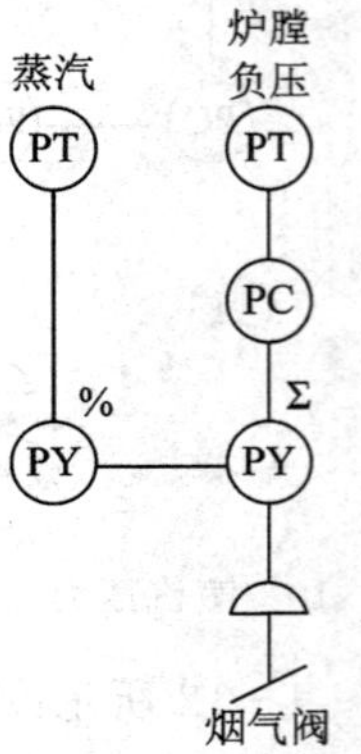　　　图 7-4-15　炉膛负压前馈-反馈控制

五、项目考核

项目考核采用步进式考核方式，考核内容如表7-4-2所示。

表 7-4-2　项目考核表

学号		1	2	3	4	5	6	7	8	9	10	11
姓名												
考核内容进型分组	锅炉的工艺流程和控制要求及工艺要求(20分)											
	汽包液位单、双冲量控制(20分)											
	汽包液位单、三冲量控制(20分)											
	逻辑提量控制系统分析(20分)											
	炉膛压力控制方案分析(20分)											
扣分	安全文明											
	纪律卫生											
总评												

六、思考题

（1）什么是"假液位"现象？它有什么危害？

（2）什么是锅炉的三冲量控制？

（3）分析图 7-4-13 所示控制系统的工作过程？

（4）锅炉设备有哪几个主要控制系统？

（5）锅炉汽包水位有哪三种控制方案？说明它们分别适用在何种场合。

项目五　化学反应器的控制方案

一、学习目标

1. 知识目标

（1）熟悉反应器的控制要求。

（2）熟悉反应器被控变量的选择。

（3）熟悉反应器的类型。

（4）熟悉反应器的控制方案。

2. 能力目标

（1）初步具备反应器工作过程的分析能力。

（2）初步具备反应器干扰的分析能力。

（3）初步具备反应器控制方案的分析能力。

二、必备知识与技能

1. 必备知识

（1）反应器类型及作用的知识。

（2）反应器工艺要求的知识。

2. 必备技能

（1）控制系统的分析能力。

（2）分析干扰因素的能力。

三、理实一体化教学任务

理实一体化教学任务如表 7-5-1 所示。

表 7-5-1　理实一体化教学任务

任　　务	内　　容
任务一	反应器的控制要求及被控变量的选择
任务二	釜式反应器的控制
任务三	固定床反应器的控制
任务四	流化床反应器的控制

四、理实一体化步骤

化学反应器是工业生产过程中主要的设备之一，其作用是实现化学反应过程。化学反应过程机理复杂，它不仅受传热、传质过程的影响，而且还要受到温度、压力、浓度等一系列因素的影响，因此化学反应器的自动控制一般比较复杂。下面简单介绍反应器的控制要求及几种常见的控制方案。

1. 反应器的控制要求及被控变量的选择

反应器的控制方案应满足质量指标、物料平衡和能量平衡、约束条件等方面要求。

（1）质量指标。使反应达到规定的转化率或使产品达到规定的浓度。

（2）物料平衡和能量平衡。为了使反应器能够正常运行，必须使反应器在生产过程中保持物料平衡和能量平衡。例如，为了保持热量平衡，需要及时除去反应热；为了保持物料平衡，需要定时地排除或放空系统中的惰性物料，以保证反应的正常进行。

（3）约束条件。对于反应器，要防止工艺变量进入危险区域或不正常工况。例如，在不少催化接触反应中，温度过高或进料中某些杂质含量过高，将会引起催化剂中毒或破损；在有些氧化反应中，物料配比不当会引起爆炸；在流化床反应器中，流体飞速度过高，会将固相吹走，而速度过低则会使固相沉降等。为此，应适当配置一些报警、联锁或自动选择性控制系统。

为了保证产品的质量，最好是以质量指标直接作为被控变量，即取出料成分或反应转化率作为被控变量。在一般情况下，对它们测量困难，所以目前多数控制系统都以温度作为被控变量。温度作为反应质量的控制指标是有一定条件的，即只有其他参数不变时，才能正确反映质量情况。

反应器按结构来分，可分为釜式、管式、塔式、固定床、流化床反应器等。下面介绍几种常用反应器的自动控制方案。

2. 釜式反应器的控制

釜式反应器在石油化工生产过程中广泛应用于聚合反应，另外在有机染料、农药等行业中还经常采用釜式反应器来进行炭化、硝化、卤化等反应。

1）控制进料温度

进料经过预热器（或冷却器）进入釜式反应器。采用控制进入预热器（或冷却器）的加热剂（或冷却剂）流量，稳定釜内温度，方案如图 7-5-1 所示。

2）控制夹套温度

对于带夹套的反应釜，可采用控制进入夹套的加热剂（或冷却剂）流量，稳定釜内温度，方案如图 7-5-2 所示。但由于反应釜容量大、温度滞后严重，特别是进行聚合反应时，釜内物料黏度大，混合不均匀，传热效果差，很难使温度控制达到严格要求。这时就需要引入复杂控制系统。

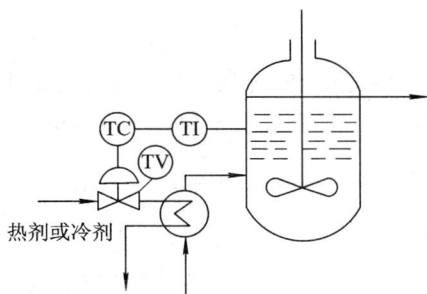

图 7-5-1　控制进料温度

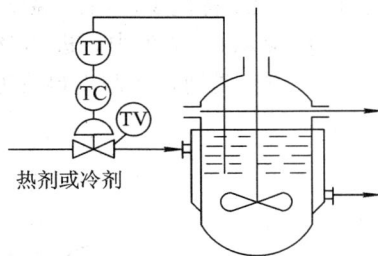

图 7-5-2　改变加热剂或冷剂流量控制温度

反应釜可根据主要干扰的不同情况，可采用釜温-加热剂（或冷却剂）流量串级控制系统（如图 7-5-3 所示）、釜温-夹套温度串级控制系统（如图 7-5-4 所示）。

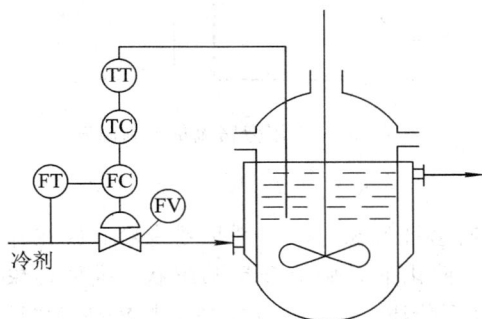

图 7-5-3　釜温-冷剂流量串级控制

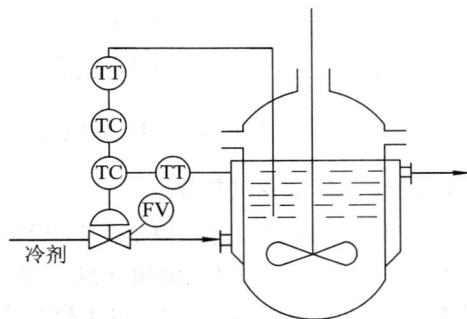

图 7-5-4　釜温-夹套温度串级控制

3. 固定床反应器的控制

固定床反应器的工作方式是催化剂床层固定不动，流体原料通过催化剂床层，在催化剂作用下进行化学反应以生产所需物质。如二氧化硫转化为三氧化硫的接触器、合成氨生产中的变换炉、合成塔都属于这一类型。下面介绍几种常见的固定床反应器温度控制方案。

1）控制进料浓度

主要原料（即非过量的反应物）的浓度越高，对放热反应来说，反应后的温度也越高。如在硝酸生产中，氨氧化制取一氧化氮的过程是空气和氨分别进入混合器，然后送入氧化炉。这一反应基本上是不可逆的。为了使氨的浓度低于爆炸限度，空气是过量的。当氨的浓度在 9%～11% 范围之内时，氨含量增高 1%，将使反应温度提高 60℃～70℃。最常用控制方案是通过改变氨气与空气流量的比值来稳定氧化炉的温度。控制方案如图 7-5-5 所示。

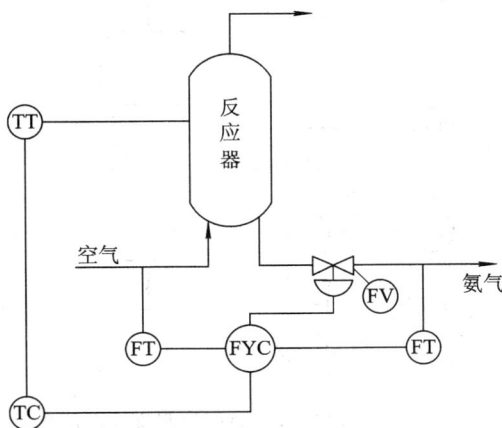

图 7-5-5　改变进料浓度控制反应温度

2) 控制进料温度

提高进料温度，将使反应器内温度升高。

在图 7-5-6 所示的方案中，进口物料与出口物料进行热交换，以便回收热量。图 7-5-7 所示的方案是通过控制出料或进料旁路流量即改变进料温度来稳定反应器的温度。

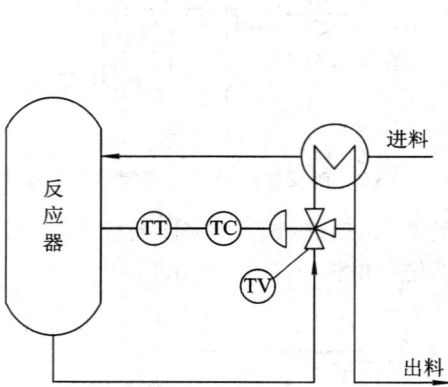

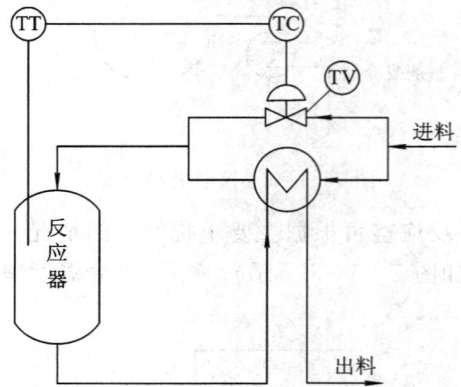

图 7-5-6　用载热体流量控制温度　　　　图 7-5-7　用旁路流量控制温度

4. 流化床反应器的控制

流化床反应器的工作原理是，反应器底部装有多孔筛板，催化剂呈粉末状，放在筛板上，当从底部进入的原料气流速达到一定数值时，催化剂开始上升呈沸腾状，这种现象称为固体流态化。催化剂沸腾后，由于搅动剧烈，因而传质、传热和反应强度都较高，并且有利于连续化和自动化生产。

流化床反应器的控制与固定床反应器的控制相似，温度控制是十分重要的。控制流化床温度的方法有通过控制热载体流量来改变原料进口温度，如图 7-5-8 所示；也可通过控制进入流化床的冷却剂流量来控制流化床反应器内的温度，如图 7-5-9 所示。

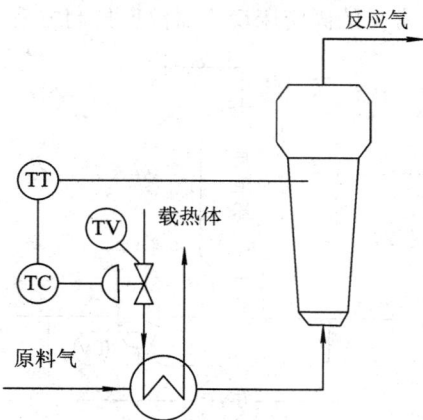

图 7-5-8　改变入口温度控制反应温度图　　　　图 7-5-9　改变冷剂流量控制温度

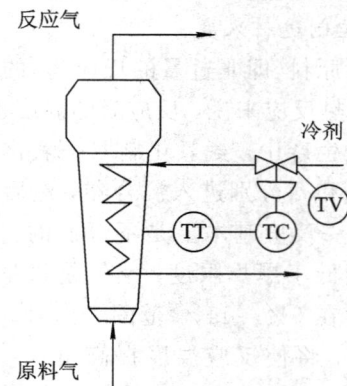

在流化床反应器内部，正常情况下的差压不能太大，但也不能太小，以防止发生催化剂下沉或冲跑的现象。

五、项目考核

项目考核采用步进式考核方式，考核内容如表 7－5－2 所示。

表 7－5－2 项 目 考 核 表

学号		1	2	3	4	5	6	7	8	9	10	11
姓名												
考核内容进程分组	反应器的控制要求（10分）											
	精馏塔的干扰因素分析（10分）											
	反应器被控变量的选择（20分）											
	釜式反应器的控制方案（20分）											
	固定床反应器的控制方案（20分）											
	流化床反应器的控制（20分）											
扣分	安全文明											
	纪律卫生											
总 评												

六、思考题

（1）化学反应器控制的目标和要求是什么？

（2）化学反应器以温度作为控制指标的控制方案主要有哪几种形式？

附录 1 拉氏变换对照表

序号	象函数 $F(s)$	原函数 $f(t)$
1	1	单位脉冲 $\delta(t)$
2	$\dfrac{A}{s}$	$A(t)=\begin{cases}0 & t\leqslant 0\\ A & t>0\end{cases}$
3	$\dfrac{A}{s}\mathrm{e}^{-\tau s}$	$A(t-\tau)=\begin{cases}0 & t\leqslant \tau\\ A & t>\tau\end{cases}$
4	$\dfrac{1}{s^2}$	t
5	$\dfrac{n!}{s^{n+1}}$	t^n
6	$\dfrac{1}{Ts+1}$	$\dfrac{1}{T}\mathrm{e}^{-\frac{t}{T}}$
7	$\dfrac{1}{(Ts+1)^2}$	$\dfrac{1}{T^2}\mathrm{e}^{-\frac{t}{T}}$
8	$\dfrac{1}{s(Ts+1)}$	$1-\mathrm{e}^{-\frac{t}{T}}$
9	$\dfrac{T_1s+1}{s(Ts+1)}$	$1-\dfrac{T-T_1}{T}\mathrm{e}^{-\frac{t}{T}}$
10	$\dfrac{1}{(T_1s+1)(T_2s+1)}$	$\dfrac{1}{T_1-T_2}(\mathrm{e}^{-\frac{t}{T_1}}-\mathrm{e}^{-\frac{t}{T_2}})$
11	$\dfrac{1}{s(T_1s+1)(T_2s+1)}$	$1+\dfrac{1}{T_2-T_1}(T_1\mathrm{e}^{-\frac{t}{T_1}}-T_2\mathrm{e}^{-\frac{t}{T_2}})$
12	$\dfrac{\omega}{s^2+\omega^2}$	$\sin\omega t$
13	$\dfrac{s}{s^2+\omega^2}$	$\cos\omega t$
14	$\dfrac{s\sin\varphi-\omega\cos\varphi}{s^2+\omega^2}$	$\sin(\omega t+\varphi)$
15	$\dfrac{s\cos\varphi-\omega\sin\varphi}{s^2+\omega^2}$	$\cos(\omega t+\varphi)$
16	$\dfrac{s+a}{(s+a)^2+\omega^2}$	$\mathrm{e}^{-at}\cos\omega t$
17	$\dfrac{\omega}{(s+a)^2+\omega^2}$	$\mathrm{e}^{-at}\sin\omega t$

序号	象函数 $F(s)$	原函数 $f(t)$
18	$\dfrac{\omega^2}{s(s^2+\omega^2)}$	$1-\cos\omega t$
19	$\dfrac{T_3 s+1}{(T_1 s+1)(T_2 s+1)}$	$\dfrac{T_1-T_3}{T_1(T_1-T_3)}\mathrm{e}^{-\frac{t}{T_1}}-\dfrac{T_2-T_3}{T_2(T_1-T_2)}\mathrm{e}^{-\frac{t}{T_2}}$
20	$\dfrac{T_3 s+1}{s(T_1 s+1)(T_2 s+1)}$	$1+\dfrac{T_1-T_3}{T_1(T_1-T_3)}\mathrm{e}^{-\frac{t}{T_1}}-\dfrac{T_2-T_3}{T_2(T_1-T_2)}\mathrm{e}^{-\frac{t}{T_2}}$
21	$\dfrac{1}{(s+a)(s+b)}$	$\dfrac{1}{b-a}(\mathrm{e}^{-at}-\mathrm{e}^{-bt})$
22	$\dfrac{s}{(s+a)(s+b)}$	$\dfrac{1}{b-a}(b\mathrm{e}^{-at}-a\mathrm{e}^{-bt})$
23	$\dfrac{1}{s(s+a)(s+b)}$	$\dfrac{1}{ab}\left[1+\dfrac{1}{a-b}(b\mathrm{e}^{-at}-a\mathrm{e}^{-bt})\right]$
24	$\dfrac{s+a_0}{s(s+a)(s+b)}$	$\dfrac{1}{ab}\left[a_0-\dfrac{b(a_0-a)}{b-a}\mathrm{e}^{-at}-\dfrac{a(a_0-b)}{b-a}\mathrm{e}^{-bt}\right]$
25	$\dfrac{1}{(s+a)(s+b)(s+c)}$	$\dfrac{\mathrm{e}^{-at}}{(b-a)(c-a)}+\dfrac{\mathrm{e}^{-bt}}{(a-b)(c-b)}+\dfrac{\mathrm{e}^{-ct}}{(a-c)(b-c)}$
26	$\dfrac{s+a_0}{(s+a)(s+b)(s+c)}$	$\dfrac{(a_0-a)\mathrm{e}^{-at}}{(b-a)(c-a)}+\dfrac{(a_0-b)\mathrm{e}^{-bt}}{(a-b)(c-b)}+\dfrac{(a_0-c)\mathrm{e}^{-ct}}{(a-c)(b-c)}$
27	$\dfrac{1}{(s+a)(s^2+\omega^2)}$	$\dfrac{\mathrm{e}^{-at}}{a^2+\omega^2}+\dfrac{1}{\omega\sqrt{a^2+\omega^2}}\sin(\omega t-\varphi),\ \varphi=\arctan\dfrac{\omega}{a}$
28	$\dfrac{1}{s\left[(s+a)^2+b^2\right]}$	$\dfrac{1}{a^2+b^2}-\dfrac{1}{b\sqrt{a^2+b^2}}\mathrm{e}^{-at}\sin(bt-\varphi),\ \varphi=\arctan\dfrac{b}{a}$
29	$\dfrac{1}{(s+c)\left[(s+a)^2+b^2\right]}$	$\dfrac{\mathrm{e}^{-ct}}{(c-a)^2+b^2}+\dfrac{\mathrm{e}^{-at}}{b\sqrt{(c-a)^2+b^2}}\mathrm{e}^{-at}\sin(bt-\varphi)$ $\varphi=\arctan\dfrac{b}{c-a}$
30	$\dfrac{s+a_0}{(s+a)^2+b^2}$	$\dfrac{1}{b}\sqrt{b^2+(a_0-a)^2}\ \mathrm{e}^{-at}\sin(bt-\varphi),\ \varphi=\arctan\dfrac{b}{a_0-a}$
31	$\dfrac{s+a_0}{s\left[(s+a)^2+b^2\right]}$	$\dfrac{a_0}{a^2+b^2}-\dfrac{1}{b}\sqrt{\dfrac{(a_0-a)^2+b^2}{a^2+b^2}}\ \mathrm{e}^{-at}\sin(bt-\varphi)$ $\varphi=\arctan\dfrac{b}{a_0-a}+\arctan\dfrac{b}{a}$
32	$\dfrac{\omega_0^2}{s^2+2\xi\omega s+\omega_0^2}$	$\dfrac{\omega_0}{\sqrt{1-\xi^2}}\mathrm{e}^{-\xi\omega_0 t}\sin\omega_0\sqrt{1-\xi^2}\ t$
33	$\dfrac{s}{s^2+2\xi\omega s+\omega_0^2}$	$-\dfrac{1}{\sqrt{1-\xi^2}}\mathrm{e}^{-\xi\omega_0 t}\sin(\omega_0\sqrt{1-\xi^2}\ t-\varphi),\ \varphi=\arctan\dfrac{\sqrt{1-\xi^2}}{\xi}$
34	$\dfrac{\omega_0^2}{s(s^2+2\xi\omega s+\omega_0^2)}$	$1-\dfrac{1}{\sqrt{1-\xi^2}}\mathrm{e}^{-\xi\omega_0 t}\sin(\omega_0\sqrt{1-\xi^2}\ t-\varphi),\ \varphi=\arctan\dfrac{\sqrt{1-\xi^2}}{\xi}$

附录 2　自动控制系统常用图例符号统一规定

一、仪表功能标志及位号

1. 仪表功能标志

仪表功能标志是用几个大写英文字母的组合表示对某个变量的操作要求，如 TIC、PDRCA 等。其中第一位或两位字母称为首位字母，表示被测变量；其余一位或多位称为后继字母，表示对该变量的操作要求。各英文字母在仪表功能标志中的含义参见附表 2-1。为了正确区分仪表功能，根据设计标准《过程检测和控制系统用文字代号和图形符号》（HG/T 20505—2000），理解功能标志时应注意以下几个方面：

（1）功能标志只表示仪表的功能，不表示仪表的结构。这一点对于仪表的选用至关重要。例如，要实现 FR（流量记录）功能，可选用流量或差压变送器及记录仪。

（2）功能标志的首位字母选择应与被测变量或引发变量相对应，可以不与被处理变量相符。例如，某液位控制系统中的控制阀，其功能标志应为 LV，而不是 FV。

（3）功能标志的首位字母后面可以附加一个修饰字母，使原来的被测变量变成一个新变量。如在首位字母 P、T 后面加 D 变成 PD、TD，分别表示压差、温差。

（4）功能标志的后继字母后面可以附加一个或两个修饰字母，以对其功能进行修饰。如功能标志 PAH 中，后继字母 A 后面加 H，表示压力的报警为高限报警。

2. 仪表位号

仪表位号由仪表功能标志和仪表回路编号两部分组成，如 FIC-116、TRC-158 等，其中仪表回路编号的组成有工序号（例中数字编号中的第一个 1）和顺序号（例中数字编号中的后两位 16、58）两部分。在行业标准 HG/T 20505—2000 中，仪表位号的确定有如下规定：

（1）仪表位号按不同的被测变量分类，同一装置（或工序）同类被测变量的仪表位号中顺序号可以是连续的，也可以不连续；不同被测变量的仪表位号不能连续编号。

（2）若同一仪表回路中有两个以上功能相同的仪表，可在仪表位号后附加尾缀（大写英文字母）以示区别。例如 FT-201A、FT-201B 表示该仪表回路中有两台流量变送器。

（3）当不同工序的多个检测元件共用一台显示仪表时，显示仪表的位号不表示工序号，只编顺序号；对应的检测元件位号表示方法是在仪表编号后加数字后缀并用"-"隔开。例如一台多点温度记录仪 TR-1，其对应的检测元件位号为 TE-1-1、TE-1-2 等。

对仪表位号而言，在施工图中还会大量地用到，特别是多功能仪表的位号编制，与带控制点的工艺流程图有紧密的对应关系。

二、仪表功能字母代号

在自控类技术图纸中，仪表的各类功能是用其英文含义的首位字母来表达的，且同一字母在仪表位号中的表示方法具有不同的含义。各英文字母的具体含义参见附表 2-1。对于表中所涉及的问题简要说明如下：

　　(1)"首位字母"在一般情况下为单个，表示被测变量或引发变量的字母，又称为变量字母。在首位字母附加修饰字母后，其意义改变。

　　(2)"后继字母"可根据需要分为一个字母(读出功能)或两个字母(读出功能＋输出功能)，有时也用三个字母(读出功能＋输出功能＋读出功能)。

　　(3)"分析(A)"指分析类功能，并未表示具体分析项目。需指明具体分析项目时，则在表示仪表位号的图形符号(圆圈或正方形)旁标明。

　　(4)"供选用"指该字母在本表相应栏目中未规定具体含义，可根据使用的需要确定，并在图例中加以说明。

　　(5)"高(H)"、"中(M)"、"低(L)"应与被测量值相对应，而并非与仪表输出的信号值相对应。H、M、L 分别标注在表示仪表位号的图形符号(圆圈或正方形)的右上、中、下处。

附表 2 - 1　仪表功能字母代号

字母代号	首位字母		后继字母		
	被测变量或引发变量	修饰词	读出功能	输出功能	修饰词
A	分析 (Analytical)		报警(Alarm)		
B	烧嘴，火焰 (Burner, Flame)		供选用 (User's Choice)	供选用 (User's Choice)	供选用 (User's Choice)
C	电导率 (Conductivity)			控制(Control)	
D	密度 (Density)	差 (Differential)			
E	电压(电动势) (Voltage)		检测元件 (Primary Element)		
F	流 t (Flow)	比率(Ratio)			
G	毒性气体或 可燃气体		视镜，观察 (Glass)		
H	手动 (Hand)				高(High)
I	电流 (Current)		指示(Indicating)		
J	功率 (Power)	扫描(Scan)			
K	时间，时间程序 (Time, Time Sequence)	变化速率		操作器	
L	物位 (Level)		灯(Light)		低(Low)

续表

字母代号	首位字母		后继字母		
	被测变量或引发变量	修饰词	读出功能	输出功能	修饰词
M	水分，湿度 (Moisture, Humidity)	瞬动			中，中间 (Middle)
N	供选用 (User's Choice)		供选用 (User's Choice)	供选用 (User's Choice)	供选用 (User's Choice)
o	供选用 (User's Choice)		节流孔 (Orifice)		
P	压力，真空 (Pressure, Vacuum)		连接或测试点 (Test Point)		
Q	数量 (Quantity)	积算，累计 (Integrate, Totalize)			
R	核辐射 (Radioactivity)		记录，DCS 趋势记录 (Recorder)		
S	速度，频率 (Speed, Frequency)	安全 (Safety)		开关，联锁 (Switch, Interlock)	
T	温度 (Temperature)			传送(变送) (Transmit)	
U	多变量 (Multivariable)		多功能 (Multifunction)	多功能 (Multifunction)	多功能 (Multifunction)
V	振动，机械监视			阀，风门，百叶窗 (Valve, Damper)	
W	重量，力 (Weight, Force)		套管 (well)		
X	未分类 (Undefined)	X 轴	未分类 (Undefined)	未分类 (Undefined)	未分类 (Undefined)
Y	事件，状态	Y 轴		继动器(继电器)，计算器，转换器 (Relay, Computing)	
Z	位置，尺寸 (Position)	Z 轴		驱动器，执行元件 (Drive, Actuate)	

（6）"安全（S）"仅用于紧急保护的检测仪表或检测元件及最终控制元件。

（7）字母"U"表示"多变量"时，可代替两个以上首位字母组合的含义；表示"多功能"时，可代替两个以上后继字母组合的含义。

（8）"未分类（X）"表示作为首位字母和后继字母均未规定具体含义，在应用时，要求在表示仪表位号的图形符号（圆圈或正方形）外注明其具体含义。

（9）"继动器（继电器）Y"表示是自动的，但在回路中不是检测装置，其动作由开关或位式控制器带动的设备或器件。表示继动、计算、转换功能时，应在仪表图形符号（圆圈或正方形）外（一般在右上方）注明其具体功能，但功能明显时可不予标注。

三、常规仪表及计算机控制系统图形符号

自控工程图纸中的各类仪表功能除用字母和字母组合表达外，其仪表类型、安装位置、信号种类等具体意义可用相关图形符号标出。

1. 监控仪表的图形符号

监控类仪表种类繁多，功能各异，既有传统的常规仪表，又有近年来被广泛使用的DCS类、可编程序逻辑控制器及控制计算机等类仪表；既有现场安装仪表，又有架装仪表、盘面安装及控制台安装仪表或显示器等。自控图纸中的各类仪表均是以相应的图形符号表示的，表示仪表类型及安装位置的图形符号参见附表2-2。

附表 2-2　仪表类型及安装位置的图形符号

仪表类型	现场安装	控制室安装	现场盘装
单台常规仪表	○	⊖	⊜
集散控制系统	⊠	⬡	⊠
计算机功能	⊡		
可编程逻辑控制	⊠	⬡	⬡

2. 测量点的图形符号

测量点（包括检出元件）是由过程设备或管道引至检测元件或就地仪表的起点，一般与检出元件或仪表画在一起表示，如附图2-1所示。

若测量点位于设备中，当需要标出具体位置时，可用细实线或虚线表示，如附图2-2所示。

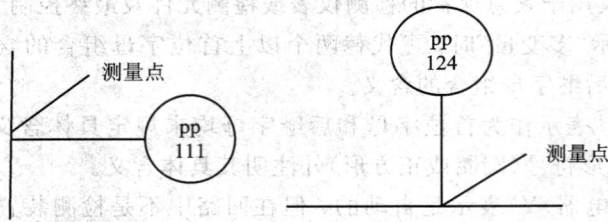

附图 2-1　测量点

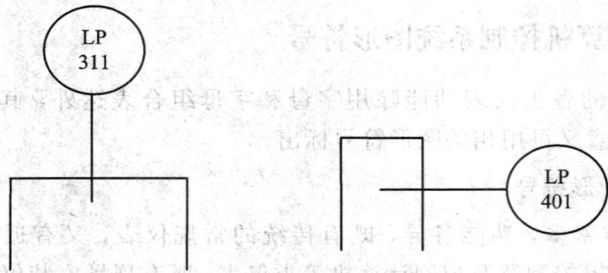

附图 2-2　位于设备中的测量点

3. 仪表的各种连接线

用细实线表示仪表连接线的场合包括工艺参数测量点与检测装置或仪表的连接线和仪表与仪表能源的连接线。如附表 2-3 所示。

4. 流量测量仪表种类

流量测量仪表种类繁多，主要有差压式流量计（节流装置）和非差压式流量计两类。技术图纸中的符号多以差压式流量计法兰或角接取压孔板为主，部分流量测量仪表的图形符号参见附表 2-4。

附表 2-3

序号	信号线类型	图形符号	备　注
1	电动信号		斜短划线与细实线成 45°角
2	气动信号		斜短划线与细实线成 45°角
3	导压毛细管		斜短划线与细实线成 45°角
4	液压信号线		

续表

序号	信号线类型	图形符号	备　　注
5	二进制电信号	或	斜短划线与细实线成45°角
6	二进制气信号		斜短划线与细实线成45°角
7	电磁、辐射、热、光、声波等信号线（有导向）		
8	电磁、辐射、热、光、声波等信号线（无导向）		
9	内部系统线（软件或数据链）		
10	机械链		

附表 2 – 4　部分流量测量仪表的图形符号

序号	名称	图形符号	备注
1	孔板		
2	文丘里管		
3	流量喷嘴		
4	无孔板取压测试接头		
5	转子流量计		圆圈内应标注仪表位号
6	其他嵌在管道中的仪表		圆圈内应标注仪表位号

参 考 文 献

[1] 张井岗. 过程控制与自动化仪表. 北京：北京大学出版社，2007.

[2] 翁维勤，周庆海. 过程控制系统及工程. 北京：化学工业出版社，1996.

[3] 厉玉鸣. 化工仪表及自动化. 3 版. 北京：化学工业出版社，2004.

[4] 周泽魁. 控制仪表与计算机控制装置. 北京：化学工业出版社，2002.

[5] 张永德. 过程控制装置. 北京：化学工业出版社，2000.

[6] 吴国熙. 调节阀使用与维修. 北京：化学工业出版社，1999.

[7] 王骥程. 化工过程控制工程. 北京：化学工业出版社，1981.

[8] 厉玉鸣. 化工仪表及自动化. 4 版. 北京：化学工业出版社，2006.

[9] 俞金寿，蒋慰孙. 过程控制工程. 北京：电子工业出版社，2007.

[10] 陈夕松，汪木兰. 过程控制系统. 北京：科学出版社，2005.

[11] 王树青. 工业过程控制工程. 北京：化学工业出版社，2003.

[12] 黄安明. 石油化工自动化基础. 北京：中国石化出版社，1996.

[13] 何衍庆，俞金寿，蒋慰孙. 工业生产过程控制. 北京：化学工业出版社，2004.

[14] 张德泉. 仪表工识图. 北京：化学工业出版社，2006.

[15] 俞金寿. 过程自动化及仪表. 北京：化学工业出版社 2003.